国家森林城市建设规划研究

NATIONAL FOREST CITY

RESEARCH ON CONSTRUCTION PLANNING

国家林业和草原局林产工业规划设计院 / 编著

中国林业出版社

图书在版编目(CIP)数据

国家森林城市建设规划研究 / 国家林业和草原局林
产工业规划设计院编著. -- 北京 : 中国林业出版社,
2021.3

ISBN 978-7-5219-0880-0

Ⅰ. ①国… Ⅱ. ①国… Ⅲ. ①城市林—城市规划—研
究—中国 Ⅳ. ①S731.2

中国版本图书馆CIP数据核字(2020)第208944号

审图号:GS(2021)1128 号

责任编辑: 何增明　孙瑶
出版发行: 中国林业出版社
　　　　　　(100009 北京市西城区刘海胡同7号)
电　话: 010-83143629
印　刷: 北京雅昌艺术印刷有限公司
版　次: 2021年5月第1版
印　次: 2021年5月第1版
开　本: 787mm×1092mm　1/16
印　张: 19
字　数: 460千字
定　价: 268.00元

《国家森林城市建设规划研究》

编写组织单位

国家林业和草原局林产工业规划设计院

主　编

周　岩

副　主　编

彭　蓉

参加编写人员

马　兰	王旖静	王　岩	张谊佳
苏　博	王孟欣	李梓雯	赵　明
龚　容	雷　霄	贾晓君	姚　清
张　邈	程子岳	高　媛	商　楠
张　巍	吕　将	张承宇	姜　哲
王煦然	苏日娜		

主　编

周岩，1968年3月生，辽宁锦州人，高级工程师，现任国家林业和草原局林产工业规划设计院院长，长期从事生态建设和管理工作，主持和参与林业生态建设项目100多项，发表论文10余篇。

副　主　编

彭蓉，1970年9月生，湖南临湘人，教授级高级工程师，现任国家林业和草原局林产工业规划设计院副总工程师，从事园林、林业规划设计工作近30年，全国林业工程建设领域资深专家。

编写团队

国家林业和草原局林产工业规划设计院（中国园林工程公司），是国家林业和草原局直属单位。以从事林业工程、风景园林、林产工业、建筑工程的咨询、规划、设计、项目管理和工程总承包为核心业务，为工程建设项目提供多方位、全过程服务的企业。

院（公司）现有员工400多名，中高级职称人数占80%以上。其中：国家级设计大师、享受国家特殊津贴的专家及有突出贡献的中青年专家20余名；各类注册工程师百余人。

设计院为全面推进林业和草原工程建设，提供有力的技术支撑和服务保障，竭诚为社会、为林业和草原行业、为各界顾客提供优良的产品和服务。

序

2004年，全国绿化委员会、国家林业局授予贵阳市"国家森林城市"称号，由此拉开了我国森林城市建设的序幕。截至2020年底，全国已有194个城市获此殊荣。国家森林城市建设极大地促进了我国森林资源增长，是推动我国城市走上生产发展、生活富裕、生态良好道路的重要途径。

国家林业和草原局林产工业规划设计院长期从事森林城市建设规划的实践工作，承担了100多个城市的森林城市建设总体规划编制任务，积累了相当丰厚的经验。本书由彭蓉博士主持编写，带领长期从事森林城市建设规划的专家和团队，从森林城市建设要求、称号批准流程、规划编制等多方面进行研究分析，总结大量的实践案例，致力于形成科学完善的森林城市规划编制体系和内容，做到理论上有深度、内容上成体系、案例分析有代表性，为当前国家森林城市规划编制与建设推进提供指导和借鉴。

此书具有3个显著特点：

一是体系科学合理。本书通过梳理森林城市发展进程，解读新时代森林城市建设政策，分析各项指标要求，总结森林城市总体规划的编制思路，提出规划编制流程和调研方法。从规划原则、目标、依据、布局、建设体系、规划内容等多个方面，构建了科学、全面、系统的森林城市规划编制框架体系。

二是内容丰富全面。本书对森林城市五大指标体系的各项指标要求深刻解读、科学归纳，提出森林生态、生态福利、生态文化、支撑保障四大规划体系，涵盖城区绿化、乡村绿化、生态廊道、生态产业、生态文化、资源管理等多项森林城市的重点建设内容，并对各规划体系的总体思路和主要内容进行了全面而系统地阐述。

三是案例生动典型。本书基于现场考察、科学分析和系统梳理，在森林城市规划编制的各个环节均列举了全国不同地区的多个优秀案例，总结建设经验和成效，具有很强的代表性和可借鉴性。

本书是近年来有关森林城市建设与规划方面罕有的书籍，既有科学合理的编制体系，又有丰富全面的实践案例，对我国森林城市建设规划编制和建设发展具有积极的理论指导意义和实践推动作用。

刘东生

2021.3

前　言

　　森林城市建设是我国加快城乡造林绿化和生态文明建设的创新实践。2004年，全国绿化委员会、国家林业局正式启动国家森林城市建设，得到了各地党委、政府的高度重视和城乡居民的大力支持，呈现出良好的发展态势。"让森林走进城市，让城市拥抱森林"，成为保护城市生态环境，提升城市形象和竞争力，推动区域经济持续健康发展的新理念。特别是党的十八大以来，国家"十三五"规划、国家区域发展战略等一系列重大部署明确了森林城市建设的重要任务，森林城市建设的战略地位进一步提升，成为国家发展战略的重要内容，森林城市建设进入了快速发展、科学推进的新阶段。

　　全国各地把森林城市建设作为加快国土绿化，提升城市形象，增加居民生态福祉，推进林业现代化和生态文明建设的有力抓手。截至2020年底，全国已有400多个城市开展国家森林城市建设，其中194个城市获得"国家森林城市"称号。森林城市建设，为人民群众营造宜居乐居的城乡森林生态环境，为建设美丽中国迈出了坚实的一步。

　　森林城市建设过程中，科学规划至关重要。本书旨在为森林城市科学规划和建设工作提供理论依据及方法指导，针对森林城市规划和建设工作中的问题，提出合理化建议和对策，引导森林城市建设工作走向科学化、规范化。

　　书中借鉴和综合了国家林业和草原局历年森林城市座谈会的领导发言以及专家学者的研究成果，结合最新《国家森林城市评价指标》（GB/T 37342-2019），以国家林业和草原局林产工业规划设计院近20年来编制的国家森林城市相关规划实例，详细阐明了国家森林城市发展历程和森林城市建设思路，从森林城市建设背景及现状、建设要求及路径、评价指标解析与调研方法、总体规划编制方法、森林生态体系规划与实例应用、生态福利体系规划与实例应用、生态文化体系规划与实例应用、支撑保障体系规划与实例应用、典型森林城市建设经验等方面进行专项分析与研究，提出国家森林城市规划的基础理论和方法体系，为今后的国家森林城市建设提供科学的理论支撑和借鉴指导。此外，感谢三亚市、百色市、巴中市、湘潭市、曲靖市等林业部门或个人提供的图片，图片未注明均为作者自摄。

　　本书不仅可作为规划单位编制国家森林城市建设总体规划的参考书，还可以作为工作指南用以指导地方森林城市的实际建设工作。

2021.2

目　录

〔支撑保障体系规划与实例应用〕

07. —— 225

〔典型森林城市建设经验〕

08. —— 255

〔实例目录〕

01 国家森林城市建设要求

1.1 | 国家森林城市建设总体要求

1.1.1 符合"四个重要条件"

（1）需编制"10年+"森林城市建设总体规划

此要求主要基于树木的长期培育特性，"十年树木，百年树人"，森林城市不是短时间能够建成的，多需要十年至几十年才能建成。城市森林保护、培育、管理是一项长期的事业。"国家森林城市"称号批准作为一项具有中国特色的林业发展和生态传播实践活动，持续时间一般在5年左右，是一个短期的活动。如何把它与一项长期的事业有效连接起来，使获得"国家森林城市"称号真正成为建设森林城市的良好开端，编制一个期限10年以上的城市森林建设总体规划是重要的基础和前提，也是必然的选择。

（2）需满足两个"2年"时间要求

森林城市建设是一个增加城市森林绿地、完善城市森林生态系统、提升城市生态功能的过程，也是一个宣传林业、弘扬生态文明理念、形成植绿、护绿、爱绿风尚的过程。要把这一过程走得扎实、取得成效，必然要经历一个时间过程。综合考虑各方面的因素，国家林业和草原局经认真研究，确定获得"国家森林城市"称号至少要满足两个"2年"的时间条件：市政府提出森林城市建设意愿，并在主管部门正式备案满2年以上；市政府正式批准实施森林城市建设总体规划满2年以上。只有这两个时间条件同时满足的城市，才有资格申请国家森林城市称号。

（3）需达到"国家森林城市评价指标"规定

为了使国家森林城市建设更加规范有序，2019年国家标准委发布了《国家森林城市评价指标》（GB/T 37342–2019）。该标准主要涵盖森林网络、森林健康、生态福利、生态文化、组织管理五大体系，体系内包含36项具体指标（县级市为33项指标）。经过资料审阅、现场核验、专家评判等程序，只有36项（33项）指标全部达到标准的城市，才能最终被授予"国家森林城市"的称号。

（4）获牌3年后需全面监测评估

国家林业和草原局对国家森林城市的授牌实行动态管理，各城市获得国家森林城市称号3年后，国家林业和草原局要组织专家对后续森林城市建设情况进行一次全面监测评估。评估合格的城市，保留称号；评估不合格的，限期整改，整改不合格或逾期未整改的，则撤销称号。

1.1.2 处理好"五个重要关系"

（1）处理好规划编制与规划实施的关系，解决好森林城市建设的前提问题

编制和实施建设规划十分重要，集中体现在"三个载体"和"三个依据"作用。"三个载体"：一是森林城市建设新理念和新要求的载体，二是森林城市建设目标和任务的载体，三是城市党委和政府对森林城市建设承诺的载体。"三个依据"：一是对森林城市建设进行指导和服务的依据，二是对森林城市建设检查核验的依据，三是授牌之后3年进行复检的依据。要真正将森林城市建设规划当作建设实施的蓝图、纲领来对待，严肃认真、不折不扣地落实到山头地块、河岸路边，真正把森林城市建设的过程变成规划落地的过程。

（2）处理好大地植绿与心中播绿的关系，解决好森林城市建设的目标问题

国家森林城市建设是一个多任务、多目标的活动，增加森林绿地、提升生态意识是其中两个最基本的目标。森林城市建设过程中，既要做到"大地植绿"，加大造林绿化力度，打造与经济社会发展相适应的完备的森林生态系统；更要做到"心中播绿"，广泛地开展宣传教育活动，不断提升人们植绿、护绿、爱绿的意识，逐步树立起生态文明的理念。所以，在森林城市建设中，一定要正确处理好大地植绿与心中播绿的关系，要同等对待，不能有任何的偏废，切实做到两手都抓、两手都硬。通过森林城市建设，最终实现在大地上留下一片片有形的绿色财富，在民众心中树立起一个个无形的绿色理念。

（3）处理好生态建设与区域发展的关系，解决好森林城市建设的定位问题

森林城市建设不是一个孤立的行动，是为城市经济社会发展服务的，是为城市居民追求美好生活服务的，不可能去"单枝冒进"。森林城市建设是现代城市建设的一个部分，必须将其放到城市经济社会发展大局中去谋划、去部署、去推进。需切实做到"两个相衔接"：一是要把森林城市建设作为城市生态建设的主体，与建设生态文明和美丽中国相衔接，避免出现"两张皮"，相互排斥，甚至相互"打架"；二是要把城市森林作为有生命的基础设施，与国土空间规划相衔接，避免它们脱节，做到两者的相互融合，相得益彰。

（4）处理好政府主导与群众参与的关系，解决好森林城市建设的动力问题

从本质上来说，森林城市建设是生产公共产品和提供公共服务的过程，这决定了它是政府施政的应有之义。一方面，各级政府必须承担起组织领导、规划编制、资金投入、指导监督、考核考评等责任，把森林城市建设真正纳入到政府工作的重要议事日程。另一方面，森林城市建设又是一项改善民生、普惠百姓的公益事业，需要全社会的关心、支持和参与，要通过广泛发动和深入宣传，不断创新完善政策，激发社会力量参与森林城市建设的积极性和能动性，形成广大群众自觉投身建设的良好局面，真正形成建设过程让群众参与、建设成果让群众共享、建设成效让群众检验的格局。

（5）处理好打攻坚战与打持久战的关系，解决好森林城市建设的态度问题

森林城市建设有近期目标和长远目标之分，近期目标就是在短时间内集中力量，完成相应的规划建设任务，对照国家森林城市36项指标，拾遗补缺、攻坚克难、达到标准、成功授牌。远期目标就是要打造出一个内涵外延都实至名归的森林城市。所以，各地要充分意识到，获得"国家森林城市"称号是森林城市建设的阶段性成果和新的起点，应当将完善、提升森林城市建设质量作为长远目标，树立久久为功的思想，这是森林城市建设的态度问题。

1.1.3 坚持好"五个重要理念"

（1）坚持好"以人为中心"的理念

在森林城市建设过程中，以人为中心不只是指导方针，更需要切实地体现，要改变过去林业建设中"见林不见人"的弊端，要有3个体现：森林城市的建设要体现以人为中心，森林城市的特色要体现以人为中心，森林城市的管理和使用要体现以人为中心。

改善生态、改善民生是林业发展的根本任务，也是森林城市建设的出发点和落脚点。改善生态，是要通过森林城市建设让山川更秀美、环境更适居；改善民生，是要通过森林城市建设为市民提供更多更好的生态产品，为农民增收致富开辟新的渠道。要把改善生态和改善民生统一于森林城市建设的生动实践中，贯穿于森林城市建设的规划编制、实施推进、经营管护、考核评估的全过程，使森林城市建设成为改善生态、改善民生的有力抓手和突出亮点。

（2）坚持好"山水林田湖草系统治理"的理念

森林城市建设是对以森林为代表的自然生态系统的修复和完善。"山水林田湖草"是一个生命共同体，这既是习近平生态文明思想的重要内容，也是森林城市建设的基本方针。既要把完善城市森林生态系统作为中心任务，放在首位，充分发挥森林对维护山水林田湖草生命共同体的特殊作用；又要把"山水林田湖草"作为重要的生态因子，纳入到森林城市建设中统筹考虑，体现湿地保护、河流治理、防沙治沙和野生动植物保护等森林城市建设的重要内容，使各种自然生态系统通过森林城市建设实现有机统一，推进城市各种自然生态系统的协调发展。

（3）坚持好"尊重自然规律"的理念

森林城市建设在造林绿化方面最大的特点，就是要通过人工方式打造近自然的森林。要改变过去简单的挖坑栽树的思想，避免造"横看成行、竖看成列"的人工纯林，要以当地天然森林为参照，结合立地条件类型和树木的生理生态学特性，按适地适树适群落的原则，来选定造林树种、确定造林模式、绿地配置和后期管护措施，建设近自然的城市森林，切实做到"三化"：一是造林树种选择本地化，要求乡土树的比重不得少于80%；二是森林绿地配置多样化，坚决反对造大面积纯林；三是管护措施近自然化，特别要避免追求整齐划一的过度修剪。

（4）坚持好"城乡统筹"的理念

森林城市建设的空间范畴是全域性的，既包括城区，也包括郊区和乡村，要改变将城乡造林绿化分割开来的做法，将城区和乡村的造林绿化统筹起来一起考虑、一起推进，逐步实现"三个一体化"，即规划一体化、投资一体化、管理一体化，有效改善农村生态面貌和人居环境，为城乡居民提供平等的生态福利。

（5）坚持好"相依相融"的理念

森林城市建设就是要科学合理地把树木、森林融入到城市的各个组成单元，增加各单元的绿色总量，改善各单元的生态状况，做到林居相依、林村相依和林水相融、林路相融，真正实现"让森林走进城市，让城市拥抱森林"。

1.1.4 建立好"三个推动机制"

（1）建立好"高位推进"的组织领导机制

要把森林城市建设工作摆上党委政府工作的重要位置，真正做到主要领导亲自抓，分管领导全力抓，四套班子合力抓，条块结合共同抓。

（2）建立好"部门互动"的组织领导机制

要在党委政府的统一领导下，把相关党政部门、社团组织有效地动员起来、统筹起来，根据各自的职能，承担相应的任务，做到各负其责，各司其职，形成合力，达到集成的效应。

（3）建立好"市县联动"的组织领导机制

要把森林城市建设覆盖到市域每个地方，真正实现城区、乡镇、村屯的同一热度，同频共振，形成市、县、乡、村齐抓共管，百姓广泛参与的良好格局。

在这"三动"的组织领导机制中，最为关键的是各级党政一把手和林草部门。国家林业和草原局推动森林城市建设工作有两个基本的意图：一是为地方党委、政府重视林业、关心林业、发展林业提供一个"抓手"；二是为地方林业部门搭建一个动员领导、协调部门、凝聚公众的林业发展平台。

1.1.5 提供好"两个基础支撑"

（1）保障资金数量，确保"有钱办事"

森林城市建设涉及城乡生态建设的各个方面，需要大量的资金投入。要按照总体规划确定的资金数量，确保"有钱办事"，才能为森林城市建设提供保障。因此需要做到以下几点：首先，政府大力资助，做好增量文章，加大公共财政资金的投入，保证每年对森林城市建设的投资有所增加，这是森林城市建设公益性质所决定的，同时又要做好存量文章，对生态建设领域的现有资金进行整合打捆，集中用于森林城市建设。其次，政府要勇于创新，通过创新机制和方式，吸引和接纳社会投资，在自愿的前提下采取捐资造林的办法，在森林城市建设的平台上实现多赢的局面。例如可与中国绿化基金会等社会力量合作，吸纳社会捐赠，特别是大企业的捐赠，用于生态民生设施建设。再次，要争取国家优惠贷款，目前国家为支持林业生态建设的贷款是由国家开发银行和中国农业发展银行来执行，这个贷款近年的基本条件是：贷款期28年，宽限期8年，贷款利息4.9个百分点，其中中央补贴3个百分点，省里补贴1个百分点，使用单位仅承担0.9个百分点。

（2）保证充足苗木，确保"有苗造林"

造林绿化，种苗是基础。森林城市建设无论是实现绿量的增加，还是要体现地域的特色，都离不开种苗的保障。各地政府特别是林业部门，一定要提前谋划，提前准备，为森林城市建设提供品种多样、数量充足、质量上乘的苗木，保障造林绿化的需要，即"有苗造林"。国家森林城市评价标准中要求，本地乡土树种使用比重不低于80%，能否达到这个指标，都取决于苗木的供应。同时，还要建设有地域特色的森林城市，这个特色最直观的表象就是林相，而林相也取决于造林树种搭配的种类和数量。目前，在推进城镇化建设中，普遍存在"千城一面"的现象，森林城市建设要避免这一现象的出现，最关键的就是要在造林树种选择上，要尽量使用本地树种、本地苗木，体现本地森林特色。

1.1.6 着力推进"四项核心工作"

（1）着力推进"森林进城"

森林城市规划建设时需将森林科学合理地融入到城市空间，形成林在城中、城在林中的景象，使中心城区适宜绿化的地方都绿起来。一方面，要利用好街边空地和裸露地块，积极发展以林木为主、便民实用、精美精致的街心公园、小游园、小绿地，增加市民绿色休闲活动空间，实现老百姓"推窗见绿、出门进林"的愿望；另一方面，要开展森林单位、森林社区等不同形式的建设活动，推进森林进小区、进园区、进工厂、进学校、进军营，增加市民日常生活的森林绿地，实现老百姓"身边增绿"的目标。

（2）着力推进"森林围城"

充分利用不适宜耕作的土地开展绿化造林。通过生态保护和生态建设，构建起环绕城市的森林生态屏障。一方面，要加强城市周边自然山体、水体的生态修复，并因地制宜建设森林公园、湿地公园、郊野公园和树木园、植物园，形成大斑块的环城森林绿地；另一方面，要加强城市周边公路、铁路两旁以及沿江、沿河两岸的群落式林带建设，形成林路相依、林水相依的生态景观林带。

（3）着力推进"森林文化建设"

培育城乡居民的生态文明意识，一要建立健全生态文化设施，包括森林博物馆、标本馆、科普长廊、生态标识，以及树林园、植物园、野生动物园等等，使老百姓在游憩中得到生态文明理念的熏陶；二要挖掘弘扬森林生态文化，包括竹文化、花文化、茶文化、古树名木文化等等，并以此为基础，开展文学、音乐、书画、摄影等创作活动，丰富老百姓的精神文化生活；三要广泛开展市树市花评选，以及种植纪念林、树木认养等群众参与式、体验式活动，激发人们关注森林、保护森林、营造森林的自觉性责任感。

（4）着力推进"森林惠民行动"

森林城市的建设成果均服务于百姓，要采取切实措施，让百姓能够自由进入森林、享受森林，提升百姓对森林城市建设的获得感。对于现有森林绿地，要撤除栅栏，使百姓进得去、用得着，特别是所有公共绿地和公园，应当免费向市民开放。对于新建森林绿地，要同步规划和建设好步道系统和指示标牌，方便百姓在森林绿地里面休闲游憩。对于整个森林绿地，要科学合理地规划建立起"绿道系统"，满足百姓在森林中闲游慢走、疾行跑步的需要。

1.2 国家森林城市建设的重点工作

1.2.1 建设前的重点工作

国家森林城市建设是一个城市推进生态建设的重大举措，涉及城市建设的多个方面和不同领域。在启动国家森林城市建设之前，需要城市党委政府特别是林草部门做好大量细致的前期准备工作。

（1）客观分析国家森林城市建设的可行性

《国家森林城市评价指标》从林木覆盖率、城区绿化覆盖率、城区人均公园绿地面积、水岸绿化、道路绿化、树种丰富度、公众对森林城市建设的支持率和满意度、组织领导、保障制度等方面，对城市获得国家森林城市称号作出了严格规定。这需要城市党委政府在启动国家森林城市建设前，对城市的生态资源、建设决心、支持力度、社会环境等进行客观全面、深入精准地分析评价，特别是对重要指标的完成潜力和实现路径有一个清楚的认识，避免盲目跟风、在不具备建设基础的情况下推进工作。

（2）准确把握国家森林城市建设的程序性要求

2015年国务院将国家森林城市称号批准正式列入政府内部审批事项，作为业务主管部门的国家林业局对称号批准程序作出了详细规定，为公正、高效地开展称号批准工作提供了制度保障，也为各城市有序推进森林城市建设明确了工作路径。

首先，各城市要通过所在地省级林业主管部门向国家林业和草原局有关业务部门提出备案申请。其次，城市得到备案答复后，根据以上"总体要求"，要编制规划期限10年以上（含10年）的国家森林城市建设总体规划，作为推进国家森林城市建设的基本遵循和落实《国家森林城市评价指标》各项标准的重要载体。城市的国家森林城市建设总体规划经专家评审通过并经城市党委政府通过一定的议事程序批准实施后，还应通过所在地省级林业主管部门报送国家林业和草原局有关业务部门备案。最后，城市在符合备案和规划实施时间条件后，要按照国家林业和草原局有关业务部门要求，经所在地省级林业主管部门提交国家森林城市称号批准申请材料。

（3）准确把握国家森林城市建设的技术性要求

国家森林城市建设是一项实践性很强的工作，需要一系列技术指标来规范约束。国家森林城市建设的技术性要求主要体现在3个方面。一是要准确理解《国家森林城市评价指标》各项标准的内涵，特别是对一些国家森林城市专门性的指标更要全面掌握其特定含义、测量步骤和计算方法，避免因理解错误导致事倍功半。二是要严格落实《国家森林城市评价指标》各项标准的要求，将指标细化为建设任务按时保质保量完成。三是要严格落实国家森林城市建设其他有关技术规范的要求。

1.2.2　建设中的重点工作

获得国家森林城市称号是国家森林城市建设重要的阶段性目标，为此，森林城市建设要紧密围绕获得国家森林城市称号的要求来谋划部署，开展好、落实好与森林城市建设各项指标等硬性要求关系密切的工作。

（1）加强组织领导

实践证明，有力有效的组织领导是确保城市如期获得国家森林城市称号的重要保障。全国已经获牌的国家森林城市，在建设过程中均成立了以市委书记或市长为组长或指挥长、城市各有关部门主要负责同志为成员的建设组织机构，形成了党委政府主导、林业部门牵头组织协调、各部门各司其职、社会公众广泛参与的国家森林城市建设工作格局，为高效有序推进森林城市建设发挥了极为重要的作用。加强对国家森林城市建设的组织领导，一方面，城市党委政府要督促建立健全建设组织领导机制，加强对森林城市建设的人力、物力、财力支持，抽调骨干力量组建专门机构，保障稳定的办公经费和条件，为工作配合提供便利。另一方面，城市党委政府要提高思想认识，站在贯彻落实习近平新时代中国特色社会主义思想、党和国家关于建设生态文明和美丽中国的重大决策部署、提升城市可持续发展能力和满足城乡居民对美好生活需要的高度，来认识和看待国家森林城市建设工作，摒弃将国家森林城市建设作为传统意义上林草工作的错误看法，摒弃将国家森林城市建设归结为仅是林草部门的工作事项的错误看法，将森林城市建设纳入城市经济社会发展战略之中，摆上城市党委政府的重要议事日程。

（2）抓好规划落实

规划是推进森林城市建设、完成建设目标的总抓手、总遵循，必须将规划确定的各项任务落到实处。一方面，要增强规划的权威性，对城市党委政府经过一定议事程序批准实施的规划，不得随意变更规划内容，除因行政区划调整、国家重大政策调整、发生重大自然灾害等事由外，不得删减规划工程项目，不得调减规划投资概算，不得减低规划建设指标。确需修改规划的，要广泛征求各方面特别是林草部门的意见，按照评审通过、批准实施规划的程序进行；另一方面，要增强规划的操作性，要按照规划确定的进度安排和责任分工，做好任务分解，形成更加细化的规划实施方案，将工程项目分解落实到各部门、各街道乡镇，并建立考核验收和奖惩制度，实行日常督导和集中督导有机结合，做到一项目一考核一验收、一年度一考核一验收，对完成规划任务不力的部门和人员予以追责。

（3）抓好宣传发动

宣传发动既是国家森林城市建设的重要内容，也是凝心聚力推进建设工作的重要手段。在国家森林城市建设过程中，一方面，要定期召开多种形式的森林城市建设部署会、推进会、座谈会、研讨会，解决重大问题，谋划重点工作，持续推动党委政府和各相关部门持之以恒推进森林城市建设，同时把建设任务的部署落实过程变成对建设的宣传发动过程；另一方面，要广泛运用各种媒体，特别是微信、微博，既宣传森林城市建设的理念意义，也宣传森林城市建设的目标任务；既宣传森林、湿地的功能作用，也宣传生态资源的保护方式，吸引更多目光、凝聚更多力量参与森林城市建设。同时不断提高社会公众对森林城市建设的知晓率、支持率和满意度，以满足《国家森林城市评价指标》的相应要求。

（4）做好资料收集

做好资料收集，既是日常留存档案的工作要求，更是城市申请国家森林城市称号时编制相关资料，制作工作展示画册和视频的实际需要。一方面，要注意整理汇总建设过程中印发的文件、制定的方案、出台的政策、刊发的稿件，并进行电子化处理，形成完整的建设档案资料库，为申请国家森林城市称号时编制相关材料提供依据、打好基础；另一方面，要注意拍摄积累建设影像资料，特别是能够真实反映建设成效的照片和视频，并按照年度、季节等标准归档入库，为生动展示森林城市建设成果储备素材、做好铺垫。

（5）做好信息交流

及时收集信息、上报信息、展示成效、反映困难、提出建议，是形成上下良好互动、促进森林城市建设健康发展的有效途径。做好信息交流，一方面，要按照相关要求，按时向有关业务部门上报建设工作总结，以及进展情况和动态信息，以便有关部门准确掌握本地森林城市建设进展情况，及时提供更有针对性和可操作性的指导和帮助；另一方面，要加强与省级林业主管部门的沟通联系，认真听取和落实相关业务处室的意见和建议，以便建设工作始终得到省级林业主管部门的关注和重视，争取在资金、项目等方面获得更多的支持。

1.2.3 建设后的重点工作

获得国家森林城市称号后，需根据国家森林城市建设总体规划确定的任务，继续推进森林城市建设，巩固和提升建设成果，并逐步真正实现森林城市的建设愿景。

（1）保持工作力度的持续性

很多城市在森林城市建设期间，为实现获得国家森林城市称号这一目标，在组织领导、资金投入、工程项目、政策扶持等各个方面给予倾斜，保证了建设工作高质量、高标准推进。但获得国家森林城市称号只是森林城市建设的一个阶段性任务，获得称号并不意味着成为真正意义上的森林城市，建成森林城市还需要长期不懈的努力和奋斗。因此，城市党委政府要对森林城市建设实行常态化管理，始终作为一项重要工作定期研究、定期部署、定期检查，并将森林城市建设纳入年度目标考核，让森林城市成为党委政府日常工作的重要组成部分。

（2）保持机构人员的稳定性

国家林业和草原局对国家森林城市实行动态管理，主要是在授牌后继续督促各城市按照既定标准提升森林城市建设水平。称号授予3年后，组织一次全面的监测评估。这就需要各城市在获得称号后，继续保留相应的机构和人员，开展相关工作，并不断创新完善工作机制，使森林城市建设在高起点上不断取得新的更大成效。

（3）保持总体规划的严肃性

无论是授予国家森林城市称号，还是保有国家森林城市称号，国家森林城市建设总体规划的执行情况都是重要的考核指标和依据。特别是获得国家森林城市称号后，规划成为督促城市党委政府推进森林城市建设的重要依据。为此，一方面，要坚定不移地维护国家森林城市建设总体规划的地位和效力，不得以其他生态建设规划替代，不得随意废止或变更；另一方面，要坚定不移地推进国家森林城市建设总体规划的实施和执行，让每项工程都能严格按照规划确定的时间表和路线图落实落细，城市党委政府要承担规划要求落实推进森林城市建设的责任，特别是资金投入、政策扶持方面的责任。

1.3　国家森林城市称号批准办法

（1）申请备案

申请国家森林城市建设的人民政府，将建设启动申请以及森林城市指标对照表，报送省、自治区、直辖市人民政府林业和草原主管部门。省、自治区、直辖市人民政府林业和草原主管部门认为材料齐全、符合条件的，将有关材料报送国家林业和草原局。

国家林业和草原局认为具备开展建设条件的，列入国家森林城市建设城市名录，予以备案，并以书面形式告知省、自治区、直辖市人民政府林业主管部门。

（2）编制规划

城市得到备案答复后，需编制规划期限10年以上（含10年）的国家森林城市建设总体规划，作为推进国家森林城市建设工作的基本遵循和落实《国家森林城市评价指标》各项标准的重要载体。

城市的国家森林城市建设总体规划经专家评审通过，并经城市党委政府通过一定议事程序批准实施后，再通过所在地省级林业主管部门报送国家林业和草原局有关业务部门备案。

（3）建设森林城市

总体规划批准后，通过至少2年的建设时间，完成《总体规划》确定的近期建设内容，保证各项建设指标达到国家森林城市评价指标。

（4）申请验收

在国家林业和草原局备案满2年，且森林城市建设总体规划实施2年以上的城市，由城市所在地的省、自治区、直辖市人民政府林业主管部门向国家林业和草原局提出国家森林城市称号批准的申请，并提交相关材料。

（5）考核评定

国家林业和草原局组织专家评审。对于评审通过的，国家林业和草原局列入拟批准国家森林城市称号的公示名单；对于评审未通过且申请的城市有异议的，国家林业和草原局组织专家进行核查，并根据核查意见确定是否列入公示名单。

对拟批准国家森林城市称号的公示名单，在国家林业和草原局门户网站等媒体上予以公开，广泛征求听取社会公众的意见。

根据公示情况，经国家林业和草原局审查后，批准授予国家森林城市称号，并书面通知省、自治区、直辖市人民政府林业主管部门。

（6）监测评估

国家林业和草原局对国家森林城市实行动态考核。对获得国家森林城市称号3年的城市，组织专家进行监测评估。监测评估合格的，保留其国家森林城市称号；监测评估不合格的，给予警告，限期整改；整改不合格的或逾期未整改的，撤消其国家森林城市称号。

实例：百色市建设国家森林城市全过程回顾

百色市自2014年申请开展国家森林城市建设，到2017年10月获得"国家森林城市"称号，共历经3年6个月的时间，主要包括6个阶段。

一、申请备案

2014年4月，百色市人民政府向广西壮族自治区林业厅（以下简称广西林业厅）提交了《百色市人民政府关于申请创建国家森林城市的函》，申请开始国家森林城市建设。

2014年4月，广西林业厅向国家林业局提交《关于百色市创建国家森林城市的请示》，提出百色市建设国家森林城市的请示。

2014年4月，国家林业局宣传办向广西林业厅下发了《国家林业局宣传办公室关于百色市人民政府申请创建国家森林城市的复函》，同意百色市建设国家森林城市的请示，并予以备案。

二、编制规划

2014年10月，百色市林业局委托林产工业规划设计院进行《百色市国家森林城市建设总体规划（2013—2020年）》编制工作。

2015年3月，召开《百色市国家森林城市建设总体规划（2013—2020年）》评审会，专家组认为规划具有创新思维和前瞻性，分析透彻，资料充分，目标明确，布局合理，符合百色建设发展战略要求，一致同意通过评审。

三、建设森林城市

2014年7月，百色市成立了创建国家森林城市工作领导小组。由市委书记、市长任组长，发展和改革委员会（以下简称发改委）、工业和信息化委员会（以下简称工信委）、市政管理局、国土资源局、农业局等负责人任成员，办公室设在市林业局。

2014年8月，百色市市委、市政府召开了国家森林城市创建工作动员大会，区林业厅、市委市政府主要领导出席会议，全面吹响了建设国家森林城市的号角。各县（区）在全市动员会后也相继成立专门工作机构，推动森林城市建设工作有效开展。会议上还发布了百色市创建国家森林城市实施方案。

2014年10月，百色市创建国家森林城市工作领导小组对各县区的森林城市建设工作进行督查，及时协调解决工作中的问题和困难。

2014—2017年，百色市先后组织实施了"美丽百色、生态乡村"工程、林业重点项目工程、森林资源保护工程、林业"五个百万亩"工程、生态文化建设工程、"金山银山"工程等六大工程；积极推进城市森林网络、城市森林健康、城市林业经济、城市生态文化和城市森林管理等五大体系建设。全市基本构建起了科学合理、景观优美、多样性丰富、人与自然和谐相处的森林城市新格局，森林城市建设工作取得了阶段性成效。

四、申请验收

2017年6月，百色市人民政府向广西林业厅，申请"国家森林城市"称号验收。提交的验收材料包括：①百色市国家森林城市建设工作报告；②百色市国家森林城市建设评价指标自查报告（含报告和支撑材料汇编）；③百色市国家森林城市建设总体规划实施报告（含报告和支撑材料汇编）；④百色市国家森林城市建设成效图及文字说明（30张）；⑤视频影像片。

2017年8月，国家林业局对百色市申请材料进行书面评审，提出了修改意见，并下发《国家林业局宣传办公室关于补充提供2017年国家森林城市称号申请材料的通知》。

2017年8月，百色市补充提交了《百色市创建森林城市领导小组关于回复国家森林城市评审专家书面评审意见的报告》。

五、考核批准

2017年10月10日，森林城市建设座谈会在河北省承德市召开，国家林业局授予百色市等19个城市"国家森林城市"称号，百色市成为当年广西唯一入选城市。

六、监测评估

2020年，百色市获得"国家森林城市"称号3年，需接受国家林业和草原局对"国家森林城市"实行的动态考核。

02国家森林城市评价指标解析与调查方法

2.1 | 国家森林城市评价指标概述

2.1.1 国家森林城市评价指标的由来

2004年首届中国城市森林论坛在贵州省贵阳市召开，贵阳市被批准为我国第一个国家森林城市。2005年和2006年召开了第二、第三届中国城市森林论坛，并分别批准了辽宁省沈阳市和湖南省长沙市为国家森林城市。这一阶段，国家森林城市在中国处于探索时期，产生的影响有限，发展缓慢。为了能够大规模推广，迫切需要制定建设标准，于是，《国家森林城市评价指标》应运而生。国家林业局通过全面梳理国内外有关城市森林建设的案例和科学研究成果，结合我国森林城市建设的特点、需求和目标，建立了一套科学可行的指标体系，引领我国森林城市建设健康发展，确保国家森林城市建设过程的针对性、科学性、可达性、引领性、衔接性及实操性。

自我国森林城市建设起步以来，其评价指标已经进行过3次的修订和完善，分别是：

2007年3月，国家林业局出台《森林城市评价指标（试行）》，包括组织领导、管理制度和森林建设三大类指标。

2012年2月，国家林业局发布了《国家森林城市评价指标》（LY/T 2004–2012），属林业行业标准，指导我国森林城市建设，该指标与2007年相比存在较大差异。整体来看，城市森林建设的指标体系包含的建设内容更全面，不同建设方面分工更明确，且建设成果为民惠民的理念更加突出。

2019年3月，国家市场监督管理总局、中国国家标准化管理委员会发布《国家森林城市评价指标》（GB/T 37342–2019），属国家标准，替代2012年标准，于2019年10月1日实施。详见表2–1。

表2–1　各阶段标准形成进程

日期	标准名称	起草单位
2007年3月15日	《森林城市评价指标（试行）》	国家林业局宣传中心
2012年2月23日	《国家森林城市评价指标》（LY/T2004–2012）	国家林业局宣传中心、中国林业科学研究院林业研究所、重庆市北碚区林业局
2019年3月25日	《国家森林城市评价指标》（GB/T 37342–2019）	中国林业科学研究院林业研究所、国家林业和草原局宣传中心、国家林业和草原局城市森林研究中心

通过对比和分析得出，国家森林城市评价指标体系的修订是动态的、与时俱进的，随着对森林城市研究的不断深入以及城市化进程的发展，指标体系也应随之进行优化和完善。

2.1.2　国家森林城市评价指标的变化

为切实指导各地的森林城市建设工作，透彻理解森林城市建设发展方向，明确下一阶段建设要点，本书对2012年和2019年两版指标体系进行对比分析。

（1）新增指标

①受损弃置地生态修复

受损弃置地是指因生产活动或自然灾害等原因造成自然地形和植被受到破坏，且已废弃的宕口、露天开采用地、窑坑、塌陷地等。指标要求修复受损弃置地达80%以上。该指标主要针对城市中生态欠账问题，强调通过一系列工程措施，修复城市发展过程中造成的生态破坏现象，突出有效解决城市生态面貌差的问题。

②资源保护

资源保护指划定生态红线开展保护，生态红线是指在生态空间范围内具有特殊重要生态功能、必须强制性保护的区域，是保障和维护国家生态安全的底线和生命线。指标要求划定的生态红线，不得发生重大涉林犯罪案件和公共事件。该指标结合国土空间规划，强调不限于森林资源的全方位自然资源保护，要求森林城市建设期间不得发生非法买卖野生动物、非法占用林地等重大涉林犯罪案件和森林病虫害、森林火灾等重大公共事件。

③乡村公园

指标要求每个乡镇建设休闲公园1处以上，每个村庄建设公共休闲绿地1处以上。目前我国乡镇生态环境相较城区和乡村差，镇区人口密集，居住环境差、低端产业集中。森林城市建设强调城乡共享的生态福利，因此引导每个乡镇建设1处以上休闲公园，暂不要求量化面积和绿化标准；每个村庄建设1处以上公共休闲绿地，结合传统的村口大树及场地或乡村休闲体育设施建设。

④绿道网络

绿道是针对行人和非机动交通，集生态、景观、游憩和健身为一体，利用与城市道路、河流并行的绿色健康走廊相互串联，将城市绿地与郊区风景林有机联结成独立于城市机动交通网络的城市森林绿道网络，使公众能方便地进入公园绿地与郊野林地，同时也提高了绿道沿线各类绿地的景观和生态价值。指标要求建设遍及城乡的绿道网络，城乡居民每万人拥有的绿道长度达0.5km以上。该要求量化了绿道网络的建设任务，可以更好地使城乡居民得到均等化的日常生态服务，更加便捷的实现生态惠民。

⑤示范活动

指标要求积极开展森林社区、森林单位、森林乡镇、森林村庄、森林人家等多种形式示范活动。随着我国生态文明的发展建设，越来越多的生态建设活动相继开展，尤其是关注居民健康的生态建设。森林城市建设应引导多种形式的示范活动，发展森林细胞，带给老百姓身边实实在在的生态改善。

（2）删减指标

①城市林业经济体系

旧指标城市林业经济体系，包含生态旅游、林产基地、林木苗圃3项指标。生态旅游指标要求加强森林公园、湿地公园和自然保护区的基础设施建设，注重郊区乡村绿化、美化建设与健身、休闲、采摘、观光等多种形式的生态旅游相结合，积极发展森林人家，建立特色乡村休闲村镇。林产基地指标要求建设特色经济林、林下种养殖、用材林等林业产业基地，使农民涉林收入逐年增加。林木苗圃指标要求全市绿化苗木生产基本满足本市绿化需要，苗木自给率达80%以上，并建有优良乡土绿化树种培育基地。

新指标中将3项指标合并为1项生态产业，指标要求发展森林旅游、休闲、康养、食品等绿色生态产业，促进农民增收致富。一方面，删减林产基地建设内容，将其发展规模交给市场。另一方面，考虑苗木生产的流通性，删减苗木自给率要求；同时扩大林业经济体系范围，发展绿色生态产业，强调生态旅游、森林康养、绿色食品等产业发展，促进生态建设利民惠民。这一转变体现了"绿水青山就是金山银山"建设理念，强调要在坚持生态优先的基础上，大力发展林业产业，通过产业发展促进生态建设。

②新造林面积

旧指标要求森林城市建设过程中，平均每年完成新造林面积占市域面积的0.5%以上。根据对全国已经获得"国家森林城市"称号的城市进行建设情况统计，森林城市建设期间，每个城市平均新造林面积20万亩左右，约占市域面积的1个百分点，大大高于全国同期森林增长的平均水平。截至2020年3月11日，我国森林覆盖率达22.96%，森林面积2.2亿hm^2，全国55%以上的城市被授予国家森林城市称号。下一阶段，森林质量的提升将成为森林城市发展建设的重要方向，新指标体系增加森林质量提升指标，要求注重森林质量精准提升，每年完成需提升面积的10%以上，培育优质高效的城市森林。

（3）提升指标

①市域森林覆盖率和林木覆盖率

森林覆盖率计算方法：以行政区域为单位森林面积与土地总面积的百分比。森林面积，包括郁闭度0.2以上的乔木林地面积和竹林地面积、国家特别规定的灌木林地面积、农田林网以及"四旁"（村旁、路旁、水旁、宅旁）林木的覆盖面积。

林木覆盖率计算方法：行政区域内林木面积与土地总面积的百分比。林木面积包括郁闭度0.2以上的乔木林面积和竹林面积、灌木林面积、农田林网面积、"四旁"林木的覆盖面积、城区乔木、灌木面积。

对比二者计算方法，新指标林木覆盖率增加了城区乔木、灌木面积，并要求年降水量400mm以下的城市，林木覆盖率达到25%以上；湿地及水域面积占国土总面积10%以上的城市，林木覆盖率也要达25%以上。详见表2-2。

表2-2 《国家森林城市评价指标》提升指标对比分析表

指标	《国家森林城市评价指标》LY/T2004-2012			《国家森林城市评价指标》GB/T 37342-2019	
序号	指标名称	指标要求		指标名称	指标要求
1	市域森林覆盖率	年降水量400mm以下地区的城市市域森林覆盖率达到20%以上，且分布均匀，其中2/3以上的区、县森林覆盖率达到20%以上		林木覆盖率	年降水量400mm以下的城市，林木覆盖率达25%以上
		年降水量400～800mm地区的城市市域森林覆盖率达到30%以上，且分布均匀，其中2/3以上的区、县森林覆盖率达到30%以上			年降水量400～800mm的城市，林木覆盖率达30%以上
		年降水量800mm以上地区的城市市域森林覆盖率达到35%以上，且分布均匀，其中2/3以上的区、县森林覆盖率达到35%以上			年降水量800mm以上的城市，林木覆盖率达35%以上
		自然湿地面积占市域面积5%以上的城市，在计算其市域森林覆盖率时，扣除超过5%的自然湿地面积计算森林覆盖率			湿地及水域面积占国土总面积10%以上的城市，林木覆盖率达25%以上
2	城区乔木种植比例	城市绿地建设应该注重提高乔木种植比例，其栽植面积应占到绿地面积的60%以上		城区树冠覆盖率	城区树冠覆盖率达25%以上，下辖的县（市）城区树冠覆盖率达20%以上
3	村屯绿化	村旁、路旁、水旁、宅旁基本绿化，集中居住型村屯林木绿化率达30%，分散居住型村屯达15%以上		乡村绿化	乡镇道路绿化率达70%以上，村庄林木绿化率达30%以上，村旁、路旁、水旁、宅旁基本绿化美化
4	森林生态廊道	主要森林、湿地等生态区之间建有贯通性的森林生态廊道，宽度能够满足本地区关键物种迁徙需要		动物生境营造	保护和选用留鸟引鸟、食源蜜源植物，大型森林、湿地等生态斑块通过生态廊道实现有效连接

备注：以上对比分析仅限于地级及以上森林城市建设指标，不包括县级城市。

②城区乔木种植比例和城区树冠覆盖率

树冠覆盖率计算方法是区域内树冠垂直投影面积占区域内土地总面积的百分比。城区树冠覆盖率较乔木种植比例指标更加便于直观统计，指标建设实施的操作性强。

③村屯绿化和乡村绿化

乡村绿化指标增加了乡镇道路绿化率70%以上的硬性要求。村庄林木绿化率计算方法是村民居住区周边外扩100～200m范围内的林木面积与土地面积的百分比，指标要求面向的是居住区，而不是整个村域。目前阶段主要针对示范建设的乡村，属引导性指标要求。

④森林生态廊道和动物生境营造

动物生境营造强调大型森林、湿地等生态斑块通过生态廊道实现有效连接，不再仅仅是满足本地区关键物种的迁徙需要，相较旧指标更加全面。

2.2　指标内涵解读

《国家森林城市评价指标》（GB/T 37342-2019）的编制历时3年，是从2016年6月开始，2018年7月22日完成专家评审，2019年3月25日国家标准委公布，2019年10月1日起实施。此项标准主要针对中国森林城市的现实特点，针对各地对森林城市建设的迫切需求进行全面考虑；并吸收城市森林及相关学科的研究成果，吸收国内外城市森林建设成功做法进行科学制定。综合考虑各地的环境经济差异的基础上，合理确定刚性指标的衡量标准，保障多数城市经过努力可以达到，体现城市生态建设高质量发展要求，体现"山水林田湖草"综合治理的思想；且具有实操性，管理部门能够理解，责任单位能够实施，核验人员便于核查。以下解读内容主要基于国家林业和草原局城市森林研究中心的王成研究员于2019年在森林城市建设高级研修班的报告内容，并进一步分析而得。

2.2.1　《国家森林城市评价指标》的术语和定义

（1）森林城市

定义：在城市管辖范围内形成以森林和树木为主体、"山水林田湖草"相融共生的生态系统，且各项指标达到本标准要求的城市。

范围解读：城市管辖范围内指的是行政区范围，具有一定的可操作性。

（2）城市森林

定义：城区及其周边所有森林、树木及其相关植被的总和。

内涵解读：城市森林不同于通常意义上，强调面积大小、乔灌草自然形态的自然森林，而更注重外观上具有森林的效果和风貌，强调服务上发挥森林的生态、文化、景观、经济等多功能。

（3）乡土树种

定义：本地区天然分布的树种和没有生态入侵的归化树种。

内涵解读：乡土树种的认定更加体现城市特点，且不排斥引种树种。分为两层含义，一是天然分布的树种，二是引进成功的归化树种。引种成功的标准不是完成完整的生命周期，而是可以正常生长，满足景观性质的需求（比如一些常绿树种、棕榈植物北移），没有生态入侵的归化树种，符合景观需求、文化需求，环境特点。此外，可以充分发挥古树资源的作用，既是乡土树种，也能塑造乡愁生态景观。

（4）森林网络

定义：各类森林绿地等生态斑块，通过道路、水系、农田林网等各类生态廊道相互连接，形成片、带、网相结合的森林生态系统。

内涵解读：森林生态网络=森林基底+森林斑块+生态廊道，要维护生态系统的完整性、稳定性和功能性，确保生态系统的良性循环。

（5）绿道

定义：以自然要素为依托和构成基础，串联城乡游憩、休闲等绿色开敞空间，满足行人和骑行者进入自然景观的慢行道路系统。

内涵解读：以人民为中心，创造绿色福利，城市森林是公平的生态福祉，规划时需注重分析如何才能让老百姓更好的享受到，有获得感、幸福感，且便捷进入绿色空间，随时享受自然。

（6）林荫道路

定义：树冠覆盖率达30%以上的道路。

内涵解读：林荫道路可作为森林城市特色，多采用冠大荫浓的乔木，提升树冠覆盖率。

（7）受损弃置地

定义：因生产活动或自然灾害等原因造成自然地形和植被受到破坏，且已废弃的宕口、露天开采用地、窑坑、塌陷地等。

内涵解读：对于城市发展过程中的代价，是城市生态的顽疾，景观的伤疤，需要进行综合治理，开展城市破损土地的生态修复规划和研究。

2.2.2　地级及以上城市《国家森林城市评价指标》解读

根据标准要求，地级及以上城市的指标共36项，针对其36项进行逐条分析，框架图如下，其中刚性指标用蓝色文本框表示，引导性指标用绿色文本框表示，刚性与引导性结合指标用黄色框表示，详见图2-1。

（1）森林网络

①林木覆盖率

指标要求：年降水量400mm以下的城市，林木覆盖率达25%以上。年降水量400～800mm的城市，林木覆盖率达30%以上。年降水量800mm以上的城市，林木覆盖率达35%以上。湿地及水域面积占国土总面积10%以上的城市，林木覆盖率达25%以上。

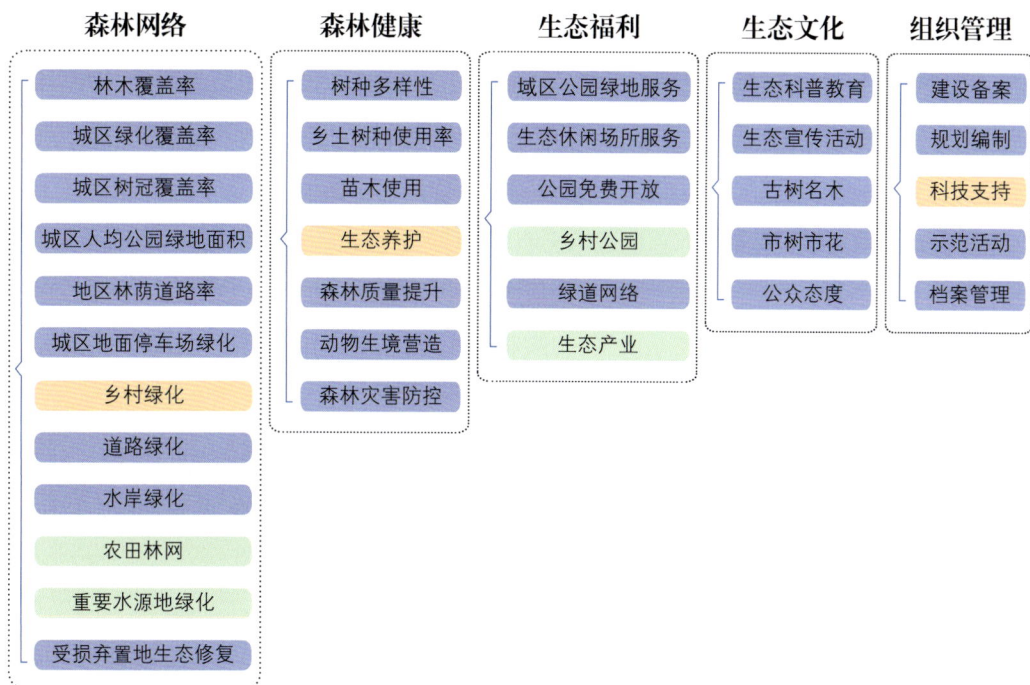

森林网络	森林健康	生态福利	生态文化	组织管理
林木覆盖率	树种多样性	域区公园绿地服务	生态科普教育	建设备案
城区绿化覆盖率	乡土树种使用率	生态休闲场所服务	生态宣传活动	规划编制
城区树冠覆盖率	苗木使用	公园免费开放	古树名木	科技支持
城区人均公园绿地面积	生态养护	乡村公园	市树市花	示范活动
地区林荫道路率	森林质量提升	绿道网络	公众态度	档案管理
城区地面停车场绿化	动物生境营造	生态产业		
乡村绿化	森林灾害防控			
道路绿化				
水岸绿化				
农田林网				
重要水源地绿化				
受损弃置地生态修复				

图2-1　地级及以上城市五大指标体系

内涵解读：林木覆盖率计算方法是行政区域内林木面积与国土总面积的百分比。林木面积包括郁闭度0.2以上的乔木林面积和竹林面积、灌木林面积、农田林网面积、"四旁"植树面积、城区乔木、灌木面积。属刚性指标。

示例

美国城市森林从市中心向外依次由4部分组成：市中心商业区树木、城市边缘高密度住宅区、近郊住宅区、郊区的残留片林。美国农林部林务局对48个大陆州的城市森林资源最新调查结果显示如下表，说明城市化发展照样可以保证较高的林木覆盖率。

	平均林木覆盖率	树木（株）
城区城市	27.1%	约38亿
大城市区	33.4%	约744亿
全美（48个大陆州）	32.8%	

---

②城区绿化覆盖率

指标要求：城区绿化覆盖率达40%以上。

内涵解读：对接国家生态园林城市，保障城区蓝绿生态空间。属刚性指标。

③城区树冠覆盖率

指标要求：城区树冠覆盖率达25％以上，下辖的县（市）城区树冠覆盖率达20％以上。

内涵解读：可借鉴欧美国家经验，结合我国城区树木覆盖现状，突出森林城市特色，保证乔木、林荫、树冠，立体生态空间的利用，使树木与建筑相互掩映。树冠覆盖率计算方法是区域内树冠垂直投影面积占区域内土地总面积的百分比。属刚性指标。

示例

美国林学会提出了城市树冠覆盖率发展目标：密西西比东及太平洋东西部的城市地区，全地区平均树冠覆盖率40％，郊区居住区50％，城市居住区25％，市中心商业区15％；西南及西部干旱地区，全地区平均树冠覆盖率25％，郊区居住区35％，城市居住区18％，市中心商业区9％。同时对停车场等也提出了树冠覆盖率的建议。

④城区人均公园绿地面积

指标要求：城区人均公园绿地面积达12m²以上。

内涵解读：对接国家生态园林城市的指标，总量适宜。属刚性指标。

⑤城区林荫道路率

指标要求：城区主干路、次干路林荫道路率达60％以上。

内涵解读：林荫路是森林城市最先感受到森林景观、林荫城市等特色的主体，也是目前城市改善生态环境，发挥巨大生态潜力的根本所在。规划建设时需避免低矮密冠，密不透风，多采用高大、通透结构，适度的遮阴也有利于污染物的扩散。林荫道路率计算方法是城区主干路、次干路林荫道路里程占总里程的百分比。属刚性指标。

⑥城区地面停车场绿化

指标要求：城区新建地面停车场的乔木树冠覆盖率达30％以上。

内涵解读：建设生态停车场是适应城市发展的趋势和市民需求，根据国内外研究成果表明停车场树冠覆盖率越高越能降温节能，降低污染，美化环境。属引导性指标。

示例

根据Urban forest research（2002年）记载，美国戴维斯的停车场当乔木树冠覆盖率达30％以上时，夏季沥青路面温度降低2.0℃，车厢温度降低2.6℃，燃料箱温度降低3.9℃。

⑦乡村绿化

指标要求：乡镇道路绿化率达70％以上，村庄林木绿化率达30％以上，"四旁"基本绿化美化。

内涵解读：乡村绿化指标是对接国家绿化要求，避免城乡景观断崖，保证城乡景观一体化的刚性与引导性相结合的指标。规划建设时需突出乡村绿化主要空间，发挥片林、林带、散生树木等特点，政府指导规划建设的空间包括"四旁"等。

目前关于乡村人居环境建设的提法很多（森林乡村、绿色乡村、美丽乡村、园林乡村等），有关指标也不一样（绿化覆盖率、林木覆盖率、森林覆盖率等达到30％）。村庄林木绿化率这个引导性指标，面向的是居住区，不是整个村域。在统计时可以向外扩100～200m，允许把这个范围的森林、湿地内的游憩空间和生态空间纳入计算。目前不是针对所有乡村，而是针对搞示范建设的乡村，是与示范活动指标（积极开展森林社区、森林单位、森林乡镇、森林村庄、森林人家等多种形式示范活动）一并考虑的指标。同时也尽量与其他行业、其他部门的标准相衔接，减少乡村建设的压力，体现了指标的包容性和引导性。

⑧道路绿化

指标要求：铁路、县级以上公路等道路绿化与周边自然、人文景观相协调，适宜绿化的道路绿化率达80％以上。

内涵解读：道路绿化还需做好净化、防护。将其与周边林带、自然、人文景观相协调，可以建设景观道路。适宜绿化的道路应该做到宜林则林，宜灌则灌，宜草则草，宜空则空。不是单纯的林带，是画廊，显山露水，展现出田园风光。道路绿化率计算方法是指绿化道路的长度占适宜绿化的道路总长度的百分比。属刚性指标。

⑨水岸绿化

指标要求：注重江、河、湖、库等水体沿岸生态保护和修复，水体岸线自然化率达80％以上，适宜绿化的水岸绿化率达80％以上。

内涵解读：水岸绿化不是指简单的水边栽树，而是保护河流生态系统，主要手段是保护和恢复河岸自然植被带。河岸绿化包括净化、防护、景观等功能，实现"两岸花柳全依水，一路楼台直到山"的景观。规划可采用部门合作的形式，目标是要实现生态河建设，避免过度硬化。水体岸线自然化率是指自然水岸的长度占水岸总长度的百分比，水岸绿化率是指完成绿化的水岸长度占适宜绿化的水岸总长度的百分比。属刚性指标。

⑩农田林网

指标要求：按照《生态公益林建设技术规程》（GB/T 18337.3）要求建设农田林网。

内涵解读：农田林网在平原地区的生态建设中发挥了重要作用。建设中要充分考虑林带胁地问题和土地家庭承包的新模式，可以经济林、用材林为主要形式构造相对集中稳定的生态空间。

⑪重要水源地绿化

指标要求：重要水源地森林植被保护完好，森林覆盖率达70％以上，水质净化和水源涵养作用得到有效发挥。

内涵解读：在规划建设中需注重两部分，包括城市重要水源地保护及水源地森林建设。计算方法是按照水利部门确定的重要水源地及周边水源涵养区界限计算。属于引导性指标。

⑫受损弃置地生态修复

指标要求：受损弃置地生态修复率达80%以上。

内涵解读：弥补生态欠账，修复采石采矿留下的伤疤等，可采用多种修复模式将其复绿，并可修建公园等加以利用。例如上海辰山植物园、加拿大Buchart花园、深圳修车厂等。计算方式是按照国土部门统计的受损弃置地数量计算。生态修复率是指修复的数量占需要修复数量的比例。属刚性指标。

（2）森林健康

①树种多样性

指标要求：城市森林树种丰富多样，形成多树种、多层次、多色彩的森林景观，城区某一个树种的栽植数量不超过树木总数量的20%。

内涵解读：生物多样性的一个重要基础是树种多样性。树种单一会造成景观雷同，且易遭病虫害。计算方法是按照园林部门的相关数据统计。属刚性指标。

②乡土树种使用率

指标要求：城区乡土树种使用率达80%以上。

内涵解读：乡土树种使用率是指乡土树种种植株数占树木种植总数的百分比，在范围上要注意是城区，不是市域。注重发挥地带性森林景观，保护古树名木、珍稀树种等资源，留住乡愁，建设有中国地域特色的森林城市景观。保证生物多样性，规划时需考虑为本地动植物提供可靠的栖息环境。属刚性指标。

③苗木使用

指标要求：注重乡土树种苗木培育，使用良种壮苗，提倡实生苗、容器苗、全冠苗造林，严禁移植天然大树。

内涵解读：乡土树种的苗木培育可以逐步解决乡土树种苗木短缺、造林设计被苗圃存苗情况所左右等问题。采用全冠苗或原冠苗可实现近自然森林培育，利用良种壮苗，实生苗可以打造百年景观。落实"严禁移植天然大树"。属刚性指标。

④生态养护

指标要求：避免过度人工干预，注重森林、绿地土壤的有机覆盖和功能提升，城区绿地有机覆盖率达60%以上。

内涵解读：目前遇到的较大问题是"远看绿油油，近看水土流"。建设时须避免绿地林地成为污染源。生态养护要解决城市水土流失问题；缓解PM2.5等粉尘污染；解决花粉、杨柳飞絮等植源性污染；解决树木健康、根系健康问题等，属于引导性指标刚性完成，即一定要有示范区建设。

⑤森林质量提升

指标要求：注重森林质量精准提升，每年完成需提升面积的10%以上，培育优质高效城市森林。

内涵解读：目前城区城郊森林存在没有分类经营管理、可进入性差、密度大（苗林）、层次复杂（绿篱过多）、生态林人工痕迹重等问题，需及时开展密度调控、植源性污染治理等，保证森林健康。属刚性指标。

⑥动物生境营造

指标要求：保护和选用留鸟引鸟、食源蜜源植物，大型森林、湿地等生态斑块通过生态廊道实现有效连接。

内涵解读：城市化地区森林、湿地等自然景观资源破碎化是造成该地区生物多样性丧失的重要原因之一。城市森林是野生动物重要的栖息地，许多鸟类等动物迁徙的驿站，在维持本地区生物多样性和大区域生物多样性保护方面都发挥着重要作用。强调城市森林生态系统整体景观的自然性和内部组分之间的连通性，注意大型自然林地和生态廊道建设。让森林进城，建造出鸟语花香的森林环境。根据生境需求规划树种，打造能够为野生动物提供栖息环境和迁徙通道的森林生态网络，发挥城市森林生物多样性保护功能。属刚性指标。

⑦森林灾害防控

指标要求：建立完善的有害生物和森林火灾防控体系。

内涵解读：防火是大事，重在防；防治有害生物，多采用生物防治。属刚性指标。

示例

"森林健康"的概念——最早由美国提出，是美国近十多年来在有害生物、火灾防治实践中形成的一种新的理论。美国国会于1992年通过了《森林生态系统健康与恢复法》。联邦政府每年出资1.28亿美元用于全国的森林健康监测，提供了经费保障。美国森林健康思想在城市林业中的实践主要包括树木健康状况监测、树木病虫害防治等健康维护以及城郊森林火灾防控等方面。利用强大的软件系统，为美国城市森林健康监测提供有力的支持。

另外，美国农业部林务局和内务部相关机构联合各州林业部门一起举办各种活动，加强城郊火灾防控及社区教育，鼓励居民采取公园林下可燃物掩埋，进行集中性、计划性火烧等措施，这些做法在维护公园及城郊森林健康方面起到了重要作用。

⑧资源保护

指标要求：划定生态红线。未发生重大涉林犯罪案件和公共事件。

内涵解读：未发生大树移植、毁林建别墅、重大森林病虫害及森林火灾等事件。属刚性指标。

（3）生态福利

①城区公园绿地服务

指标要求：公园绿地500m服务半径对城区覆盖率达80％以上。

内涵解读：面向整个城区把500m服务量化。满足城市居民的假日的生态游憩需求是森林城市建设的重要内容。要增加森林公园、郊野公园、绿道等生态游憩场所的数量和合理布局，为广大居民提供更多更好的生态休闲空间。在规划建设中要寻找盲区，实现日常休闲服务的均等化。公园绿地服务半径覆盖率是指公园绿地服务半径覆盖的土地面积占城区土地总面积的百分比。属刚性指标。

示例

发表于英国《柳叶刀》杂志的一项研究发现，受空气污染影响，沿街散步对身体健康的益处微乎其微，可以忽略不计。

英国帝国理工大学研究人员召集119名60岁以上志愿者，将他们分为心脏病患者组、慢性胸膜炎患者组和身体健康组，并随机分配他们在伦敦牛津街和与之相距不远的海德公园分别散步两小时。研究人员发现，无论健康与否，在公园散步的志愿者肺功能改善、动脉血管软化显著，效果持续到散步后26小时。沿牛津街散步者肺功能改善微弱，动脉硬化状况甚至恶化。牛津街是伦敦繁华的商业区，马路上通常只有烧柴油的公交车和出租车通行。研究人员因此得出结论，在空气污染的地方锻炼几乎无益于身体健康。

②生态休闲场所服务

指标要求：建有森林公园、湿地公园等大型生态休闲场所，20km服务半径对市域覆盖率达70％以上。

内涵解读：把郊区森林公园、湿地公园、郊野公园、风景名胜区等大型生态休闲场所的服务量化，均等化。保证就近出行，减轻拥堵、减少碳排放。郊区大型生态休闲场所的建设亦是绿水青山就是金山银山的重要体现。属刚性指标。

③公园免费开放

指标要求：财政投资建设的公园向公众免费开放。

内涵解读：以人民为中心，保证城市公园服务的公平性，保障居民身心健康，促进社会和谐，政府财政投入的公园属于免费的生态福利。主要包括城市绿地、森林、湿地等生态休闲空间。属刚性指标。

④乡村公园

指标要求：每个乡镇建设休闲公园1处以上，每个村庄建设公共休闲绿地1处以上。

内涵解读：乡村公园建设面积没有硬性规定，但要求建设一个休闲公园，这是一个引导性的指标，随着后期的建设经验总结，将来可以考虑量化面积和绿化标准要求。村庄休闲绿地形式多样，可以是传统的村口大树及场地，也可以结合乡村休闲体育设施建设，属引导性指标。重点是建设示范乡村，不是要求每个乡村都达标。

⑤绿道网络

指标要求：建设遍及城乡的绿道网络，城乡居民每万人拥有的绿道长度达0.5km以上。

内涵解读：绿道是实现城市森林生态惠民的一种重要途径。它针对行人和非机动交通，集生态、景观、游憩和健身为一体，利用与城市道路、河流并行的绿色健康走廊相互串联，将城市绿地与郊区风景林有机联结成独立于城市机动交通网络的城市森林绿道网络，使市民能方便地进入公园绿地与郊野林地，同时也提高了绿道沿线各类绿地的景观和生态价值。属刚性指标。

⑥生态产业

指标要求：发展森林旅游、休闲、康养、食品等绿色生态产业，促进农民增收致富。

内涵解读：生态建设也需要照顾经济发展特别是供地农民的经济收入问题，发挥森林城市建设的生态经济功能。发展中国特色的城市郊区森林生态旅游，例如浙江民宿、四川农家乐、北京林果采摘等。属引导性指标。

示例

美国加利福尼亚州每年投入城市林业产品和服务的费用11.21亿美元。

■城市森林对加利福尼亚州当地贸易、就业和个人收入等创造的总价值为33.8亿美元/年，创造间接价值22.7亿美元/年。

■城市森林给加利福尼亚州增加居民收入18.7亿美元。

■每年能提供25325份与城市林业直接相关的工作。

（4）生态文化

①生态科普教育

指标要求：所辖区（县、市）均建有1处以上参与式、体验式的生态课堂、生态场馆等生态科普教育场所。在城乡居民集中活动的场所，建有森林、湿地等生态标识系统。

内涵解读：把生态科普教育量化，保证教育功能常态化，教育形式多样化，发挥生态、产业和文化的综合效应。建设内容丰富、形式多样的参与式、体验式生态科普场所，促进居民收入增加和生态文化互动传播。例如北京石景山园林驿站、深圳自然教育学校、香港米埔湿地、台湾杉林溪等。规划科学的科普标识系统，探索更通俗易懂的方法传播生态知识和生态文化。属刚性指标。

②生态宣传活动

指标要求：广泛开展森林城市主题宣传，每年举办市级活动5次以上。

内涵解读： 通过会议、大赛等形式活动，开展森林城市宣传、生态知识的普及与生态文化的传播。属刚性指标。

③古树名木

指标要求： 古树名木管理规范，档案齐全，保护措施科学到位，保护率达100%。

内涵解读： 保护古树名木，是保护生态遗产，保护生态文化，也是乡愁的核心。保护措施开展要科学，避免硬化地表。属刚性指标。

④市树市花

指标要求： 设立市树、市花。

内涵解读： 体现城市特色和生态文化，但也要适度使用，科学使用。属刚性指标。

⑤公众态度

指标要求： 公众对森林城市建设的知晓率、支持率和满意度达90%以上。

内涵解读： 做到让百姓满意，使森林城市的理念深入人心。属刚性指标。

（5）组织管理

①建设备案

指标要求： 在国家森林城市建设主管部门正式备案2年以上。

内涵解读： 属刚性指标。

②规划编制

指标要求： 编制规划期限10年以上的国家森林城市建设总体规划，并批准实施2年以上。

内涵解读： 属刚性指标。

③科技支撑

指标要求： 建立长期稳定的科技支撑体系，专业技术队伍健全，技术规程完备。

内涵解读： 科技支撑可以保持森林城市建设健康发展，要有针对性的技术，需要用长期的研究攻克森林城市建设中的关键技术难题。建设城市生态定位研究站，联合开展森林城市的科学评估，发布年度报告，用科学的数据支撑森林城市建设成效评估。属于引导性指标刚性完成。

④示范活动

指标要求： 积极开展森林社区、森林单位、森林乡镇、森林村庄、森林人家等多种形式示范活动。

内涵解读： 通过示范活动，带动引导森林城市建设在社区、单位等地的自发开展，围绕人居环境营造宜居空间，实实在在地建设美丽家园。属刚性指标。

⑤档案管理

指标要求： 档案完整规范，相关技术图件齐备，实现科学化、信息化管理。

内涵解读： 积极推动档案管理手段现代化，推进传统载体档案数字化和电子文件、电子档案规范管理，维护档案的真实、完整、可用和安全，便于检索、利用和开发。属刚性指标。

2.2.3　县级城市《国家森林城市评价指标》解读

根据《国家森林城市评价指标》中县级城市的五大体系指标进行解读。县级城市指标共计33项。框架图如下，其中刚性指标用蓝色文本框表示，引导性指标用绿色文本框表示，刚性与引导性结合指标用黄色框表示，详见图2-2。

森林网络	森林健康	生态福利	生态文化	组织管理
林木覆盖率	树种多样性	域区公园绿地服务	生态科普教育	建设备案
城区绿化覆盖率	乡土树种使用率	生态休闲场所服务	生态宣传活动	规划编制
城区树冠覆盖率	苗木使用	公园免费开放	古树名木	示范活动
城区人均公园绿地面积	生态养护	绿道网络	公众态度	档案管理
地区林荫道路率	森林质量提升	生态产业		
城区成片森林、湿地	动物生境营造			
乡镇绿化	森林灾害防控			
村庄绿化	资源保护			
道路绿化				
水岸绿化				
农田林网				
受损弃置地生态修复				

图2-2　县级城市五大指标体系

（1）森林网络

①林木覆盖率

指标要求：年降水量400mm以下的县（市），林木覆盖率达25%以上。年降水量400~800mm的县（市），林木覆盖率达30%以上。年降水量800mm以上的县（市），林木覆盖率达35%以上。湿地及水域面积占国土总面积10%以上的县（市），林木覆盖率达25%以上。

内涵解读：在规划建设中需照顾不同地区的自然条件差异，鼓励开展县（市）生态建设。林木覆盖率计算方法是行政区域内林木面积与国土总面积的百分比。属刚性指标。

②城区绿化覆盖率

指标要求：城区绿化覆盖率达40%以上。

内涵解读：对接国家生态园林城市，保障县（市）蓝绿生态空间。是指县（市）区域内绿化植物垂直投影面积占区域内土地总面积的百分比。属刚性指标。

③城区树冠覆盖率

指标要求： 城区树冠覆盖率达25%以上。

内涵解读： 根据我国县（市）树木覆盖现状，突出森林城市特色，保证乔木、林荫、树冠的立体生态空间的利用，使树木与建筑相互掩映。树冠覆盖率计算方法是区域内树冠垂直投影面积占区域内土地总面积的百分比。属刚性指标。

④城区人均公园绿地面积

指标要求： 城区人均公园绿地面积达12m^{2}以上。

内涵解读： 对接国家生态园林城市的指标，总量适宜。属刚性指标。

⑤城区林荫道路率

指标要求： 城区主干路、次干路林荫道路率达60%以上。

内涵解读： 林荫路是森林城市最先感受到森林景观、林荫城市等特色的主体，也是目前城市改善生态环境，发挥巨大生态潜力的根本所在。规划建设时需避免低矮密冠，密不透风，多采用高大，通透结构，适度的遮阴也有利于污染物的扩散。林荫道路率计算方法是城区主干路、次干路林荫道路里程占总里程的百分比。属刚性指标。

⑥城郊成片森林、湿地

指标要求： 建设20hm^{2}以上的成片森林或湿地2处以上。

内涵解读： 县城城周的生态空间建设相对滞后，要规划建设大尺度的森林、湿地等生态空间，单体面积在20hm^{2}以上，为保护和增加生物多样性提供足够的城郊缓冲地带。属刚性指标。

⑦乡镇绿化

指标要求： 乡镇建成区绿化覆盖率达30%以上，建有2000m^{2}以上公园绿地1处以上。

内涵解读： 这是县级森林城市规划的重点内容，要实现乡镇绿化水平的显著提高。建设期间要完成2/3的乡镇，才能达到指标要求。属刚性与引导性相结合的指标。

⑧村庄绿化

指标要求： 林木绿化率达30%以上，"四旁"基本绿化美化，建设1处以上公共休闲绿地。

内涵解读： 体现县级森林城市对乡村绿化建设的促进作用。属刚性与引导性相结合的指标。

⑨道路绿化

指标要求： 铁路、乡级以上道路绿化注重与周边自然、人文景观相协调，适宜绿化的道路绿化率达80%以上。

内涵解读： 道路绿化还需做好净化、防护。将其与周边林带、自然、人文景观相协调，可以建设景观道路。适宜绿化的道路应该做到宜林则林，宜灌则灌，宜草则草，宜空则空。不是单纯的林带，是画廊，显山露水，展现出田园风光。道路绿化率计算方法是指绿化道路的长度占适宜绿化的道路总长度的百分比。属刚性指标。

⑩水岸绿化

指标要求：注重江、河、湖、库等水体沿岸生态保护和修复，水体岸线自然化率达85%以上，适宜绿化的水岸绿化率达85%以上。

内涵解读：量化标准提升体现县级有更高的要求。属刚性指标。

⑪农田林网

指标要求：按照《生态公益林建设技术规程》（GB/T 18337.3）要求建设农田林网。

内涵解读：农田林网在平原地区的生态建设中发挥了重要作用。建设中要充分考虑林带胁地问题和土地家庭承包的新模式，可以经济林、用材林为主要形式构造相对集中稳定的生态空间。

⑫受损弃置地生态修复

指标要求：受损弃置地生态修复率达80%以上。

内涵解读：弥补生态欠账，修复采石采矿留下的伤疤等，可采用多种修复模式将其复绿，并可修建公园等加以利用。计算方式是按照国土部门统计的受损弃置地数量计算。生态修复率是指修复的数量占需要修复数量的比例。属刚性指标。

（2）森林健康

①树种多样性

指标要求：城市森林树种丰富多样，形成多树种、多层次、多色彩的森林景观，城区某一个树种的栽植数量不超过树木总数量的20%。

内涵解读：生物多样性的一个重要基础是树种多样性。树种单一会造成景观雷同，且易遭病虫害。计算方法是按照园林部门的相关数据统计。属刚性指标。

②乡土树种使用率

指标要求：城区、乡镇建成区、农村居民点乡土树种使用率达80%以上。

内涵解读：乡土树种使用率是指乡土树种种植株数占树木种植总数的百分比，在范围上要注意是城区、乡镇建成区、农村居民点。注重发挥地带性森林景观，保护古树名木、珍稀树种等资源，留住乡愁，建设有中国地域特色的森林城市景观。保证生物多样性，规划时需考虑为本地动植物提供可靠的栖息环境。属刚性指标。

③苗木使用

指标要求：注重乡土树种苗木培育，使用良种壮苗，提倡实生苗、容器苗、全冠苗造林，严禁移植天然大树。

内涵解读：乡土树种的苗木培育可以逐步解决乡土树种苗木短缺、造林设计被苗圃存苗情况所左右等问题。采用全冠苗或原冠苗可实现近自然森林培育，利用良种壮苗，实生苗可以打造百年景观。落实"严禁移植天然大树"。属刚性指标。

④生态养护

指标要求：避免过度人工干预，增加绿地有机覆盖，实现森林、绿地的近自然管护。

内涵解读：目前遇到的较大问题是"远看绿油油，近看水土流"。建设时须避免绿地林地成为污染源。生态养护要解决县（市）树木健康、根系健康、绿地近自然保护问题等。属于引导性指标刚性完成，即一定要有示范区。

⑤森林质量提升

指标要求：注重森林质量精准提升，每年完成需提升面积的10%以上，培育优质高效城市森林。

内涵解读：城市森林的质量，不仅仅是传统的森林质量。目前县级地区森林存在没有分类经营管理、可进入性差、密度大（苗林）、层次复杂（绿篱过多）、生态林人工痕迹重等问题。需及时进行10年规划，开展密度调控、植源性污染治理等，保证森林健康。属刚性指标。

⑥动物生境营造

指标要求：保护和选用留鸟引鸟、食源蜜源植物，大型森林、湿地等生态斑块通过生态廊道实现有效连接。

内涵解读：县（市）森林、湿地等自然景观资源破碎化是造成该地区生物多样性丧失的重要原因之一。城市森林是野生动物重要的栖息地，许多鸟类等动物迁徙的驿站，在维持本地区生物多样性和大区域生物多样性保护方面都发挥着重要作用。强调城市森林生态系统整体景观的自然性和内部组分之间的连通性，注意大型自然林地和生态廊道建设。让森林进城，建造出鸟语花香的森林环境。根据生境需求规划树种，打造能够为野生动物提供栖息环境和迁徙通道的森林生态网络，发挥城市森林生物多样性保护功能。属刚性指标。

⑦森林灾害防控

指标要求：建立完善的有害生物和森林火灾防控体系。

内涵解读：防火是大事，重在防；防治有害生物，多采用生物防治。属刚性指标。

⑧资源保护

有效保护乡村风水林和风景林，未发生重大涉林犯罪案件和公共事件。

内涵解读：保证规划建设更加自然，更加生态，更加注重传承乡愁生态景观。

（3）生态福利

①城区公园绿地服务

指标要求：公园绿地500m服务半径对城区覆盖率达80%以上。

内涵解读：面向整个城区把500m服务半径量化。满足城市居民的假日生态游憩需求是森林城市建设的重要内容。要增加森林公园、郊野公园、绿道等生态游憩场所的数量和合理布局，为广大居民提供更多更好的生态休闲空间。在规划建设中要寻找盲区，实现日常休闲服务的均等化。公园绿地服务半径覆盖率是指公园绿地服务半径覆盖的土地面积占城区土地总面积的百分比。属刚性指标。

②生态休闲场所服务

指标要求：建有森林公园、湿地公园等大型生态休闲场所，10km服务半径对县域覆盖率达70%以上。

内涵解读： 把郊区森林公园、湿地公园、郊野公园、风景名胜区等大型生态休闲场所的服务量化、均等化。保证就近出行，减轻拥堵、减少碳排放。县域的森林湿地公园建设亦是绿水青山就是金山银山的重要体现。与地级及以上城市指标差别是服务半径变成10km。属刚性指标。

　　③公园免费开放

　　指标要求： 财政投资建设的公园向公众免费开放。

　　内涵解读： 以人民为中心，保证城市公园服务的公平性，保障居民身心健康，促进社会和谐，政府财政投入的公园属于免费的生态福利。主要包括城市绿地、森林、湿地等生态休闲空间。属刚性指标。

　　④绿道网络

　　指标要求： 城镇建有绿道网络，居民每万人拥有的绿道长度达0.5km以上。

　　内涵解读： 把绿道建设标准量化，而且是面向整个县（市）域。绿道是实现城市森林生态惠民的一种重要途径。它针对行人和非机动交通，集生态、景观、游憩和健身为一体，利用与城市道路、河流并行的绿色健康走廊相互串联，将城市绿地与郊区风景林有机联结成独立于城市机动交通网络的城市森林绿道网络，使市民能方便地进入公园绿地与郊野林地，同时也提高了绿道沿线各类绿地的景观和生态价值。属刚性指标。

　　⑤生态产业

　　指标要求： 发展森林旅游、休闲、康养、食品等绿色生态产业，促进农民增收致富。

　　内涵解读： 生态建设也需要照顾经济发展特别是供地农民的经济收入问题，发挥森林城市建设的生态经济功能。发展中国特色的城市郊区森林生态旅游。开展森林康养研究，拓展生态文化产业。属引导性指标。

　　（4）生态文化

　　①生态科普教育

　　指标要求： 建有参与式、体验式的生态课堂、生态场馆等生态科普教育场所5处以上。在城镇居民集中活动的场所，建有森林、湿地等生态标识系统。

　　内涵解读： 把生态科普教育量化，保证教育功能常态化，教育形式多样化，发挥生态、产业和文化的综合效应。建设内容丰富、形式多样的参与式、体验式生态科普场所，促进生态文化互动传播。规划科学的科普标识系统，探索更通俗易懂的方法传播生态知识和生态文化。属刚性指标。

　　②生态宣传活动

　　指标要求： 广泛开展森林城市主题宣传，每年举办县级活动5次以上。

　　内涵解读： 通过会议、大赛等形式活动，开展森林城市宣传、生态知识的普及与生态文化的传播。属刚性指标。

　　③古树名木

　　指标要求： 古树名木管理规范，档案齐全，保护措施科学到位，保护率达100%。

内涵解读：保护古树名木，是保护生态遗产，保护生态文化，也是乡愁的核心。保护措施开展要科学，避免硬化地表。属刚性指标。

④公众态度

指标要求：公众对森林城市建设的知晓率、支持率和满意度达90%以上。

内涵解读：做到让百姓满意，使森林城市的理念深入人心。属刚性指标。

（5）组织管理

①建设备案

指标要求：在国家森林城市建设主管部门正式备案2年以上。

内涵解读：需要建立在科学规划的基础上。属刚性指标。

②规划编制

指标要求：编制规划期限10年以上的国家森林城市建设总体规划，并批准实施2年以上。

内涵解读：不是单纯的达标评比活动，10年可以保证森林树木基本长起来。属刚性指标。

③示范活动

指标要求：积极开展森林社区、森林单位、森林乡镇、森林村庄、森林人家等多种形式示范活动。

内涵解读：通过示范活动，带动引导森林城市建设在社区、单位等地的自发开展，围绕人居环境营造宜居空间，实实在在地建设美丽家园。属刚性指标。

④档案管理

指标要求：档案完整规范，相关技术图件齐备，实现科学化、信息化管理。

内涵解读：积极推动档案管理手段现代化，推进传统载体档案数字化和电子文件、电子档案规范管理，维护档案的真实、完整、可用和安全，便于检索、利用和开发。属刚性指标。

2.3　评价指标现场调查方法

森林城市调研的重要目的就是根据《国家森林城市评价指标》要求，摸清森林城市建设的指标现状和达标情况，以便有针对性的规划建设工程。调研过程通常分成三个阶段，首先是现场调查前的准备，包括收集基础资料，初步了解森林城市建设现状，根据城市实际情况组织考察队伍和考察路线；然后是现场调查，由于森林城市建设规划范围较大，现场调查一般采用抽样调查的方法，主要根据指标达标情况调研城区绿化、村庄绿化、水岸绿化、道路绿化、郊野公园以及自然保护地建设情况等；最后是在规划编制后的补充调研，检验规划建设工程的可行性，为规划落实提供保障。

2.3.1 考察调研方案

（1）考察前的准备

①了解部门分工，收集基础资料

针对森林城市建设工作涉及面广、评价指标多、资料收集任务重的实际情况，首先应了解当地有关森林城市建设部门的职责，通常以林业部门为主导，涉及发改委、规划和自然资源局（以下简称"规资"）、住建、林业、水务、园林、旅游、环保、交通、财政及各乡镇政府等多个参与的职责部门。

按照森林城市建设指标要求将需要收集的资料分解到各部门，初步拟定资料收集清单，该资料清单应简洁明了，内容明确。不同城市在自然条件、区域位置、发展阶段、规划重点等方面存在诸多差异，因此，基础资料搜集内容可酌情增减。基础资料除从有关部门获取外，还应拓宽资料收集渠道，如从政府网站、公开出版物及新闻媒体的有关报道中获取。

②组建调查队伍，拟定考察路线

由于国家森林城市建设总体规划涉及林业、园林、生态等多个专业，现场调查的工作量较大，单一的人员或单一的专业都难以开展全面、深入的调研。因此专业考察队伍应保障参与调研人员的数量和全面的技术知识能力，保证有1～2名善于统揽全局的领导者和组织者及1～2个具有计算机专业软件操作能力的林业技术人员，也可吸收一部分当地人员加入调研队伍或聘请森林城市方面的专家加入考察队伍指导并参与调查工作，以便考察工作的顺利进行。

同时，初步制定调研路线，路线的划定可按照乡镇、区域划分，尽量缩短时间，保障考察全面，尽量不走回头路。此外，调查还需要准备相应的资料和设备，如图纸、地图、照相机、无人机及电脑等。

（2）城市现场考察

①进行现场座谈，对接基本情况

与当地森林城市建设主管部门会面，可通过组织"国家森林城市建设总体规划"项目资料收集协调座谈会，与各相关责任部门对森林城市建设的进度安排、指标要求、现状情况等进行充分沟通，同时明确资料搜集的具体要求和各单位联系人及联络方式。资料收集采用"收集""筛查""补缺""分类""存档"的程序，严格按照"指标覆盖全、佐证资料齐、影像质量高"的标准，对相关资料进行有序收集、规范管理，资料的归档可采用按收集部门归档和按建设指标归档两种形式。

②指标重点调研，摸清建设现状

第一次实地调研是在分析基础数据的基础上，进行实地踏勘，深化对相关资料的理解。主要针对指标现状不明及不达标的重点问题和深入了解当地的森林资源特色两个方面进行重点调研，与主管部门讨论具体考察日程安排及路线，有针对性地选择城区、村屯、道路、水岸、农田林网、水源地的绿化情况、受损弃置地的修复情况、生物多样性保护、种苗使用、灾害防控、生态产业、生态休闲场所、科教场所等进行实地调研。通过现场调查、数据判读等方法，分析推算国家森林城市建设指标现状情况，最后将正式公布的相关资料和统计数据结合现场调查作为基础数据进行指标评价，如区域森林覆盖率、新造林面积、村庄林木绿化率、建成区绿地率、古树名木等指标。

（3）规划编制后补充调查

对接总体规划，复查工程可行性：第二次补充调研是在规划布局、工程布设完成的基础上，在目标和最终规划方案制定之前，就其合理性及可建设性进行调研。调研内容主要为中心城区及各镇街的公园、道路绿化、水系绿化、林产基地、义务植树基地等。通过调查进行分析预测，合理调整规划工程建设的地点和数量，使其与城市建设发展步调一致，保障规划工程的可行性。

2.3.2 基础材料收集清单

国家森林城市建设是一个系统、全面的综合性工程，涉及多个部门，推荐以指标入手，归纳所需的资料，再分解到相关部门进行收集，便于落实部门责任的同时，所搜集材料要能够高效判读出森林城市指标现状建设情况，为规划建设工程提供指导和依据。此外，每个森林城市的建设基础和相关规划存在一定差异，还要根据实际情况，灵活变通，有针对性地收集基础资料，详见表2-3。

表2-3 森林城市建设收集资料清单

责任部门	常规收集资料名称	对应指标判读	
		地级及以上城市	县级城市
林业	近3年工作总结、林业志等	指标20：资源保护 指标28：生态宣传活动	指标20：资源保护 指标27：生态宣传活动
	森林资源二类调查报告及数据库、最新林地变更调查报告及数据库	指标1：林木覆盖率 指标17：森林质量提升	指标1：林木覆盖率 指标17：森林质量提升
	林业发展总体规划、林业产业规划（文本+图纸）等林业规划	指标17：森林质量提升 指标26：生态产业	指标17：森林质量提升 指标26：生态产业
	森林城市建设的工作计划、工作方案等	指标32：建设备案	指标30：建设备案
	所辖范围内自然保护区、森林公园、湿地公园相关规划材料（文本+图纸+照片）；野生动植物资源	指标18：动物生境营造 指标22：生态休闲场所服务	指标18：动物生境营造 指标6：城郊成片森林、湿地 指标22：生态休闲场所服务
	森林旅游、休闲、康养、食品等绿色生态林业产业资料	指标26：生态产业	指标25：生态产业
	苗圃、林业种苗基地、乡土珍稀树种基地情况、乡土树种使用情况	指标13：树种多样度 指标14：乡土树种使用 指标15：苗木使用	指标13：树种多样度 指标14：乡土树种使用率 指标15：苗木使用

责任部门	常规收集资料名称	对应指标判读	
		地级及以上城市	县级城市
林业	森林社区、森林单位、森林乡镇、森林村庄、森林人家等相关资料	指标35：示范活动	指标32：示范活动
住建、园林、城管、农村	义务植树情况	指标17：森林质量提升	指标17：森林质量提升
	市花市树	指标30：市树市花	
	古树名木保护资料（图册、调查）	指标29：古树名木	指标28：古树名木
	防火和病虫害相关资料	指标19：森林灾害防控	指标19：森林灾害防控
	农田林网建设情况相关资料	指标10：农田林网	指标11：农田林网
	受损弃置地修复情况	指标12：受损弃置地生态修复	指标12：受损弃置地生态修复
	乡镇绿化、村庄绿化	指标7：乡村绿化 指标24：乡村公园	指标7：乡村绿化 指标8：村庄绿化
	绿道建设统计	指标25：绿道网络	指标24：绿道网络
资规、国土	城市总体规划（文本+图纸） 城区绿地系统规划（文本+图纸）；城区绿化遥感技术评定报告等材料	指标2：城区绿化覆盖率 指标3：城区树冠覆盖率 指标4：城区人均公园绿地面积 指标16：生态养护 指标21：城区公园绿地服务 指标23：公园免费开放	指标2：城区绿化覆盖率 指标3：城区树冠覆盖率 指标4：城区人均公园绿地面积 指标9：道路绿化 指标21：城区公园绿地服务 指标23：公园免费开放
交通	城市道路绿化、林荫道绿化统计、绿道网络、停车场绿化建设情况	指标5：城区林荫道路率 指标6：城区地面停车场乔木树冠覆盖率 指标8：道路绿化率	指标5：城区林荫道路率 指标9：道路绿化
水务	水资源保护利用现状情况、河流水系分布图；河、湖等水岸绿化统计	指标9：水岸绿化 指标11：重要水源地森林覆盖率	指标10：水岸绿化
文化、旅游	旅游发展规划、景区规划、旅游图片等相关材料	指标27：科教场所 指标22：生态休闲场所服务	指标26：生态科普教育 指标22：生态休闲场所服务
农业农村	新农村、乡村振兴、美丽乡村发展规划等相关资料	指标7：乡村绿化	指标8：村庄绿化
统计	统计年鉴（包括人口数据、国民经济和社会发展统计）		
环境	近5年环境质量监测报告		

实例：三亚市国家森林城市现状调研回顾

一、了解部门分工，收集基础资料

在现场调研前，根据查看政府部门网站了解三亚森林城市建设涉及的部门情况，主要包括发改委、林业局、住建局、自然资源和规划局、水务局、交通运输局、旅游和文化局等部门。根据国家森林城市建设的指标要求和三亚市相关部门主要负责工作初步拟定了资料清单进行收集资料，同时从相关部门的门户网站下载了公示的规划文件，如《三亚市城市总体规划（2011—2020年）》《生态文明建设发展规划（2018—2025年）》等材料，初步对三亚的城市特色、资源基础、发展方向有所了解，同时对应国家森林城市的36项指标要求，根据现有基础材料梳理三亚指标现状，以便于有针对性的进行实地考察，详见例表2-1。

例表2-1 三亚市森林城市总规编制所需资料清单

序号	资料清单	负责部门
1	林业"十三五"发展总体规划	林业局办公室
2	近三年的林业工作总结：林业志（电子版）	林业局办公室
3	森林城市建设工作计划	林业局办公室
4	所辖范围内自然保护区、森林公园、湿地公园相关规划材料（文本+图纸+照片）	林业局资源管理科、三亚林场、水务局
5	森林资源二类调查数据（文本+森林资源分布图+GIS数据）	林业局资源管理科
6	公益林内经济林清退，国家储备林精准提升建设情况	林业局资源管理科
7	生态红线相关资料	林业局资源管理科
8	林业科技支撑体系、专业队伍建设情况	林业局科技与交流合作科
9	森林防火、林业有害生物防治、森林资源管理、科研监测等方面的情况介绍或工作报告	林业局科技与交流合作科、林业局生态保护修复科、生态环境局
10	义务植树情况；古树名木保护资料	林业局生态保护修复科
11	北罗岭、铁炉港等受损弃置地修复情况	林业局生态保护修复科
12	林业产业规划（文本+森林分类经营区划图）	林业局改革和产业发展科
13	森林旅游、休闲、康养、食品等绿色生态产业资料	林业局改革和产业发展科
14	湿地资源情况（包括湿地资源类型、分布、保护状况）；野生动植物资源	林业局动植物保护科、水务局
15	乡镇绿化、村庄绿化、农田林网、绿道建设统计	住建局
16	林业及城市绿化建设情况和建设成就、生态养护情况	住建局

序号	资料清单	负责部门
17	乡村公园、农村绿化活动开展情况	住建局
18	苗圃、林业种苗基地、乡土珍稀树种基地情况、乡土树种使用情况	林业局改革和产业发展科
19	林业产业规划（文本+森林分类经营区划图）	林业局改革和产业发展科
20	土地利用规划（文本+土地利用现状图、规划图）	自然资源和规划局
21	城市总体规划（文本+图纸）	自然资源和规划局
22	城区绿地系统规划（文本+图纸）（注：非常重要，尤其各类绿地详细数据）	自然资源和规划局
23	新农村、乡村振兴等相关资料	发改委、农业农村局
24	城市"十三五"发展规划	发改委
25	2018年统计年鉴（包括人口数据、国民经济和社会发展统计）	统计局
26	水资源保护利用现状情况、河流水系分布图；河、湖等水岸绿化统计	水务局
27	环境监测报告	生态环境局
28	交通"十三五"发展规划；城市道路绿化、林荫道绿化统计、绿道网络、停车场绿化建设情况	交通运输局
29	旅游图片、旅游发展规划	旅游和文化局

二、组建调查队伍，拟定考察路线

考察队伍共6人，其中3男3女，性别结构合理。由副总工程师、国家森林城市评审专家、全国林业工程建设领域资深专家彭蓉博士带领5名林学、园林、风景园林、城市规划专业的博士、硕士组成，技术团队具有扎实专业基础和丰富实践经验，同时，吸纳了三亚当地的相关技术人员参与考察，为三亚市国家森林城市建设提供有力保障，详见例表2-2。

例表2-2　三亚市国家森林城市建设调查队伍人员表

姓名	性别	职务、职称	专业
彭蓉	女	院副总工、所长、教授级高工、博士	风景园林
马兰	女	室主任、高级工程师、硕士	园林
姜哲	男	工程师、硕士	自然保护区
贾晓君	女	助理工程师、硕士	风景园林
赵志衡	男	工程师、博士	林业
李雪峰	男	助理工程师、硕士	城市规划

根据三亚市市域交通和行政区划情况，制定考察路线，周期为5天，保证考察不走回头路，拟定了重点考察的内容，主要包括城区、村屯、道路、水岸水源地的绿化情况、受损弃置地的修复情况、生态产业、生态休闲场所、科教场所等建设现状。确保可以较全面的了解三亚的森林资源分布和城市绿化现状，详见例表2-3。

例表2-3 三亚市国家森林城市总体规划考察计划表

调研日期		调研事项	备注
12月16日	上午	北京至三亚	到达三亚机场
	下午	林业局沟通	到市林业局座谈，讨论具体考察日程安排及路线
12月17日	上午	规划资料收集座谈会	市政府主管领导出席"三亚市国家森林城市建设总体规划"项目资料收集协调座谈会。沟通森林城市申报情况，明确资料搜集的具体要求和各单位联系人及联络方式。建议参会单位三亚市林业局各部门、发改委、自然资源和规划局、农业农村局、水务局、交通运输局、生态环境局、旅游和文化局、住房和城市建设局、统计局等相关部门、各区农林局的主要对接部门
	下午	中心城区 实地考察	公园、道路、河道、广场、居住区、办公区等城市绿地建设情况
12月18日	上午	吉阳区 实地考察	森林网络、森林健康、生态福利、生态文化建设的亮点及难点区域
	下午	海棠区 实地考察	森林网络、森林健康、生态福利、生态文化建设的亮点及难点区域
12月19日	上午	天涯区 实地考察	森林网络、森林健康、生态福利、生态文化建设的亮点及难点区域
	下午	崖州区 实地考察	森林网络、森林健康、生态福利、生态文化建设的亮点及难点区域
12月20日	全天	资料补充搜集	与三亚市创建森林城市办公室交接收集的资料，由创森办催收各单位未完成资料

备注：考察重点为与国家森林城市考核的相关36项建设指标，主要包括城区、村屯、道路、水岸、农田林网、水源地的绿化情况、受损弃置地的修复情况、生物多样性保护、种苗使用、灾害防控、生态产业、生态休闲场所、科教场所等。

三、进行现场座谈，对接基本情况

调研人员到达现场后，和三亚市林业局国家森林城市建设主管部门进行了会谈，根据36项指标要求和已有资料对现状情况逐条进行梳理对接，进一步加深对三亚市国家森林城市建设现状的了解；同时和住建局、水务局等相关部门进行座谈沟通并补充收集了相关基础资料。

四、指标重点调研，摸清建设现状

根据对三亚指标现状，主要针对指标现状不明及不达标的重点问题和深入了解当地的森林资源特色两个方面进行重点调研，有针对性的选择，重点考察城区、村屯、道路、水岸、水源地的绿化情况、受损弃置地的修复情况、生物多样性保护、种苗使用、灾害防控、生态产业、生态休闲场所、科教场所等，见例图2-1，例表2-4。

例图2-1　三亚市现场调研拍摄照片

根据收集的资料和调研人员的现场考察进行综合分析，基本摸清三亚创建国家森林城市的指标现状，完成调研工作，为下一步开展总体规划编制工作奠定基础。

例表2-4　三亚市国家森林城市建设指标自查表

序号	指标名称	国家标准	现状	达标情况	数据来源
一		森林网络			
1	林木覆盖率	35%以上	68.65%	达标	2017全市林地变更数据
2	城区绿化覆盖率	40%以上	41.11%	达标	
3	城区树冠覆盖率	城区25%以上 下辖的县（市）城区20%以上	38.92%	达标	园林绿化遥感测评技术鉴定报告
4	城区人均公园绿地面积	12m²以上	14.2m²	达标	三亚市绿地系统规划
5	城区林荫道路率	60%以上	83.01%	达标	

序号	指标名称	国家标准	现状	达标情况	数据来源
6	城区地面停车场乔木树冠覆盖率	新建地面停车场30%以上	无	待建指标	
7	乡村绿化	乡镇道路绿化率达70%以上	70%以上	达标	
		村庄林木绿化率达30%以上	30%以上	达标	
8	道路绿化率	适宜绿化的道路绿化率80%以上	97%	达标	
9	水岸绿化	适宜绿化的水岸绿化率80%以上	99.53%	达标	现场调研结合遥感判读
		水体岸线自然化率80%以上	87.6%	达标	
10	农田林网保护率	按照《生态公益林建设技术规程》（GB/T 18337.3）要求	达标	达标	
11	重要水源地森林覆盖率	70%以上	94.25%	达标	水源地专项调查报告
12	受损弃置地生态修复率	80%以上	87.27%	达标	受损废弃地专项调查报告
二		森林健康			
13	树种多样度	某一树种的栽植数量不超过树木总数量的20%	不超过20%	达标	树种专项调查报告
14	乡土树种使用率	80%以上	80%以上	达标	
15	苗木使用	注重乡土树种苗木培育，使用良种壮苗、容器苗、全冠苗造林，严禁移植天然大树		达标	现场调研结合科研机构工作报告
16	生态养护	城区绿地有机覆盖率达60%以上	60%以上	达标	三亚市园林绿化遥感测评技术鉴定报告
17	森林质量提升	每年完成需提升面积的10%以上	每年提升2000hm^2	待建指标	2017全市林地变更数据
18	动物生境营造	保护和选用留鸟引鸟、食源蜜源植物，大型森林、湿地等生态斑块通过生态廊道实现有效连接	达标	达标	生物多样性专项调查报告
19	森林灾害防控	建立完善的有害生物和森林火灾防控体系	达标	达标	三亚市2018—2025年防火规划 三亚市历年有害生物防治工作总结
20	资源保护	划定生态红线。未发生重大涉林犯罪案件和公共事件	达标	达标	三亚市历年林业工作总结
三		生态福利			
21	城区公园绿地服务	公园绿地500m服务半径对城区覆盖达80%以上	94.17%	达标	园林绿化遥感测评技术鉴定报告 三亚市绿地系统规划
22	生态休闲场所服务	建有森林公园、湿地公园等大型生态休闲场所，20km服务半径对市域覆盖达70%以上	70%以上	达标	
23	公园免费开放	财政投资建设的公园向公众免费开放	达标	达标	

序号	指标名称	国家标准	现状	达标情况	数据来源
24	乡村公园	乡镇：每个乡镇建设休闲公园1处以上	—	达标	现场调研结合遥感判读
		村庄：每个村庄建设公共休闲绿地1处以上	1处以上	达标	
25	绿道网络	城乡居民每万人拥有的绿道长度达0.5km以上	0.69km	达标	《三亚市绿道系统规划》
26	生态产业	发展森林旅游、休闲、康养、食品等绿色生态产业，促进农民增收致富	达标	达标	全市历年林业工作总结
四		生态文化			
27	科教场所	所辖区（县、市）均建有1处以上参与式、体验式的生态课堂、生态场馆等生态科普教育场所	17处	达标	现场调研结合科技协会材料
28	生态宣传活动	每年举办市级活动5次以上	5次以上	达标	林业局、环保局、科协等单位材料
29	古树名木保护率	100%	100%	达标	古树名木资源第二次普查报告
30	市树市花	设立市树、市花	达标	达标	园林绿化遥感测评技术鉴定报告
31	公众态度	知晓率、支持率和满意度达90%以上		待建指标	
五		组织管理			
32	建设备案	在国家森林城市建设主管部门正式备案2年以上		待建指标	
33	规划编制	编制规划期限10年以上的国家森林城市建设总体规划，并批准实施2年以上		待建指标	
34	科技支撑	建立长期稳定的科技支撑体系，专业技术队伍健全，技术规程完备	达标	达标	现场调研结合科研单位材料
35	示范活动	积极开展森林社区、森林单位、森林乡镇、森林村庄、森林人家等多种形式示范活动	达标	达标	现场调研结合各类评定办法
36	档案管理	档案完整规范，相关技术图件齐备，实现科学化、信息化管理		待建指标	

实例：三亚市国家森林城市建设指标分析与提升对策

在调研完成后，综合所收集的基础材料及现场调研情况，对三亚市国家森林城市建设的指标进行了详细的解读分析，对应36项指标要求理清了指标现状条件，给出了现状评价，同时针对存在的森林质量有待提升、生态产业潜力挖掘不足等问题提出了提升策略，使调研与规划实现紧密对接，为规划建设工程提供保障。

一、森林城市建设指标分析

（一）森林网络指标

1）林木覆盖率

①达标要求

年降水量800mm以上的县（市），林木覆盖率达35%以上。

②现状情况

三亚市多年平均降水量1640.3mm。根据全市2017年林地变更矢量数据及"多规合一"一张蓝图数据成果来看，全市林木覆盖率达68.65%。

③现状评价

林木覆盖率指标达标。

三亚市林地利用率高达81.04%。按照《海南省"多规合一"总体规划林地保护利用专章》分解目标。未来三亚市林木覆盖率达到69%以上，森林（含规划林地外森林）保有量保持在13.23万hm^2以上。因此全市的林木覆盖率未来以保持现有数据为准，不再增加指标要求。

2）城区绿化覆盖率

①达标要求

城区绿化覆盖率达40%以上。

②现状情况

根据三亚市统计局提供数据，2018年三亚市城区面积为55km^2。根据三亚市公安局提供数据，2018年全市城区常住人口为61.4万人。

根据《海南省三亚市园林绿化遥感测评技术鉴定报告》的统计和测算，三亚市2018年城区植被的垂直投影面积为2260.92hm^2，绿化覆盖率为41.11%，符合《国家森林城市评价指标》要求（≥40%），详见例表2-5。

例表2-5　三亚市各区绿化覆盖统计表

序号	县区（hm^2）	崖州区	海棠区	吉阳区	天涯区	合计
1	公园绿地	18.91	44.12	618.6	190.41	872.04
2	道路绿地	0.45	0.66	23.05	19.01	43.17

序号	县区（hm²）	崖州区	海棠区	吉阳区	天涯区	合计
3	单位绿地	1.51	34.12	125.68	107.28	268.59
4	住宅区绿地面积	15.55	8.22	416.74	188.5	629.01
5	生产绿地	/	/	31.73	6.54	38.27
6	防护绿地	/	/	10.35	1.57	11.92
7	其他绿地	7.85	1.35	195.67	18.23	223.1
8	绿地面积	44.27	88.47	1421.82	531.54	2086.1
9	绿化覆盖面积	59.13	92.98	1547.19	561.62	2260.92

③现状评价

城区绿化覆盖率指标达标。

从三亚城区绿化覆盖情况可看出，大部分城区的绿化覆盖较为均匀充足，但老城区以及海棠区绿化覆盖情况较差，是未来城区绿化建设重点。

3）城区树冠覆盖率

①达标要求

城区树冠覆盖率达25%以上。

②现状情况

根据《海南省三亚市园林绿化遥感测评技术鉴定报告》的统计和测算，城区绿化面积2260.92hm²，其中乔、灌木面积2140.58hm²，城区树冠覆盖率率为38.92%，符合《国家森林城市评价指标》要求（≥25%），见例图2-2。

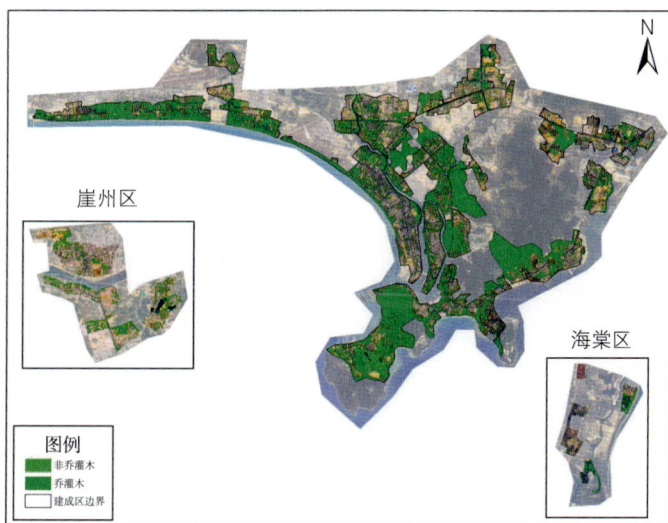

例图2-2　三亚市城区树冠覆盖示意图

③现状评价

城区树冠覆盖率指标达标。

三亚市地处热带，自然条件优越。植物生长具有良好的气候条件，生长快，养护管理较容易。根据《2018年三亚市道路绿化树种调研报告》显示，三亚市道路绿化树种总计35科72属123种，主要绿化方式乔木+灌木+小乔木+草本模式。绿地结构合理，景观效果及生态效益较好。未来的城区绿化中应继续保持乔灌木的搭配形式。

4）城区人均公园绿地面积

①达标要求

城区人均公园绿地面积达12m²以上。

②现状情况

根据《海南省三亚市园林绿化遥感测评技术鉴定报告》的统计和测算，三亚市公园绿地面积872.04hm²，城区人口61.4万人，人均公园绿地面积14.20m²，符合《国家森林城市评价指标》要求（≥12m²），见例图2-3。

例图2-3　三亚市城区公园绿地现状图

③现状评价

城区人均公园绿地面积指标达标。

三亚市城区内已逐步形成布局合理、特色突出、方便实用的城市公共绿地系统。根据城区公园绿地分布图来看，三亚市公园绿地以沿海岸线和道路建设的带状绿地和综合性大型公园为主，街头小型公园建设有待加强。

5）城区林荫道路率

①达标要求

城区主干路、次干路林荫道路率达60%以上。

②现状情况

根据《海南省三亚市园林绿化遥感测评技术鉴定报告》的统计和测算，三亚市城区纳入统计的林荫路长度为207.91km，其中符合林荫路标准的城市道路长度为172.58km，城区林荫道路率为83.01%，符合《国家森林城市评价指标》要求（≥60%）。

③现状评价

城区林荫道路率指标达标。

目前三亚市已经形成了树种丰富、绿量充足、园林绿化艺术水平高标准、高质量、高品位、具有热带风光、滨海特色的道路绿化体系的亮丽风景线。三亚市城区道路绿化盲点主要是绕城高速路及城区内的部分路段，未来城区道路绿化以现有路段的改善提升为主，详见例表2-6。

例表2-6 三亚市需完善改造路段列表

序号	路段	现状问题（部分路段）
1	工业园路	林下缺少植被覆盖，土壤裸露
2	海罗一路	树池内土壤裸露，无植被覆盖
3	荔枝沟路	林下灌木长势欠佳，无草本，土壤裸露
4	榆亚路	林下草本较少，土壤裸露，色彩单一
5	迎宾路	林下灌木色彩单一
6	三亚湾路	部分道路绿化树种抗风性较差，枯死
7	海润路	树种不统一，杂乱，色彩单一，景观性差
8	高新大道	道路绿化树种规格过小，林下植被色彩单一
9	海榆西线	树种种类过多，不统一，景观效果差别较大
10	师部农场路	树种不统一，大小不一，景观效果差
11	新风街	树木有枯死，树池过小，道路绿化树种不统一
12	三环路	道路绿化树种规格过小

6）城区地面停车场绿化

①达标要求

城区新建地面停车场的乔木树冠覆盖率达30%以上。

②现状情况

三亚市目前有停车场64处，其中永久性停车场43个，临时停车场17个，公共立体停车楼4个。全市的停车场建设面临着城区停车位供需不足，停车设施规划建设跟不上汽车总量增长速度等问题。

③现状评价

城区地面停车场绿化属于待建指标。

按照《三亚市中心城区公共立体停车楼（场）布点规划》确定的地面停车场，未来会进行配套的绿化建设，可满足森林城市建设指标。

7）乡村绿化

①达标要求

乡镇道路绿化率达70%以上，村庄林木绿化率达30%以上，"四旁"基本绿化美化。

②现状情况

2016年开始，三亚市实施了美丽乡村行动计划，开展了推进环境整治、设施完善、产业培育、服务提高、素质提升等5大工程，计划2016—2020年，全市完成47个行政村的美丽乡村建设。

通过村域调研结合资料整理情况来看，三亚市通过扶贫攻坚战计划、美丽乡村行动等多项举措，村庄绿化情况良好，林木绿化率达到30%以上，村旁、路旁、水旁、宅旁全部绿化，每个行政村都建有休闲活动场地一处。依照地形地貌来看，三亚市的村庄分为滨海型乡村、平原型乡村、滨河型乡村、山地丘陵型乡村四类。其中：山地丘陵型乡村绿化情况最好，平均林木绿化率达90%以上；平原型和滨海型乡村林木绿化率达50%以上；滨河型乡村，尤其是位于崖州区近郊的乡村林木绿化率较低，约为30%左右。

③现状评价

村庄绿化指标达标。

三亚市村庄绿化整体已经达到国家标准要求，但是在生态宜居方面，还存在着一定问题，包括：环境绿化不到位，部分村庄盲目模仿城市小区绿化形态，在种植过程中，品种单一，不符合村庄整体绿化氛围。乡村特色保护不足，村庄建设中对于古树、古井、古城墙的公共空间没有进行保留或加以利用，缺乏乡土特色和乡愁记忆。未来全市的乡村绿化要从乡愁延续，特色保护等方面进行加强，不仅仅是简单完成植树造林工作。

8）道路绿化

①达标要求

铁路、县级以上公路等道路绿化与周边自然、人文景观相协调，适宜绿化的道路绿化率达80%以上。

②现状情况

三亚市域联系通道主要以国、省级公路为主，已形成以沿海走廊为轴，向山区腹地指状延伸的梳状路网格局。根据现场调查结合遥感卫星图片判读来看，全市的道路绿化情况良好，适宜绿化的道路绿化率高达97%。所有通道两侧基本都有绿化，郊区段乡村道路以自然植被为主，防护功能好；城区段绿化养护较好，景观效果佳，见例图2-4。

③现状评价

道路绿化指标达标。

三亚市现有通道绿化景观效果良好，具备很好的生态效益。未来道路绿化建设主要是做好养护工作和新建道路的绿化工作。

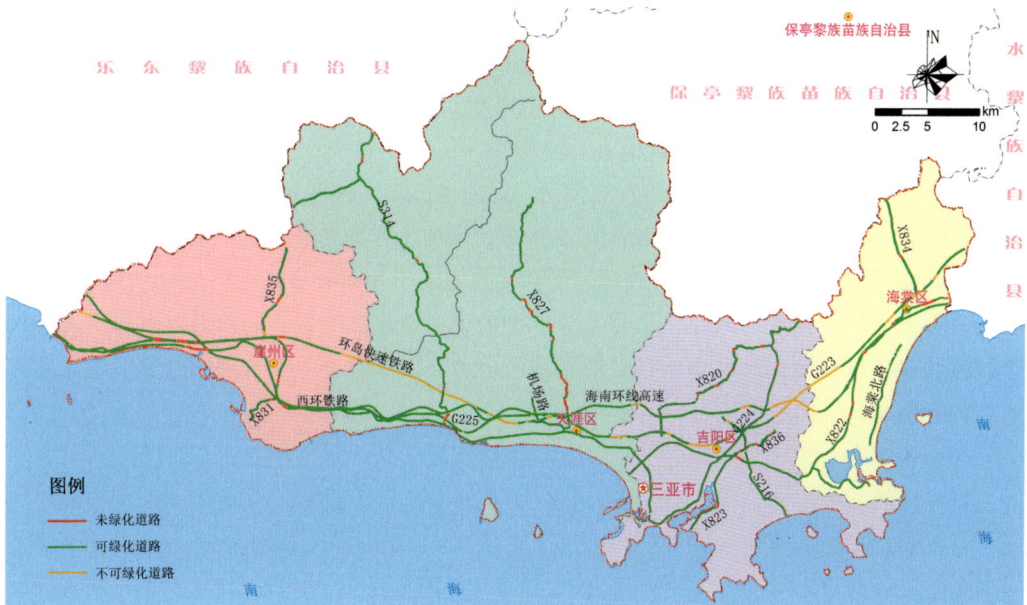

例图2-4　道路绿化现状图

9）水岸绿化

①达标要求

注重江、河、湖、库等水体沿岸生态保护和修复，水体岸线自然化率达80%以上，适宜绿化的水岸绿化率达80%以上。

②现状情况

三亚市境内有中、小河流12条，主要的河流为宁远河、藤桥河和三亚河。2018年全市推行了"市、区、村"三级的河长制，明确了河长管辖范围，确定了工作制度，整个河流管理逐步正规化。

近年来三亚市还对城市水体做了大量的生态修复工作，其中海岸带的修复主要是拆除违建、修复海岸线、补种海防林、三亚湾原生植被恢复、建设红树林保护区等。河岸的修复主要是三亚东河生态修复、白鹭公园环境整治、黑臭水体综合整治等。

通过对河流两岸进行现场调查结合卫片遥感判读，全市水岸绿化率达99.53%。河流绿化整体较好，北部区域河流两边均为自然植被，生态状况良好；未绿化河段主要集中在城区和部分乡镇内。三亚市域河流均为自然驳岸，在城区范围内的水体岸线总长度127.6km，符合自然岸线要求的水体岸线长度111.9km，自然水体岸线自然率为87.6%，大于80%。

③现状评价

水岸绿化指标达标。

目前水岸绿化指标达标。主要的河流岸线问题是三亚城区内的水体污染和岸线硬质化的问题，后续水岸绿化工作可结合城区湿地修复项目来推动。

10）农田林网

①达标要求

按照《生态公益林建设技术规程》（GB/T 18337.3）要求建设农田林网。

②现状情况

三亚市域的生态格局以宁远河、藤桥河、三亚河三大流域自北向南形成的低山-河流盆地-河流台地-海岸海岛等多级景观构架。经历长期的土地开发和利用，区域生态景观形成明显的北部林农-南部城镇的两极分化，植被相应形成了北部的宁远河和三亚河上源以次生植被和人工植被（橡胶、农作、槟榔等）混合的低山台地农业区，南部则以农田、果园人工植被和城市绿地为主的滨海城镇区的区域绿地格局。目前全市农田作业分散，不适宜开展农田林网建设，无农田林网建设要求。

③现状评价

农田林网指标达标。

11）重要水源地绿化

①达标要求

重要水源地森林植被保护完好，森林覆盖率达70%以上，水质净化和水源涵养作用得到有效发挥。

②现状情况

三亚市现有5处水源地保护区，划定了一二级保护区，水质均符合《地表水环境质量标准》（GB 3838—2002）中的Ⅱ类标准，符合国家生活饮用水源地水质要求。

通过对水源地保护区进行现场调查结合卫片遥感判读，全市的水源地林木覆盖率为94.25%，所有的水库林木覆盖率都超过了80%。但是目前水源地保护区内有大量的经济林种植，尤其是芒果种植占到接近1/5的面积，水库周边芒果林使用化肥农药会威胁水质安全，这个问题需要尽快解决，详见例表2-7。

例表2-7　三亚市水源林绿化统计表

序号	水源地名称	一级保护区陆地面积（hm²）	二级保护区陆地面积（hm²）	乔木林面积（hm²）	灌木林面积（hm²）	林木覆盖率
1	半岭水库	243.63	1253.23	1245.44	213.66	97.48%
2	抱古水库	167.91	446.23	560.94	25.58	95.50%
3	赤田水库	118.09	422.01	254.42	190.8	82.43%
4	大隆水库	192.34	1068.48	807.28	368.42	93.25%
5	福万水源地水库	436.93	2322.18	2314.69	306.33	95.00%
6	合计	1158.9	5512.13	5182.77	1104.78	94.25%

③现状评价

重要水源地指标达标。

三亚市水源地绿化情况，整体良好。尤其是通过前几年的水源地专项整治活动，整体情况提升明显。目前水源地周边存在的芒果林问题，是未来生态修复的重点。

12）受损弃置地生态修复

①达标要求

受损弃置地生态修复率达80%以上。

②现状情况

2014年三亚市国土局进行调查显示：全市境内分布有废弃矿坑55个，其中花岗岩矿坑46个，黏土矿坑9个（自然复绿中）。主要集中分布在环岛高速沿线，如抱坡岭及以北山体、迎宾路西段三虎岭西麓地区、原吉阳镇大安岭北麓地区等，其区位重要，景观敏感，且在极端天气条件下存在次生地质灾害隐患。

三亚市近年来为加强废弃矿山的地质环境治理，做了大量工作，包括：2015年批准实施了《三亚市废弃矿山（建筑用黏土矿石料矿）地质环境治理规划》；2016年颁布实施了《三亚市山体保护条例》，提出了编制重点保护山体名录，划定山体保护范围；同年实施了《三亚市生态修复城市修补总体规划》。

截止2018年年底，三亚市林业局陆续恢复了39个花岗岩矿坑；其中2011年主要是城区及周边的6个矿坑，包括亚龙湾路口A1、A2山体和抱坡岭1、2、3、5号山体，恢复面积46.52hm^2。2016年以来配合"城市双修"工作，完成了33个废弃矿山修复工作，其中生态修复25个山体，自然恢复8个山体，治理面积达到44.5万m^2。根据目前的修复情况来看，全市的受损弃置地生态修复率达到了87.27%。

③现状评价

受损弃置地生态修复指标达标。

三亚市对受损弃置地修复工作非常重视，无论是政策法规或技术规程方面都积累了大量的工作经验，机构调整后，弃置地生态修复工作交由三亚市自然资源和规划局负责，目前已完成了后续的5个废弃矿坑的修复方案的审批工作，未来由矿山主体责任公司单位按照方案进行操作后，全市的受损弃置地生态修复就可全部完成。

（二）森林健康指标

1）树种多样性

①达标要求

城市森林树种丰富多样，形成多树种、多层次、多色彩的森林景观，城区某一个树种的栽植数量不超过树木总数量的20%。

②现状情况

三亚市城区绿地植物共有69科151属184种，包括蕨类植物有3科3属3种，主要分布在天涯海角、鹿回头公园和亚龙湾；裸子植物有3科4属4种，主要分布在三亚湾附近、凤凰路及附近、鹿回头公园、天涯海角、新风街、榆亚路、胜利路等；双子叶植物有48科99属124种，主要分布在各主要道路、著名景区。

③现状评价

树种多样性指标达标。

三亚市绿地植物种类多样，可应用的植物种类多；城市中植物绿量大，绿色基底扎实，四季郁郁葱葱、生机勃勃，可供利用的乡土植物较多，并且表现良好，具有较大的潜力，景观效果佳，生态效益好。

2）乡土树种使用率

①达标要求

城区乡土树种使用率达80%以上。

②现状情况

三亚城市园林绿化建设中按照《海南省城镇园林绿化条例》《海南省城镇绿地植物配置技术规定（试行）》等规范、规章的要求，遵循适地适树的原则，根据本市的地域条件、气候环境等选择园林绿化树种。多采用本地乔木树种为主，行道树多选用遮荫效果较好、抗风性、抗旱性较强的阔叶大乔木，如雨树、榕树、麻楝、凤凰木、酸豆树等；棕榈科植物如椰子、槟榔、海枣等。在公园建设中，以植物造景为主，适当的配置健身设施、公厕、步道、座椅等休闲设施，没有大规模引种外来树种的情况。

根据《三亚市国家园林城市复查工作自查报告》的数据显示：三亚市城区绿化木本植物共有87种，其中城市绿化现有乡土树种48种，外地引进适应树种，现已适应三亚地区生长环境的树种22种，全市本地木本植物指数为0.8。

③现状评价

乡土树种使用率指标达标。

三亚市乡土树种使用情况良好，未来应继续发展节约型园林，突出乡土植物资源优势，优先使用本地苗圃培育的种苗，采用复杂植物群落结构，大量运用彩色的观花观叶植物，充分突出地方特色。

3）苗木使用

①达标要求

注重乡土树种苗木培育，使用良种壮苗，提倡实生苗、容器苗、全冠苗造林，严禁移植天然大树。

②现状情况

三亚市主要苗木生产基地和科研机构有三亚市园林绿化科学研究所和三亚市林业科学研究院。

近年来，三亚市开展了大量的城市园林树种的现状、乡土树种引种驯化、优质园林绿化树木种资源调查等科研项目研究工作。2011—2017年期间，市园林绿化科研所引种驯化园林绿化乔、灌木共47个品种，共计29040棵，引进了海南红豆、麻楝、孔雀豆、野牡丹、马缨丹、海芋等优良乡土树种，特别是重要乡土树种如假革婆、孔雀豆、五味子、黄花风铃木及腊肠树的引种成功率均达100%。在日常养护管理中，以上树种均较少受到病虫害危害，进行常规的水肥管理，就能表现出较好的生长势，体现了乡土树种的生长优势。其中引种驯化后的烟火树、长叶马府油、海南萍婆、树葡萄等优良苗木品种均在海虹路、迎宾路、东岸湿地公园等道路绿化和公园绿地中种植，培育的三角梅在道路绿化彩化花化中被大量种植于凤凰路、落笔洞路、各高速路连接线等重要路段及各大公园中，在旅游旺季及重大庆典活动、节假日摆花中也被大量应用。

近年来，三亚市林业科学研究院开展了大量的苗木培育及推广工作。包括在海南省"三边防护林"活动中，路边林、水边林以非洲楝、小叶榕、秋枫、沉香、花梨等热带景观树种为主，城边林以小叶榄仁、大叶紫薇、黄槐等速生阔叶树为主，做到速生和慢长相协调、生态防护和景观效果相统一；在铁炉港红树林保护区苗圃基地培育正红树、红海榄、桐花树、木榄、角果木和白骨壤苗木，用于青梅港红树林和铁炉港红树林保护区红树林生态修复；营建无翼坡垒迁地保育示范地，开展该物种栽植技术研究。

③现状评价

苗木使用指标达标。

三亚市园林绿化和苗木培育方面的科研力量强劲，优良苗木、乡土苗木的使用率高，未来依托市园林科学研究所、市林业科学研究院等科研单位，继续实施各项苗木科研项目，推广优良苗木使用。

4）生态养护

①达标要求

避免过度人工干预，注重森林、绿地土壤的有机覆盖和功能提升，城区绿地有机覆盖率达60%以上。

②现状情况

节约型园林

三亚市土地资源稀缺、气候炎热，全市积极推广应用屋顶花园、墙面绿化、垂直绿化、立体绿化等节地型园林形式，提高土地利用率，最大限度地发挥园林绿化的生态功能和环境效益。全市因地制宜推广海绵型公园绿地建设，推广中水浇灌绿地，发展节水型园林。目前，丰兴隆生态公园已采用中水浇灌，市园林环卫局正在榆亚路、迎宾路、凤凰路、荔枝沟路、落笔洞路等道路绿地和学院路周边公园绿地铺设中水管网，逐步推广中水的利用。

三亚市存在季节性缺水、区域性缺水的问题，因此在海绵型公园的建设中采用透水铺装、多功能树池、旱溪、生物滞留带、植草沟、雨水花园、雨水湿地、蓄水板块等一系列措施，进行系统化、集成化的使用，有效的缓解城市水资源短缺问题，改善城市水质量和水环境，调节小气候，形成人与自然和谐相处的生态环境。

园林绿化养护管理

三亚市不断加强园林绿化管理工作。全市园林绿化养护管理交由各区进行属地管理，并推进社会化养护管理的模式。各区结合属地养护管理的实际工作情况，分别制定了各项养护管理制度。市园林环卫局作为业务主管部门，负责对全市园林绿化的监督和指导，每月不定期的对全市园林绿地养护管理进行检查和指导，及时通报检查情况，督促整改。

全市制定实施了《三亚市园林绿化和环境卫生监督检查实施方案》，加强园林绿化管理的监督检查指导工作。市园林环卫局每年组织各区园林工人进行树木修剪及病虫害防治等技术培训。制定各项应急预案，加强台风、暴雨等恶劣天气下园林植物的防护，避免倒伏，及时排涝等工作措施。全市的整体管护水平得到加强和提高。

③现状评价

生态养护指标达标。

三亚市通过创建海绵城市、建设节约型园林，提升园林绿化管理工作等方式，在生态建设方面已经走在了全国城市的前列，为后期实现生态养护，自然和谐，减少不必要投入做出了很好的典范作用。

5）森林质量提升

①达标要求

注重森林质量精准提升，每年完成需提升面积的10%以上，培育优质高效城市森林。

②现状情况

根据三亚市2017年林地变更数据，全市公益林中共有经济树种8418.57hm^2，其中橡胶6053hm^2，槟榔1373hm^2，杧果833hm^2，波罗蜜、椰子、龙眼等其他果树153hm^2。其中需要进行经济树种清退提升的面积约为2000hm^2。

③现状评价

森林质量提升指标是待建指标。

三亚市的森林质量提升的对象主要是公益林内的经济树种。未来需要对该部分公益林进行树种改造，通过封山育林或种植本土生态树种，促进森林生态效益的最大化。按照每年提升需提升面积的10%以上，即每年完成森林质量提升改造200hm^{2}以上。

6）动物生境营造

①达标要求

保护和选用留鸟引鸟、食源蜜源植物，大型森林、湿地等生态斑块通过生态廊道实现有效连接。

②现状情况

动物资源

三亚市有丰富的野生动物资源，其中有兽类50多种；鸟类60科，344种；两栖类37种；爬行类104种。现有国家重点保护的野生动物35种，如猕猴、穿山甲、水獭、原鸡等；省级保护的野生动物22种，如小灵猫、豹猫等。三亚市域的野生动物的生态分布与绿地群落的结构和环境密切相关。

湿地生态系统：在三亚市的海岸、河口、山塘、水库以及水田、鱼塘等湿地环境中，有丰富的水鸟和候鸟。水鸟有白鹭、池鹭、夜鹭、牛背鹭、小䴙䴘、黑水鸡等，候鸟有绿翅鸭、银鸥、红嘴鸥、鹬类、鸻类等。

森林生态系统：在三亚的林区，有丰富的兽类和鸟类，如海南大灵猫、小灵猫、果子狸、豹猫、穿山甲、海南山鹧鸪、海南孔雀雉、褐翅鸦鹃、小鸦鹃等国家重点保护的兽类和鸟类。这里也是两栖类、爬行类主要的栖息地。爬行动物中的蛇类较丰富，如滑鼠蛇、白唇竹叶青等。此外，还有如小湍蛙、脆皮蛙、细刺蛙、海南溪树蛙、斑蛙、棘胸蛙、大树蛙、斑腿树蛙、眼镜蛇、黄喉水龟、海南脊蛇等省级保护种类。

农耕区生态系统：在海拔较低的台地、山区小盆地，是人与野生动物活动交错带，以疏林、竹林和灌木丛林和农作等植被为主。兽类以啮齿动物为优势种，较大的种类有豹猫、黄鼬等。鸟类种类没有山林带丰富，受人为干扰大，但个别种类数量较多，尤其是鸭科和莺科等种类。斑文鸟、家燕、大山雀、暗绿绣眼鸟等种类数量也较多。但也有褐翅鸦鹃、珠颈斑鸠、鹧鸪、雉鸡等珍贵鸟类到此活动。爬行动物的蛇类多见于此区域。两栖动物在此区域分布较为集中，如黑眶蟾蜍、沼蛙、泽蛙、花姬蛙、饰纹姬蛙、花细狭口蛙等。

自然保护地

三亚市的生态空间要素主要包括：自然山体、河湖水系、自然保护区、水库、基本农田、水源保护区、风景名胜区、山林地区、后退最高潮位线控制区等。

三亚市现有自然保护区7个，国家级1个，省级1个，地市级5个。包括海洋湿地类型的自然保护区、野生生物类型自然保护区和森林生态系统自然保护区三种类型，详见例表2-8。

例表2-8　三亚市自然保护区现状列表

序列	类型	名称	级别	保护对象	面积（hm²）	主管部门
1	海洋湿地类	三亚国家级珊瑚礁自然保护区	国家级	珊瑚礁及其生态系统	5568（海域）	三亚市珊瑚礁自然保护区管理处
2		三亚河红树林保护区	地市级	红树林生态系统	475.8（水），其中红树林14	市林业局
3		三亚铁炉港红树林保护区	地市级	红树林生态系统	292	市林业局
4	海洋湿地类	亚龙湾青梅港红树林保护区	地市级	红树林生态系统	155.67	市林业局
5	野生生物类	六道综合生态保护区	地市级	热带季雨林	1800	市环保局
6		大东海火岭猕猴保护区	地市级	猕猴	73.3	市环保局
7	森林生态系统类	甘什岭无翼坡垒保护区	省级	无翼坡垒	2001	市林业局

三亚市热带海滨风景名胜区由陆域和海域两部分组成，总面积 227.12km²，范围包括亚龙湾、天涯海角、南山—海山奇观3个独立的景区，以及鹿回头、崖州古城、落笔洞、椰子洲4个独立的景点。

三亚市现有森林公园6处，包括琼南岭省级森林公园、南山洞中山省级森林公园、抱龙省级森林公园、甘什岭省级森林公园、临春岭森林公园和亚龙湾热带森林公园。

三亚市现有湿地公园1处，为海南三亚河国家湿地公园。

三亚市现有水源保护区5处，包括大隆水库、赤田水库、福万—水源地水库、半岭水库和抱古水库，见例图2-5。

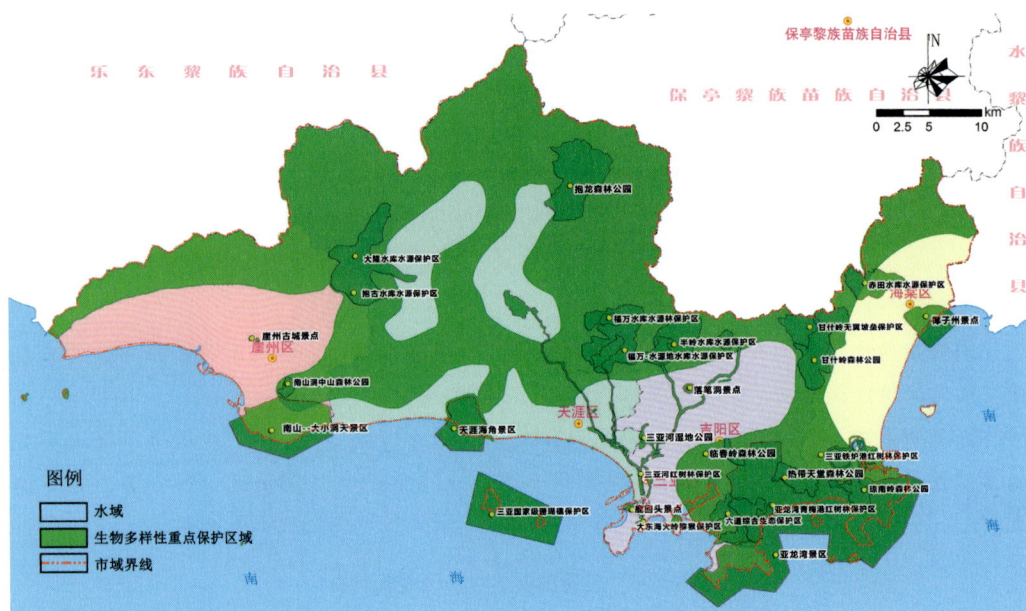

例图2-5　三亚市生物多样性分布图

③现状评价

动物生境营造指标达标。

三亚市内的自然保护区、水源保护区、野生动植物重要栖息地、次生热带雨林和季雨林分布区、珊瑚和珊瑚礁、红树林、湿地和泻湖、海湾、岛屿和半岛、河口和沙滩沙坝等都是最为重要的生态敏感区，也是维系地区生物多样性的重要保障与支撑，给生物提供重要的栖息地和便利的生境空间。目前全市已经基本形成了由大型森林、湿地等生态斑块组成的生态廊道。未来应继续对山地、森林、河流与红树林四大生态系统进行保护与修复，为野生动植物营建更加好的生态环境。

7）森林灾害防控

①指标要求

建立完善的有害生物和森林火灾防控体系。

②指标现状

在有害生物防治方面，三亚市主要林业病虫害有：椰心叶甲、椰子织蛾、刺蛾、刺桐姬小蜂、榕管蓟马、黑刺粉虱、介壳虫、薇甘菊、煤烟病、炭疽病、叶枯病和黑斑病等。近年来，三亚市以减轻林业有害生物灾害损失、促进现代林业发展为目标，不断增强病虫害防治工作，积极开展棕榈科植物有害生物普查、薇甘菊防治、森林植物检疫、病虫害防治咨询、林业有害生物的宣传培训等工作，病虫害防治取得一定成效。2018年，三亚市完成了全市林业有害生物应施监测面积229.2万亩，累计实际监测面积993.5万亩，监测覆盖率达99%；林业有害生物成灾率0‰；林业有害生物无公害防治率96.27%；林业有害生物准确测报率，林业有害生物发生测报准确率为90.0%；种苗产检疫率达100%。

在森林防火方面，三亚市森林资源丰富，在《全国森林防火规划（2016—2025年）》中被划为森林火灾高风险区。每年12月1日至次年5月31日为全市森林防火期，其中：3月1日至5月31日为森林高火险期。2009—2016年全市境内共发生森林火灾10次，全部为一般火灾，火场面积8.44hm²，森林受灾面积2.20hm²，2017—2018年未发生森林火灾。从历年火灾发生情况分析，森林火灾均为人为野外违规用火或不良用火习惯导致。三亚是国际旅游城市，景区的人流量较大，如大小洞天风景区、南山文化旅游区、天涯海角游览区、亚龙湾国家旅游度假区、亚龙湾热带天堂森林公园等景区均是重要的林地林木经营单位，其生态安全极其重要，但人为活动频繁，火灾隐患较大，属于重点防火区域，景区火灾防控也是三亚森林防火工作的重点和难点。近年来，三亚重点强化了森林防火高火险期，特别是清明、博鳌论坛、"五一"等重要节假日活动期间的森林防火工作，投入使用了视频监控等相关设备，加强了森林防火宣传，认真开展森林防火隐患排查工作，扎实推进全市森林防火工作。2018年，三亚市林业局组织编写《三亚市2018—2025年防火规划》和《三亚市森林火灾应急预案》，为森林防火提供引导和制度保障，2018年全市未发生森林火灾。整体上讲，全市森林防火工作现状平稳有序，成效明显。

③指标评价

森林灾害防控指标达标。

在病虫害方面，目前三亚市认真贯彻"预防为主，科学防控，依法治理，促进健康"的工作方针，常发性林业有害生物的防治工作做到及时监测、准确预报、适时治理。未来可在现有的基础上，继续开展林业有害生物监测预警体系、检疫御灾体系、防治减灾体系和服务保障体系建设，加强对槟榔黄化病防治研究，并有计划地进行椰类植物病虫害普查工作，做到提早发现、及时治疗，从根本上增强病虫害御灾能力。

在森林防火方面，目前三亚市森林防火工作在市委、市政府的正确领导下，认真贯彻"预防为主、积极消灭"的森林防火工作方针，采取强有力措施，使森林防火取得了一定成效。目前存在的主要问题是设施不完备、监测有死角，景区火灾隐患较大，未来应大幅度提高森林消防装备水平、信息化水平，改善基础设施条件；加强景区森林防火工作；增强预警监测、应急处置和火灾扑救的能力；全面实现火灾防控现代化、火源管理法制化、基础工作信息化、消防队伍专业化。

8）资源保护

①达标要求

划定生态红线。未发生重大涉林犯罪案件和公共事件。

②现状情况

生态公益林管护

根据《三亚市总体规划（空间类2015—2030年）》划定，三亚市辖区重点公益林面积7.71万hm²。全市共有海棠区、吉阳区、天涯区、崖州区、育才生态区、市野保中心、三亚林场等7个公益林管护单位。

公益林管护按照属地管理原则，由各管护单位负责辖区内公益林管护工作，将全部公益林合理划分责任片区落实到管护人员，并签订管护合同。目前，全市护林员人均管护面积220hm²，管理员人均监管面积2000hm²，技术员人均监管面积4600hm²。专业监测公司对全市公益林变化情况进行监测，每季度提交公益林变化图斑下发各区，对全市公益林变化情况实施有效监管。推广使用护林员巡护系统和奥维地图软件，对破坏森林资源行为及时发现、及时制止、及时上报；并已开始推广使用无人机用于管护工作。

林业行政执法

三亚市每年执行森林资源"一张图"年度更新工作，并结合森林督查工作同步开展。对于每年海南省林业局下发的森林督查图斑，进行全面核查与整改，准时完成各项工作。

三亚市2013—2019年非法侵占林地、非法开垦林地和滥砍滥伐林木等违法项目共58宗，涉及违法面积77.6828hm²。通过"绿卫专项行动"等活动，已完成整改22宗，行政案件11宗，刑事案件11宗，查处人数14人，恢复林地面积约为15.1830hm²。

生态保护红线

为贯彻落实海南省域"多规合一"工作部署，三亚市开展了市域"多规合一"工作，在省域生态保护红线的基础上，划定了三亚市生态保护红线。使占全市陆域国土面积45.77%的生态保护红线区域受到严格保护，基本形成科学合理的生态空间格局，确保了极重要的生态功能区、生态敏感/脆弱区得到有效保护，自然生态系统健康发展，生态服务功能质量得到提升，区域生态安全得到保障，基本实现生态空间、生产空间和生活空间的协调发展。

生态保护制度

为了加强资源保护的制度保障，三亚市制定了一系列的地方性法规与政府规章等，包括：

地方性法规：《三亚市白鹭公园保护管理规定》《三亚市山体保护条例》《三亚市河道生态保护管理条例》；

政府规章：《三亚市海岸带保护规定》《三亚湾滨海公园保护规定》；

政府规范性文件：《三亚市森林资源管理办法》《三亚市红树林保护管理办法》《三亚市

古树名木保护管理办法》《三亚市城市绿线管理办法》《三亚市建筑风貌管理办法》《三亚市城市照明管理办法》。

③现状评价

资源保护指标达标。

三亚市在生态公益林管护、生态保护红线划定、生态保护制度制定等方面做了细致而有效的工作。但国际旅游岛的建设，导致城市快速扩张，产生了违法侵占林地，森林生态空间被压缩等问题。经济发展与生态保护的矛盾比较突出，生态保护压力非常大。未来三亚市除了坚持上述资源保护的工作以外，需要在森林生态资源有偿使用、林业生态环境保护管理体制等方面进行进一步的探索。

（三）生态福利指标

1）城区公园绿地服务

①达标要求

公园绿地500m服务半径对城区覆盖达80%以上。

②现状情况

根据《海南省三亚市园林绿化遥感测评技术鉴定报告》的统计和测算，三亚市公园绿地面积847.57hm²，公园绿地服务半径对城区的覆盖率为94.17%，符合《国家森林城市评价指标》要求（≥80%），见例图2-6。

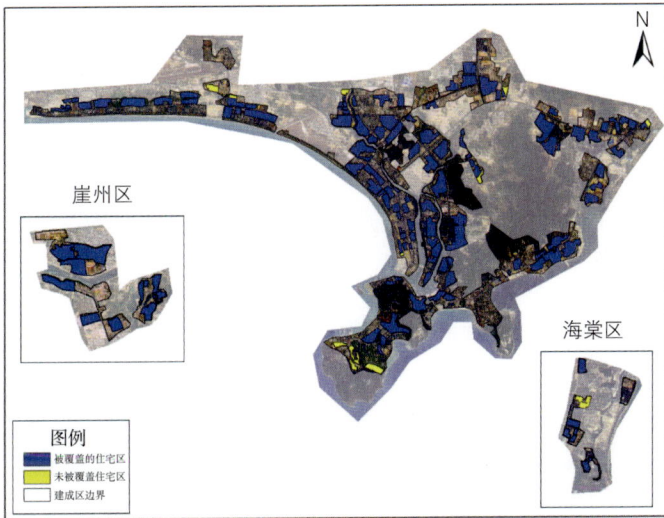

例图2-6　三亚市城区公园绿地服务半径覆盖图

③现状评价

城区公园绿地服务指标达标。

从三亚城区现状的公园绿地服务半径分布图可看出，城区公园绿地数量众多、分布合理,十分方便周边居民日常的休闲游憩。但在城区边缘的少量住宅区和海棠区部分住宅区没有被城区公园覆盖到,建议增加这类住宅区周边自然山体、河流的绿地服务功能,建成郊野公园,更好地服务城区边缘住宅区。

2)生态休闲场所服务

①达标要求

建有森林公园、湿地公园等大型生态休闲场所,20km服务半径对市域覆盖达70%以上。

②现状情况

三亚是我国唯一的热带滨海旅游城市,拥有碧海沙滩、热带雨林、民族风情、古城记忆、养生温泉、热带田园、国际赛事、水果王国、红色文化等9类旅游资源,生态休闲场所众多,包括国家级热带海滨风景名胜区1处、森林公园6处、湿地公园1处。20km服务半径对市域覆盖达100%,符合《国家森林城市评价指标》要求(≥70%),见例图2-7。

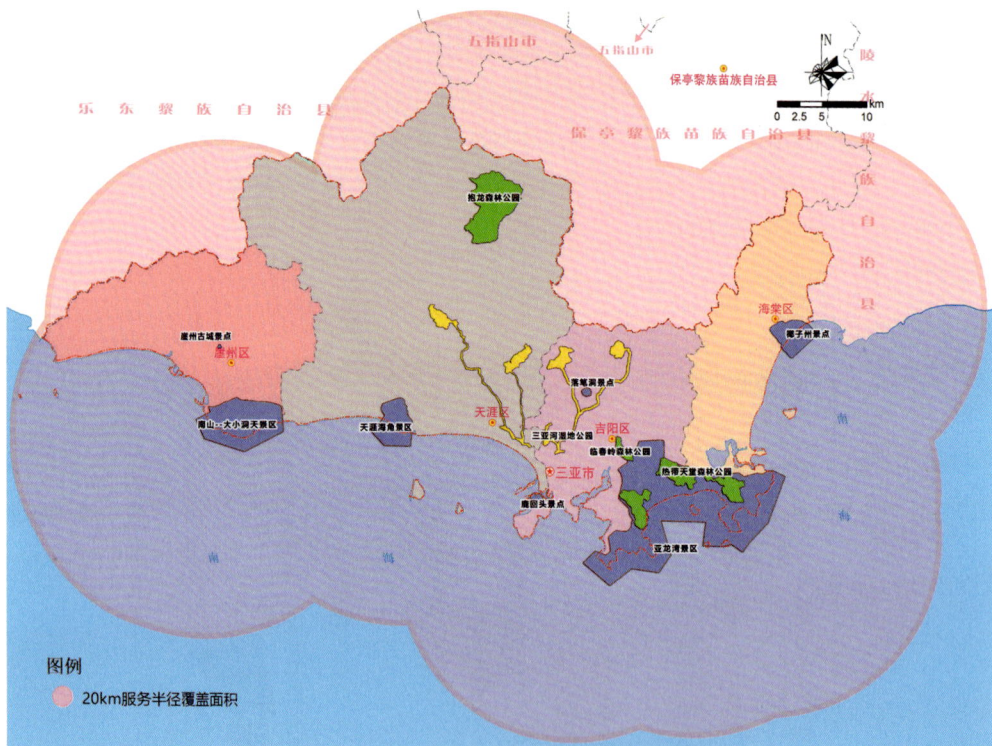

例图2-7 三亚市生态休闲场所服务半径覆盖图

③现状评价

生态休闲场所服务指标达标。

生态旅游作为三亚市支柱产业,全市生态休闲场所建设基础良好,未来发展方向明确,建议按照国家森林城市相关要求稳步推进。

3）公园免费开放

①达标要求

财政投资建设的公园向公众免费开放。

②现状情况

截至2019年，三亚市已建成公园43处，公园绿地总面积847.57hm²，其中由财政投资建设的公园42处，均免费对外开放。

③现状评价

公园免费开放指标达标。

4）乡村公园

①达标要求

每个乡镇建设休闲公园1处以上，每个村庄建设公共休闲绿地1处以上。

②现状情况

三亚市现辖海棠、吉阳、天涯、崖州4个行政区，及育才生态区管理委员会，全部乡镇均已撤镇设区，成为城区的一部分。因此乡村公园指标只针对全市92个行政村开展建设。根据村域调研结合资料整理情况来看，三亚市通过扶贫攻坚战计划、美丽乡村行动等多项举措，村庄绿化情况良好，每个行政村都建有休闲活动场地1处。

③现状评价

乡村公园指标达标。

目前三亚市乡村公园建设已达到国家森林城市建设要求，但在公园服务功能方面还有待提升，建议结合村民生活需要增加体育器械、文体用品等便民服务设施，进一步提升生态福利。

4）绿道网络

①达标要求

建设遍及城乡的绿道网络，城乡居民每万人拥有的绿道长度达0.5km以上。

②现状情况

2016年三亚市开始推进城市绿道网络建设，期间严格按照《三亚"城市双修"技术导则》，开展现场调研、社会调查并结合群众意愿，先后印发实施了《三亚市绿道系统规划》《三亚市绿道建设规划技术导则》，开工建设月川生态绿道示范工程。截至2019年，月川生态绿道已完成6km，串联了金鸡岭公园、东岸湿地公园、红树林公园、丰兴隆公园等7个公园绿地和15个大型居住小区等资源点，为10多万市民和游客提供了生态旅游和休闲健身服务。与此同时，三亚市以水系、山林、路网等资源为依托，衔接山水资源和城市景观，建设三亚湾、市民果园、凤凰路等7条绿道，共计54.1km，累计投入15844.7万元。按照2018年三亚市常住人口77.39万人计算，每万人拥有的绿道长度达0.69km，接近指标要求，详见例表2-9。

例表2-9　三亚市绿道建设完成情况统计表

序号	绿道名称	建设长度（km）	完成长度（km）	项目投资（万元）	完成时限	完成率
1	凤凰路景观提升工程配套慢行道	9.5	9.5	900	2016.11	100%
2	市民果园生态绿道	1	1	100	2016.09	100%
3	三亚湾生态绿道	12.3	12.3	3400	2015.03	100%
4	东岸湿地公园内生态绿道	5	4.8	444.7	2017.12	96%
5	三亚市月川生态绿道	10.6	6	9500	2018.05	57%
6	榆亚路景观提升工程配套慢行道	5.6	1	450	2017.12	17.90%
7	迎宾路景观提升工程配套慢行道	11.6	1.5	1050	2017.12	13%
8	林旺大道健康步道	25.7	18	2300	2020.06	70%
	合计	81.3	54.1	18144.7		

③现状评价

绿道网络指标达标。

三亚市北部是由连续自然山体构筑的生态屏障，南面临海，城区分布于山海之间，多条河流穿城而过，整体呈现山—海—河—城的空间结构。现有绿道集中建设在滨海、滨河空间，下一步将结合山体作为重要节点，串联起山、海、河、城之间的生态空间，构建绿道网络，方便公众走进森林、享受森林，最大限度增强城乡居民的绿色获得感和幸福感。

5）生态产业

①达标要求

发展森林旅游、休闲、康养、食品等绿色生态产业，促进农民增收致富。

②现状情况

近年来三亚市按照"一支柱两支撑"的产业格局，确定了旅游、热带特色高效农业、新兴科技、医疗健康、海洋产业等重点发展产业，以旅游业为龙头的多元化生态产业体系初步形成。2017年三亚荣获中国首选旅游度假目的地、中国最大最佳潜水基地、国际最佳养生城市等荣誉。三亚市突出热带气候优势，大力发展南繁育种、冬季瓜菜、热带水果、热带花卉等农业特色产业。种养殖业"三品一标"认证总计达到41家。"旅游+农业"发展态势良好，现已建成全国休闲农业示范点5个、全国五星级休闲农业与乡村旅游示范园区3个，海南共享农庄试点6个，营业收入3.39亿元，有力推动了农民就业和生活富裕。

③现状评价

生态产业指标达标。

三亚市生态产业发展突出，特别在生态旅游和热带特色高效农业方面。生态旅游是三亚市支柱产业，2018年全市接待游客2242.57万人次，其中国内游客2160.89万人次，入境游客81.68万人次，旅游总收入514.73亿元，占三亚市GDP比重的86.4%。热带特色高效农业是三亚市具有较强市场竞争力的优势产业，三亚是我国热带现代农业基地，拥有冬季瓜菜、南繁育制种、热带花卉、水产种苗繁育等项目。其中热带花卉产业年产值达42901.8万元，花卉企业、合作社达50多家，从业人员16000多人。生态产业有力促进了三亚本地农民收入的增加。未来通过着力发展乡村旅游、休闲渔业、森林康养等新兴生态产业，将带动更多的农民、渔民、山民增收致富。

（四）生态文化指标

1）生态科普教育

①指标要求

所辖区（县、市）均建有1处以上参与式、体验式的生态课堂、生态场馆等生态科普教育场所。在城乡居民集中活动的场所，建有森林、湿地等生态标识系统。

②指标现状

三亚市生态资源丰富，注重科普教育，所辖的4个行政区和育才生态区均建有至少1处的科普教育场所。主要包括丰兴隆生态公园、三亚市林业科学研究院、天涯海角景区、三亚气象局气象展览馆、三亚水稻国家公园、亚龙湾国际玫瑰谷等生态科普教育基地。在居民活动较多的生态场所如抱坡溪湿地公园、红树林公园、金鸡岭桥头公园、月川滨河公园、抱龙省级森林公园设有森林、湿地等标识体系，推动了生态文化科普教育。此外，三亚市科技协会于2018年9月发布了《三亚市科普教育基地管理办法（试行）》，进一步推进了生态科普教育场所的建设和规范管理。

总体上讲，目前三亚市生态科普环境和场所众多，生态科普标识充足，在多数生态景区、综合性公园、生态绿道建有较完善的生态宣教基础设施和科普标识体系，为三亚传播生态文化、健康知识等奠定了基础，可以较好的开展科教活动。

③指标评价

生态科普教育指标达标。

目前，三亚市科普宣教场所较多，有一定的宣教基础设施。但在森林公园、湿地公园、自然保护区等保护地的科普教育体系还有待加强。未来应进一步完善，加强科普教育场所建设，扩大生态科普场所服务范围，进一步完善森林文化、湿地文化生态科普标识系统，以便为市民提供全方位的宣教、科普及导向服务，提高三亚生态科普教育场所的服务水平，推进全民自然教育体系示范区建设。

2）生态宣传活动

①指标要求

广泛开展森林城市主题宣传，每年举办市级活动5次以上。

②指标现状

三亚市近年来注重生态文化宣传，每年由市林业局、生态环境局、市科技协会等部门在市域范围内围绕"世界湿地日""植树节""世界环保日""全国科普日""世界野生动物日""花卉节""爱鸟周"等节日开展生态文化宣传、科技培训等活动5次以上，并在校园组织"生态文化进校园"的主题活动，组织活动和开展宣传的经验十分丰富。

③指标评价

生态宣传活动指标是待建指标。

三亚市现在的生态宣传活动较多，宣传内容多为保护环境、湿地文化、海洋文化等，形成了良好的宣传氛围。随着森林城市建设，未来需要进一步加强森林城市相关主题的宣传，每年至少举办5次市级以上的主题宣传活动。

3）古树名木

①指标要求

古树名木管理规范，档案齐全，保护措施科学到位，保护率达100%。

②指标现状

目前，三亚市范围内登记在册的古树名木共1182株，隶属20科30属35种。其中一级古树81株，占全市古树名木总数的6.9%，二级古树959株，占全市古树名木总数的81.1%，三级古树142株，占全市古树名木总数的12.0%。保护率达到100%。此外，三亚市还采用信息化技术，建立了一套包含二维码信息库及移动客户端的古树名木管理系统，建立起了完善的古树名木多媒体信息资料库。

③指标评价

古树名木指标达标。

目前，三亚市古树名木保护管理规范，档案齐全，保护措施科学到位。未来，三亚市可进一步加大对古树名木的保护力度，对长势较差的采取适当的复壮措施，维持保护率在100%，并完善古树名木信息化管理。

4）市树市花

①指标要求

设立市树、市花。

②指标现状

1995年经三亚市人民代表大会确认三亚市的市树为酸豆树和椰子树，市花为三角梅。在三亚市的主要公园绿地、道路绿地、海边及节假日、重大节庆活动的摆花中均应用到市树、市花。

市树酸豆树（*Tamarindus indica*）：苏木科常绿大乔木，树体巨大，树冠呈球形，枝叶浓密婆娑，遮荫面积大；树姿宏伟，秀丽，极耐寒抗风能力强，寿命长；酸豆肉可食，味酸甜，可作清凉饮料、调味品；种干涩，可作食品添加剂。酸豆树在三亚市作为行道树主要种植于解放路、新风路、友谊路，大约有450株。其次，在白鹭公园、红树林公园、抱坡溪湿地公园等公园绿地，凤凰路、迎宾路、鹿岭路、三横路等道路两侧绿地均有种植，约占全市绿化乔木的10%。

市树椰子树（*Cocos nucifera* L.）：树干挺直，抗风性强，树叶婆娑；椰子树全身是宝，椰子水为清热解毒的饮料，椰肉可食，又可榨油，椰棕可制绳索，木材可作梁柱，果壳为工业、医药原料。椰子树是三亚市园林绿化的主要树种，主要种植于凤凰路、三亚湾路、河西路、亚龙湾区域、榆亚路、育新路、吉阳大道、临春河路，三亚湾滨海带状公园、白鹭公园、抱坡溪湿地公园等道路及公园。

市花三角梅（*Bougainvillea spectabilis* Willd.）：又称簕杜鹃、宝巾，为紫茉莉科叶子花属的常绿攀缘或披散灌木；树干有刺，叶质薄而有光泽；花小，晶盛，常3朵簇生在苞片内，3枚大苞片显著，为主要观赏对象；抗性强，耐旱耐瘠，栽培容易，花色丰富，品种众多。三角梅在三亚市近年的道路绿化彩化及公园建设中被作为主要的花卉品种广泛应用，在节假日、重大节庆活动中也被大量使用。

在市树市花的培育上，三亚市苗圃场分别于2011年和2013年分两批次引进酸豆树种苗300株和88株，2011年引进多色三角梅种苗500株，2018年引进树桩型三角梅40株，其他常见品种的三角梅均大量种植，广泛应用于园林绿化建设工作。

③指标评价

市树市花指标达标。

5）公众态度

①指标要求

公众对森林城市建设的知晓率、支持率和满意度达90%以上。

②指标现状

三亚国家森林城市建设时间较短，虽然每年举办的生态宣传活动较多，但由于正处于森林城市建设初期，目前开展的宣传活动影响力较小，尚未进行公众对森林城市建设的知晓率、支持率和满意度调查。

③指标评价

公众态度指标是待建指标。

未来随着森林城市建设，进一步加大宣传力度，提高公众对于三亚市森林城市建设的知晓率、支持率和满意度。

（五）组织管理指标

1）建设备案

①指标要求

在国家森林城市建设主管部门正式备案2年以上。

②指标现状

三亚市政府于2019年4月17日向国家林业和草原局提交了建设国家森林城市的申请，并于2019年7月10日获得国家林业和草原局生态保护修复司正式备案。

③指标评价

建设备案指标是待建指标。

2）规划编制

①指标要求

编制规划期限10年以上的国家森林城市建设总体规划，并批准实施2年以上。

②指标现状

聘请具有丰富经验的林产工业规划设计院编制规划期限为10年的国家森林城市建设总体规划。

③指标评价

规划编制指标是待建指标。

3）科技支撑

①指标要求

建立长期稳定的科技支撑体系，专业技术队伍健全，技术规程完备。

②指标现状

三亚市近年来紧紧围绕海南自由贸易区（港）建设，以"绿水青山就是金山银山"的发展理念，坚持"科技兴林、建设生态三亚"为目标，大力发展林业科技技术，积极与科研单位合作，争取科研基金，实施各项林业科技项目及林业技术示范推广服务研究等。主要林业科研机构和生产基地是三亚市林业科学研究院和三亚市园林绿化科学研究所，开展的研究项目荣获"三亚市科学技术进步奖""国际热带兰花博览会金奖"等多项荣誉，为三亚林业科技提供了有力的支撑保障。建立长期稳定的科技支撑体系，专业技术队伍健全，技术规程完备。

三亚市林业科学研究院为三亚市林业局下属单位，加挂三亚市林业科学技术推广中心、三亚市国营中心苗圃场两块牌子，主要负责花卉繁殖技术、红树林资源培育技术、保护林木良种选育、高效栽培技术、森林病虫害防治技术研究，指导林业技术推广、示范、培训、咨询等服务及全市林业科学技术普及等工作。近年来开展了蝴蝶兰标准化栽培技术研究与示范推广；海南极小种群野生植物保育技术研究；三亚市古树名木健康状况评估与复壮技术研究；木本油料植物油茶品种筛选与栽植技术研究；热带珍稀树种种质资源保存库；林下经济益智和砂仁药用植物选优与示范；海南无翼坡垒迁地保育示范地建设；热带兰花种质资源保存与应用技术研究等。

三亚市园林绿化科学研究所近年来主要从事园林绿化植物引种驯化、热带植树栽培技术、园林绿化植树病虫害防治的研究、园林绿化植树新品培育的研究、负责园林绿地养护技术的研究。主要科研成果及应用有优良乡土树种引种驯化；优质园林绿化树木种资源调查；乡土树种引种驯化；珍贵树种育苗技术研究；热带草本花卉培养研发等。

③指标评价

科技支撑指标达标。

三亚市近年来为了达到"科技兴林，产业富民"目的，实现科技兴林战略，不断加大林业科技投入，同时与三亚市林业科学研究院和三亚市园林绿化科学研究所合作，不断提升林业科技创新能力，提高林业科技建设的整体科技水平、综合生产力和竞争力。总体上讲，专业技术队伍较健全，技术规程较完备，初步建立了稳定的科技支撑体系。未来可进一步提高对林业科技研究和应用的重视，加强林业科技成果转化和实用技术推广，加大科研合作，建立林业科技管理办法和奖励机制，最大限度地将林业科学技术转化为现实生产力，加强林业科技支撑体系建设。

4）示范活动

①指标要求

积极开展森林社区、森林单位、森林乡镇、森林村庄、森林人家等多种形式示范活动。

②指标现状

近年来，三亚市把小康环保示范村作为农村生态文明建设的有效载体，积极推进生态文明和小康社会建设活动，取得了较好成效。按照《海南省小康环保示范村评定办法》，通过村委会申报、乡镇政府推荐、市（县）生态环保行政主管部门核准、市（县）政府同意，以及组织专家核查评审等程序，海南省生态环境保护厅将三亚市海棠区庄大村、吉阳区中寥村、崖州区雅安村、天涯区抱前村委会三吉村、天涯区过岭村委会新梅村、天涯区立新村委会扎云村等6个村庄评为2016年度海南省小康环保示范村。

③指标评价

示范活动指标达标。

未来三亚市应围绕乡村、社区绿化美化等建设工程进一步开展多样的示范活动，提升三亚城乡环境建设，传播生态文明。

5）档案管理

①指标要求

档案完整规范，相关技术图件齐备，实现科学化、信息化管理。

②指标现状

森林城市建设处于起步阶段，档案管理方式及人员正在商议和筹划之中。

③指标评价

档案管理指标是待建指标。

未来档案管理建议加大信息化管理，实行纸质文档和电子文档双轨制，日常森林资源档案管理规范，保障文字、图表等档案材料齐备。

（六）指标综合分析

通过对三亚市各项森林城市建设指标的分析，对照《国家森林城市评价指标》要求。36项指标中，除6项待建指标外，全部30项指标都达到了国家标准。这主要得益于城市良好的生态本底与自然资源优势，同时多年来不懈的生态建设工作，为三亚建设国家森林城市奠定了良好的基础条件，详见例表2-10。

例表2-10 海南三亚市国家森林城市建设指标自查表

序号	指标名称	国家标准	现状	达标情况
一		森林网络		
1	林木覆盖率	35%以上	68.65%	达标
2	城区绿化覆盖率	40%以上	41.11%	达标
3	城区树冠覆盖率	城区25%以上，下辖的县（市）城区20%以上	38.92%	达标
4	城区人均公园绿地面积	12m²以上	14.2%	达标
5	城区林荫道路率	60%以上	83.01%	达标
6	城区地面停车场乔木树冠覆盖率	新建地面停车场30%以上	无	待建指标
7	乡村绿化	乡镇道路绿化率达70%以上	70%以上	达标
		村庄林木绿化率达30%以上	30%以上	达标
8	道路绿化率	适宜绿化的道路绿化率80%以上	97%	达标
9	水岸绿化	适宜绿化的水岸绿化率80%以上	99.53%	达标
		水体岸线自然化率80%以上	87.6%	达标
10	农田林网保护率	按照《生态公益林建设技术规程》（GB/T 18337.3）要求	达标	达标
11	重要水源地森林覆盖率	70%以上	94.25%	达标
12	受损弃置地生态修复率	80%以上	87.27%	达标
二		森林健康		
13	树种多样度	某一树种的栽植数量不超过树木总数量的20%	不超过20%	达标
14	乡土树种使用率	80%以上	80%以上	达标
15	苗木使用	注重乡土树种苗木培育，使用良种壮苗、容器苗、全冠苗造林，严禁移植天然大树		达标
16	生态养护	城区绿地有机覆盖率达60%以上	60%以上	达标
17	森林质量提升	每年完成需提升面积的10%以上	每年提升2000hm²	待建指标
18	动物生境营造	保护和选用留鸟引鸟、食源蜜源植物，大型森林、湿地等生态斑块通过生态廊道实现有效连接	达标	达标
19	森林灾害防控	建立完善的有害生物和森林火灾防控体系	达标	达标
20	资源保护	划定生态红线，未发生重大涉林犯罪案件和公共事件	达标	达标
三		生态福利		
21	城区公园绿地服务	公园绿地500m服务半径对城区覆盖达80%以上	94.17%	达标
22	生态休闲场所服务	建有森林公园、湿地公园等大型生态休闲场所，20km服务半径对市域覆盖达70%以上	70%以上	达标
23	公园免费开放	财政投资建设的公园向公众免费开放	达标	达标

序号	指标名称	国家标准	现状	达标情况
24	乡村公园	乡镇：每个乡镇建设休闲公园1处以上	—	达标
		村庄：每个村庄建设公共休闲绿地1处以上	1处以上	达标
25	绿道网络	城乡居民每万人拥有的绿道长度达0.5km以上	0.69km	达标
26	生态产业	发展森林旅游、休闲、康养、食品等绿色生态产业，促进农民增收致富	达标	达标
四		生态文化		
27	科教场所	所辖区（县、市）均建有1处以上参与式、体验式的生态课堂、生态场馆等生态科普教育场所	17处	达标
28	生态宣传活动	每年举办市级活动5次以上	5次以上	达标
29	古树名木保护率	100%	100%	达标
30	市树市花	设立市树、市花	达标	达标
31	公众态度	知晓率、支持率和满意度达90%以上		待建指标
五		组织管理		
32	建设备案	在国家森林城市建设主管部门正式备案2年以上		待建指标
33	规划编制	编制规划期限10年以上的国家森林城市建设总体规划，并批准实施2年以上		待建指标
34	科技支撑	建立长期稳定的科技支撑体系，专业技术队伍健全，技术规程完备	达标	达标
35	示范活动	积极开展森林社区、森林单位、森林乡镇、森林村庄、森林人家等多种形式示范活动	达标	达标
36	档案管理	档案完整规范，相关技术图件齐备，实现科学化、信息化管理		待建指标

二、存在问题与提升策略

对照国家森林城市建设标准来看，三亚市很多指标已经达到或超过了标准要求。但是三亚市在全国的战略定位与核心职能非常重要。作为海上丝绸之路的战略支点、双港支撑的南海门户和国际热带滨海旅游精品城市，作为全国生态文明建设示范区和全国改革创新试验区的先行者，三亚市的森林城市建设要有更高的目标。综合目前全市的现状情况，在以下几个方面还有一定的改造提升空间。

（一）森林生态格局仍需优化

1）城区绿地建设存在盲区

①存在问题

三亚市老城区和海棠区的绿地建设不足，城区内水岸绿化有待提升。

②提升策略

实施城区绿化工程。结合三亚市"生态修复城市修补"行动，通过留白增绿方式，增加小游园、湿地公园的建设。

2）滨海湿地系统退化严重

①存在问题

滨海湿地生态退化，全市红树林面积从20世纪50年代开始，消失了一半以上。滩涂地日渐减少，滨海生境系统退化，珊瑚礁受到破坏，生物多样性持续缩减。

②提升策略

实施湿地（红树林）资源保护与恢复工程。

落实湿地保护红线，完善湿地保护体系。建立红树林保护区、湿地公园等多种保护地形式。严格保护海南三亚珊瑚礁国家级自然保护区。

3）近郊村庄绿化相对薄弱

①存在问题

全市近郊村庄，尤其是崖州区的多个村庄绿化用地紧张、绿化率相对较低。

②提升策略

实施美丽乡村示范工程。

结合三亚市的"美丽乡村计划"和"市域乡村建设行动"，保护乡村自然生态和增加乡村生态绿量。

4）市域森林质量有待提升

①存在问题

全市水源地和通道周边种植有芒果林等经济林，对森林生态系统稳定性影响较大。沿海防护林95%以上为木麻黄纯林，树种单一、结构简单。全市仍有5处废弃矿坑需要修复。

②提升策略

实施森林质量精准提升工程、生态廊道建设工程和受损山体生态修复工程。

结合国家储备林项目、公益林保护项目等，对经济林进行清退，提高森林质量。

5）保护地建设情况差距明显

①存在问题

三亚市现有7处自然保护区，但由于管理机制等历史原因，保护区管理情况差距较大，仅三亚市林业局管理的甘什岭省级自然保护区情况较好，其他保护地在管理机构、体制方面都存在很大问题。

②提升策略

实施生物多样性保护工程和湿地（红树林）资源保护与修复工程。

加强珍稀濒危野生动植物拯救保护，加强各类保护地建设管理。要求所有保护地尽快设立管理机构，解决经费和人员问题。完成保护地的确权勘界工作，完成《总体规划》编制。

（二）城乡生态福利有待提升

1）绿道网络体系分布不均

①存在问题

三亚市目前绿道建设主要以城区和沿海区域为主，城市北部山体绿道分布较少，无法在全市形成绿道的闭合环线。

②提升策略

实施绿道系统建设工程。

建设城区和市域绿道体系，尤其是加强市域的绿道建设，包括海滨风情绿道、人文田园绿道、山水生态绿道和热带山地绿道4条。

2）生态产业潜力挖掘不足

①存在问题

三亚市林业用地面积136662.42hm²，占国土总面积的70.34%。但林业产值仅为27765万元，林业产业的潜力挖掘严重不足。

②提升策略

实施生态旅游建设工程和热带花卉产业建设工程。

依托三亚市良好的自然本底，坚持"绿山青山就是金山银山"的发展理念，加强森林康养产业与热带花卉产业发展，引导社会资本有序进入林业，促进农民就业增收，壮大绿色经济规模。

（三）文化宣传手段需要丰富

1）森林城市建设氛围不足

①存在问题

三亚市处在森林城市建设起步阶段，居民对于森林城市建设的理念和做法不了解，缺少有效的传播媒介和传播手段，整个森林城市建设氛围不足。

②提升策略

实施科普教育基础设施建设工程、生态文化保护与宣传工程、义务植树建设工程。

利用各类节事活动结合三亚特色文化，从线上、线下多个角度宣传三亚建设森林城市各类做法与进程。做到不仅在城市里"大地植绿"更在居民的"心中播绿"。增强社会公众保护意识，为生态文明建设营造良好氛围。

2）乡村乡愁景观风貌缺失

①存在问题

部分村庄建设缺少自然特色，热衷于营造城市化氛围和人造景观，失去了乡村的特有魅力。

②提升策略

实施美丽乡村示范工程、古树名木保护工程。

对乡村进行美化提升，除了整治乡村卫生、整修房屋、处理生活垃圾外，对村里的老祠堂、古树名木等进行保留与保护。将美丽乡村的建设核心定位为"乡村",保留乡村特质,保留乡土气息和乡村风貌,留住真正的"乡愁"景观。

3）自然教育体系仍需完善

①存在问题

三亚市作为热带滨海旅游城市,全市景区众多,绝大部分的旅游景区内都有科普宣教设施与文化解说系统。但大部分保护地内受制于管理机构和运营经费的限制,自然教育的建设缺失严重。

②提升策略

实施生物多样性保护工程和科普教育基础设施工程。

对保护地管理结构进行整合与规范,明确直接责任人。在全市保护地和主要绿地等公共区域内设置宣教基地和自然标识系统,打造真正的自然教育基地。

（四）生态文明体制需要完善

1）森林资源保护压力巨大

①存在问题

三亚市多年来城市建设扩张对生态格局影响巨大,山、河(山海之间的廊道)、海等生态要素遭到破坏。作为滨海旅游城市,由于基础设施、旅游服务设施、景区景点等项目的建设占用土地面积,造成森林生态空间被压缩,违法侵占林地的现象时有发生,对于森林资源的保护提出了很高的要求。

②提升策略

实施林政资源管理体系建设工程、森林防火体系建设工程、有害生物防治工程。

划定生态保护红线,建立健全生态效益补偿制度,建立自然资源资产产权和用途管制。通过林权制度改革、实施林长制管理办法,建设林政资源管理队伍,加强生态公益林的管护和森林资源的违法督查工作。提升森林防火能力和有害生物防控水平,保证森林资源的安全性。

2）林业科技支撑仍需加强

①存在问题

三亚市林业科技支撑能力有待进一步加强,尤其是科技成果转化机制尚不完善,科研与生产实际脱节的现象依然存在;林业信息化水平较低,不能更好地为林业生产服务;林业人才队伍较薄弱,护林站(点)综合能力不强,基础设施装备相对落后。

②提升策略

实施林业科技研究与应用推广工程和智慧林业体系建设工程。

在三亚市"多规合一",市域空间规划"一张蓝图"的改革背景下,建设全市的地理空间数据库、林业资源数据库,设置一体化保护地监测平台,提升森林资源保护监测能力。依托百万人才海南计划,引进人才,引用先进生态技术,提升科技成果转化能力。

03 国家森林城市总体规划编制方法

3.1 总体规划的重要性和主要内容

3.1.1 总体规划的重要性

国家森林城市建设总体规划，是国家森林城市建设中极其重要的工作内容之一，按照《国家森林城市评价指标》（GB/T 37342-2019）中的"规划编制"指标要求：每个城市开展森林城市建设都要编制规划期限10年以上的国家森林城市建设总体规划，并批准实施2年以上。

森林城市建设总体规划是城市党委政府落实森林城市建设各项指标的重要载体，是城市相关部门明确各自职责分工的重要遵循，是业务主管部门评价考核森林城市建设成效的重要依据。科学编制总体规划既是森林城市建设的硬性要求，也是有序推进森林城市建设的必然选择。

森林城市建设要严格按照依法通过的森林城市建设总体规划，明确目标任务、时间周期、工程项目等来推进和开展，将总体规划作为推进森林城市建设的总遵循和总方案，突出总体规划在森林城市建设中的关键作用，强化规划的权威性、稳定性和有效性，保证规划严格执行。

3.1.2 总体规划的基本任务

（1）客观分析国家森林城市建设的可行性

《国家森林城市评价指标》包含的指标要求，从林木覆盖率、城区人均公园绿地面积，到组织领导、保障制度等多个方面，对城市获得国家森林城市称号做出了严格规定。这需要《总体规划》对城市的各项指标进行客观分析，评估是否能提供"有人做事""有钱办事"和"有苗造林"等一系列的保障。最终明确建设森林城市的可行性，并提供切实可行的建设路径和渠道。

（2）明确国家森林城市建设的目标和任务

编制森林城市建设总体规划的主要目标，就是要确保各项建设指标在规划中得到落实，通过规划建设后达到国家森林城市的指标要求，因此总体规划要明确提出森林城市建设的目标和任务，包括扩大城市绿色生态空间、提高社会公众生态文明意识、开展生态科普宣传教育、增加城乡居民生态服务等措施，并要明确城市党委政府在森林城市建设中的主要职责。

（3）有效衔接国土空间等相关规划要求

森林城市建设总体规划是对城市已有森林、湿地等自然资源的保护和发展作出的再安排、再布局，必然受制于城市现有资源条件和各种规划的制约，因此编制森林城市建设总体规划必须要与相关规划，特别是上位规划有效衔接和协调。森林城市建设总体规划要与城市的国土空间规划、经济社会发展规划和不同时期林业发展规划相衔接，同时要与森林、绿地、湿地等专项规划相衔接，确保森林城市建设总体规划贴近实际、利于落实。

（4）具体体现生态文明建设的基本要求

国家森林城市建设，是根据生态文明建设的新理念、新要求，对城市自然生态系统进行保护、修复和综合治理。总体规划的编制将生态文明理念贯穿于整个森林城市的建设当中，使它区别于一般的造林绿化，或是传统的林业生态建设。突出人与自然和谐相处的理念，真正体现尊重自然、顺应自然、保护自然的要求。

3.1.3　总体规划主要内容

根据《国家森林城市建设总体规划编制导则（草案）》的要求，结合多年的规划实践，国家森林城市总体规划的基本内容如下。

（1）规划文本主要内容

①项目背景及意义

包括项目建设背景与项目建设意义。

②基本情况概述

包括自然地理、社会经济、资源概况和生态环境等。

③现状分析与评价

包括资源本底分析评价、森林城市建设指标分析、发展潜力分析和存在问题与提升策略等。

④发展思路与规划布局

包括国家森林城市建设的指导思想、基本原则、规划依据、规划期限与范围、发展愿景、建设目标和规划布局等。

⑤森林生态体系建设

包括城区森林建设、乡镇村森林建设、生态廊道建设、重点生态工程建设、生态环境修复、自然保护地建设等。

⑥生态福利体系建设

包括生态休闲场所建设、城乡绿道网建设、花卉苗木产业建设、特色经济林建设、森林康养基地建设、乡村生态旅游建设等。

⑦生态文化体系建设

包括生态科普教育基础设施建设、古树名木保护、生态文化保护与传播、生态文明示范单位建设等。

⑧支撑保障体系建设

包括森林防火能力提升工程、有害生物防治体系建设、林业科技支撑体系建设、林政资源管理体系建设、智慧林业体系建设等。

⑨投资估算和效益评价

包括投资估算、效益分析等。

⑩规划实施保障措施

包括组织保障、制度保障、资金保障和科技保障等。

（2）规划图纸主要内容

①现状图

包括区位分析图、卫星影像图、土地利用现状图、森林资源分布图、自然保护地分布图等。

②规划图

包括森林城市建设布局图、森林城区建设工程规划图、乡镇村森林建设工程规划图、生态廊道建设工程规划图、重点生态工程建设规划图、受损山体生态修复工程规划图、森林质量精准提升工程规划图、生物多样性保护工程规划图、生态旅游建设工程规划图、绿道系统建设工程规划图、特色产业建设工程规划图、生态文化体系建设工程规划图、森林防火体系建设工程规划图和有害生物防治工程规划图等。

（3）附件主要内容

①投资估算表：包括投资估算汇总表与投资估算明细表

②《国家森林城市建设总体规划》专家评审意见

③《国家林业和草原局关于**市人民政府申请创建国家森林城市的复函》

3.2 总体规划编制办法与基本思路

3.2.1 总体规划基本原则

参考《全国森林城市发展规划（2018—2025年）》和《国家森林城市评价指标》（GB/T 37342—2019），结合多年实践经历，总体规划的基本原则如下。

（1）坚持合理布局，突出重点

充分考虑城市自然地理特征、资源环境条件、森林植被分布，以及经济社会发展水平等因素，同时围绕城市的发展战略与城镇化发展布局，坚持问题为导向，解决实际困难。

对森林城市进行科学区划布局，确定建设重点和发展区域。

（2）坚持系统建设，统筹推进

按照"山水林田湖草"是一个有机生命共同体的战略思想，将发展森林作为森林城市建设的中心任务，同时统筹兼顾湿地保护、河流治理、受损弃置地恢复、防沙治沙和野生动物保护等方面，推动城市自然生态系统协调发展。

（3）坚持城乡一体，协调发展

将城区绿化与乡村绿化统筹考虑，同步推进，改变城乡生态建设二元结构，消除城乡人居环境差距，为城乡居民提供平等的生态福利。

（4）坚持惠民富民，强化服务

坚持以人民为中心的建设思想，围绕方便居民进入森林、使用森林，保障居民身心健康，促进农民增收致富等需求。把森林作为城市重要的基础设施，强化生态公共服务功能，确保森林城市建设成果惠及全民。

（5）坚持循序渐进，科学推进

尊重自然规律和经济发展规律，将森林城市建设作为长期、系统工程，科学持续推进。分期制定规划任务与目标，保证建设成果的可操作性与科学性。

3.2.2　总体规划编制流程

从全国各地开展国家森林城市总体规划的工作实践看，大致分为5个阶段。

（1）准备阶段

起草编制工作方案、确定技术路线、收集基础资料和开展现场调查。

（2）编制阶段

整理分析基础资料，确定森林城市发展愿景、目标、建设总体布局、主要工程措施及投资等，完成总体规划征求意见稿的编制。

（3）公众参与阶段

广泛征求当地政府、主管部门、专家及公众等相关利益方的意见，修改完善总体规划，形成送审稿。

（4）送审阶段

由国家林业和草原局组织专家预审，并由城市人民政府组织评审，对总体规划提出审查修改意见。根据专家意见组织对总体规划进行修改和完善。

（5）报批阶段

总体规划最终稿报国家林业和草原局备案。

3.2.3　总体规划期限目标

森林城市建设要有明确的目标和具体任务，10年期以上的森林城市建设总体规划，一般按照3个阶段来规划目标与任务。

（1）第一阶段：达标期

从规划报批实施到获得"国家森林城市"称号的期间，属于达标期。

努力完成国家森林城市建设的基础性工作，按期分步实施森林城市建设重点工程。到达标期结束，各项指标均达到《国家森林城市评价指标》（GB/T 37342—2019）的要求。通过国家森林城市建设主管部门的验收，获得国家森林城市的荣誉称号。

（2）第二阶段：提升期

从获得"国家森林城市"称号到监测评估的期间，属于提升期。

继续提升森林城市建设取得的各项成果，持续实施规划期内的既定任务。对前期实施的工程查漏补缺、巩固和完善城市森林生态系统建设，使各项指标均有所提高。

（3）第三阶段：巩固期

监测评估后的若干年，属于巩固期。

城市森林结构与功能得到全面优化，森林城市建设质量获得全面提升，城市生态环境发生根本改善，森林城市建设的生态福利实现全民共享。

3.2.4　总体规划编制依据

（1）法律法规

国家和各级政府颁布的有关法律、法规和规章是森林城市建设总体规划最为重要的规划依据，是法定依据。目前，与此相关的法律法规如下：

①《中华人民共和国森林法》（2019年修订）

②《中华人民共和国土地管理法》（2019年修订）

③《中华人民共和国城乡规划法》（2019年修订）

④《中华人民共和国环境保护法》（2014年修订）

⑤《中华人民共和国水法》（2016年修订）

⑥《中华人民共和国野生动物保护法》（2018年修订）

⑦《中华人民共和国野生植物保护条例》（2017年修订）

⑧《中华人民共和国自然保护区条例》（2017年修订）

⑨《城市绿化条例》（2017年修订）

⑩《森林防火条例》（2009年）

⑪《风景名胜区保护条例》（2006年）

（2）政策文件

总体规划编制要做到与时俱进，符合国内相关政策要求。目前，主要的政策文件如下：

①《城市古树名木保护管理办法》（2000年）

②《国务院办公厅关于加强湿地保护管理的通知》（2004年）

③《中共中央办公厅 国务院办公厅关于全面推进集体林权制度改革的意见》（2008年）

④《国务院办公厅关于加快林下经济发展的意见》（2012年）

⑤《全国绿化委员会 国家林业局关于进一步规范树木移植管理的通知》（2014年）

⑥《中共中央办公厅 国务院办公厅关于加快推进生态文明建设的意见》（2015年）

⑦《国有林场改革方案》（2015年）

⑧《生态文明体制改革总体方案》（2015年）

⑨《中共中央办公厅 国务院办公厅关于深入推进农业供给侧结构性改革加快培育农业农村发展新动能的若干意见》（2016年）

⑩《国家林业局关于着力开展森林城市建设的指导意见》（2016年）

⑪《森林公园管理办法》（2016年修订）

⑫《国家级公益林管理办法》（2017年修订）

⑬《湿地保护管理规定》（2017年修订）

⑭《国家林业局关于大力推进森林体验和森林养生发展的通知》（2016年）

⑮《全国绿化委员会关于印发全民义务植树尽责形式管理办法（试行）的通知》（2017年）

⑯《中共中央办公厅 国务院办公厅关于实施乡村振兴战略的意见》（2018年）

⑰《全国绿化委员会 国家林业和草原局关于积极推进大规模国土绿化行动的意见》（2018年）

⑱《中共中央办公厅 国务院办公厅关于建立国土空间规划体系并监督实施的若干意见》（2019年）

⑲《中共中央办公厅 国务院办公厅关于建立以国家公园为主体的自然保护地体系的指导意见》（2019年）

⑳《国家林业和草原局乡村绿化美化行动方案》（2019年）

㉑《国家林业和草原局 民政部 国家卫生健康委员会 国家中医药管理局关于促进森林康养产业发展的意见》（2019年）

（3）标准规范

国家或行业各类技术标准规范是规划编制必不可少的依据，它可以从技术角度对编制规划作出相应规定与要求。主要的技术标准和规范如下：

①《城市用地分类与规划建设用地标准》（GB 50137–2011）

②《生态公益林建设导则》（GB/T 18337.1–2001）

③《封山（沙）育林技术规程》（GB/T15163–2004）

④《森林抚育规程》（GB/T 15781–2015）

⑤《美丽乡村建设指南》（GB/T 32000–2015）

⑥《造林技术规程》（GB/T 15776–2016）

⑦《公园设计规范》（GB 51192–2016）

⑧《土地利用现状分类》（GB/T 21010–2017）

⑨《城市绿地分类标准》（CJJ/T 85–2017）

⑩《低效林改造技术规程》（LY/T 1690–2017）

⑪《国家森林城市评价指标》（GB/T 37342–2019）

（4）相关规划

编制森林城市建设总体规划必须要与相关规划，特别是上位规划有效衔接和协调。主要包括：

①《全国生态功能区划（修编版）》（2015）

②《全国森林城市发展规划（2018—2025年）》

③《推进生态文明建设规划纲要（2013—2020年）》

④《全国森林经营规划（2016—2050年）》

⑤《全国林地保护利用规划纲要（2010—2020年）》

⑥城市国土空间规划

⑦城市绿地系统规划

⑧城市生态建设规划

⑨林业发展规划

⑩旅游规划

⑪土地利用规划

⑫各省市的相关规划

3.2.5　总体规划体系研究

上一版《国家森林城市评价指标》（LY/T 2004–2012）共包含五大体系，40项指标。当时的总体规划对照标准，一般包含森林生态体系、森林产业体系、生态文化体系和森林支撑体系。

实例：百色市国家森林城市建设总体规划——规划体系

一、森林生态体系建设规划

（一）主城区绿化工程

（二）环城绿化工程

（三）县城绿化工程

（四）村屯绿化工程

（五）绿色通道建设工程

1）道路廊道绿化

2）水系廊道绿化

3）珠江防护林工程

（六）石山地区植被恢复工程

1）石漠化综合治理工程

2）退耕还林工程

（七）森林生态保护工程

1）生物多样性与自然保护区建设

2）湿地资源保护与恢复

3）生态公益林保护与建设

二、森林产业体系建设规划

（一）生态旅游产业

（二）原料林基地建设

1）速丰生产林基地

2）经济林基地

3）珍贵乡土树种培育基地

（三）特色花卉产业

（四）林下经济产业

（五）林业产业园建设

三、生态文化体系建设规划

（一）森林文化建设

1）科普宣教基础建设

2）市树市花宣传

3）林业建设文化宣传

4）文化节事活动

（二）红色文化建设

（三）民族文化建设

（四）历史文化建设

（五）古树名木保护

（六）义务植树活动

（七）创森宣传活动

四、森林支撑体系建设规划

（一）苗木培育

（二）林业有害生物防治

（三）森林防火

（四）森林生态监测

2019年10月1日《国家森林城市评价指标》（GB/T 37342-2019）正式实施，共包括五大体系36项指标。此后的国家森林城市总体规划的编制要与新标准进行对应，如生态福利体系替代森林产业体系，森林生态系统增加森林质量提升、受损弃置地恢复等工程。

实例：重庆市涪陵区国家森林城市建设规划——规划体系

一、森林生态体系建设

（一）人居环境绿色空间建设工程

1）中心城区美化提升工程

2）乡镇绿色空间营造工程

3）美丽宜居乡村建设工程

（二）森林生态屏障建设工程

1）森林质量提升

2）宜林地及无立木林地造林

3）退耕还林

4）石漠化综合治理

5）受损弃置地生态修复

（三）生态绿廊建设工程

1）道路绿廊建设

2）水系绿廊建设

（四）生物多样性保护工程

1）自然保护区能力提升

2）湿地保护与恢复

二、生态服务体系建设

（一）郊野公园建设工程

（二）绿道网络建设工程

（三）森林康养基地建设工程

三、森林产业体系建设

（一）生态旅游建设工程

（二）特色经济林基地建设工程

1）木本油料基地建设

2）笋用竹基地建设

3）果品林基地建设

4）林药基地建设

（三）花卉苗木基地建设工程

四、生态文化体系建设

（一）科普教育基础设施建设

1）生态科普教育场所建设

2）生态科普标识设置

（二）生态文化保护和传播

1）生态宣传活动

2）古树名木保护

3）区树区花

4）森林城市建设宣传

实例：福建省顺昌县国家森林城市建设规划——规划体系

一、森林生态体系建设
　　（一）中心城区绿化建设工程
　　（二）乡镇绿色空间营造工程
　　（三）美丽宜居乡村建设工程
　　（四）受损弃置地生态修复工程
　　（五）公益林管护
　　（六）生态绿廊建设工程

二、森林健康体系建设
　　（一）生物多样性保护工程
　　（二）森林质量精准提升工程
　　（三）森林防火能力提升工程
　　（四）有害生物防治建设工程

三、生态福利体系建设
　　（一）生态休闲场所建设工程

　　（二）绿道网络建设工程
　　（三）森林康养基地建设工程
　　（四）生态旅游建设工程
　　（五）特色林基地建设工程
　　（六）花卉苗木基地建设工程

四、生态文化体系建设
　　（一）科普教育基础设施建设
　　（二）古树名木保护
　　（三）生态文化保护和传播

五、支撑保障体系建设
　　（一）林业科技支撑体系建设
　　（二）林政资源管理体系建设
　　（三）智慧林业体系建设

　　因此，对照新版《国家森林城市建设指标》，根据不同的城市特色，规划体系建议使用以下安排，见图3-1。

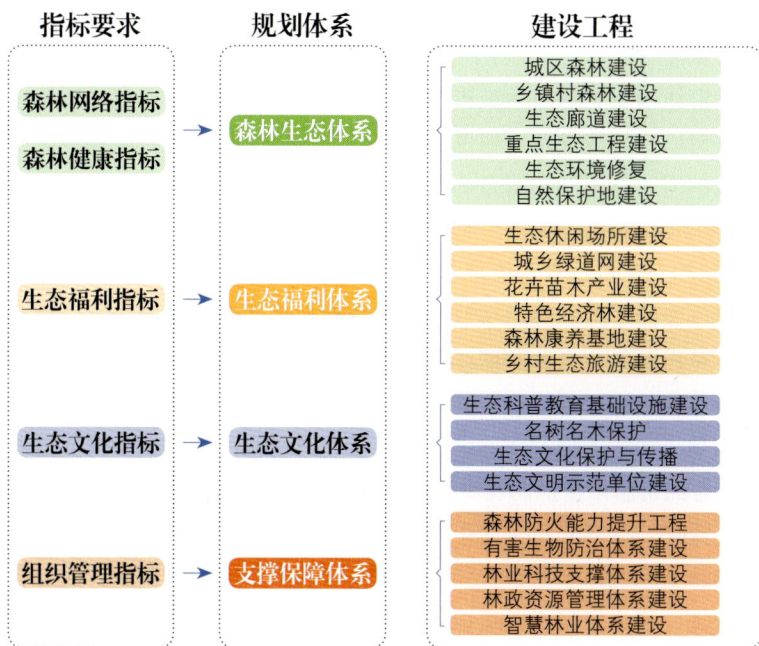

图3-1　规划体系示意图

3.2.6　总体规划布局要求

森林城市总体规划布局要求综合考虑城市的自然地理条件、建设空间布局、生态功能定位、森林资源现状以及当前森林城市建设需解决的问题，结合未来城市发展要求和生态建设方向，涵盖森林城市规划的建设工程来制定。主要布局要点如下。

（1）中心城区、乡镇、村三级重要建设单元

森林城市建设坚持以人民为中心，围绕方便老百姓进入森林、享用森林、促进农民增收致富等需求，把森林作为城市重要的基础设施，强化生态公共服务功能，确保森林城市建设成果惠及全体人民。因此，首先要重点建设人们居住地的森林环境，包括中心城区、乡镇、村三级重要建设单元。

中心城区森林建设应考虑同城市总体规划等上位规划相衔接，把森林城市建设纳入到城市总体发展规划中，留足森林城市建设的用地空间，形成协调发展、相互依存、相互支持、相互促进的有机整体，构建可持续发展的人居环境。乡镇村森林城市建设要充分利用原有的森林植被、林草植被、古老的林木和原生的地形地貌的自然生态价值，通过合理的设计使之成为城市森林的组成部分。农村的大面积片林和村镇、水体、农田、公路、铁路沿线的防护林网建设，要一直延伸至城市边缘，与城市内部的森林体系连成一体，从而加强城市森林内部各种组成成分之间的生态连接，提高城市森林生态系统的稳定性，并有效溶解城市边缘，实现城乡森林一体化。

（2）道路绿化、水系廊道、农田林网、绿道网络四网建设单元

森林城市规划布局强调构建"点、线、面"相结合的完善的森林生态网络体系。规划要以道路、河流、农田林网等的绿化为"线"；形成道路绿化、水系廊道、农田林网、绿道网络四网建设的复合型森林生态网络，实现森林资源在空间布局上的合理、均衡配置。

河流、道路沿线的绿化带作为城市贯通性主干森林廊道，在宽度、配置模式等方面强化生态功能，既可以发挥改善环境的生态功能，也可以起到连接各类森林斑块构成网络体系的作用。建设的同时加强绿道网络的贯通，多空间多层次的实现生态福利，较好的满足城乡居民对森林绿地的多种需要。

（3）重要保护、修复、休闲建设单元

森林城市建设按照"山水林田湖草"是一个有机生命共同体的战略思想，充分发挥森林对维护"山水林田湖草"生命共同体的特殊作用。规划重点保护、修复、休闲的建设单元，主要包括自然保护地、受损弃置地和生态旅游场所，开展森林、湿地和野生动植物保护，进行矿山修复、河流治理、防沙治沙等生态修复工程，同时发挥自然资源的生态服务功能，推进城市自然生态系统协调发展。

重要保护、修复、休闲建设单元不能单纯从资源或类型的角度去理解，而是一种包含多种因素干扰的新型森林生态系统，强调保护原有的地带性天然植被。通过生态与人文结合的方式加以营造，科学修复，既可以反映城市的历史，也能体现自然的韵律，使它们的生态价值、文化价值、历史价值更充分、更完美地表达出来，使森林城市在整体上具有更深厚的历史和文化底蕴。

3.2.7　总体规划编制常见问题汇总

结合多年的编制和评审经验，《总体规划》制作过程中，应注意避免以下问题。

（1）"建设背景和意义"编写要点

①编制前言，叙述过程

规划要编制前言，对城市的基本情况进行简要概述，对《总体规划》主要内容及编制过程及阶段进行叙述，方便阅读者了解规划的基本情况。

②概念内涵，可以省略

规划中有关森林城市的概念内涵等内容可以省略，重点介绍森林城市建设的背景与必要性。

③注重逻辑，表述简洁

整个文本编制要注重逻辑，表述简洁。森林城市建设意义和规划背景是有关联度和统一性的。

（2）"城市基本情况"编写要点

①土地数据不可少

总体规划要与国土空间规划相衔接，土地数据是重要的基础资料，不可或缺。

②旅游资源要单列

旅游资源对应着后续的生态福利体系内容，在现状中应重点表述。

③基准年要明确统一

所有的基础数据的统计基准年要保持一致性，不可出现多个年份的现状情况。

（3）"森林城市建设现状分析与评价"编写要点

①前后数据统一

总体规划涉及到的数据非常多，包含现状数据，前、中、后期的规划数据，一定要保证整体数据的统一性和唯一性。

②指标对照详实

森林城市评价指标要进行逐项、认真对照分析，有完整的数据和现状调查及计算过程，以此来判断达标与否，从而找出森林城市建设的薄弱点和方向。

③潜力分析全面

总体规划应该对林地资源、绿化用地、生态用水、建设资金等潜力进行全面分析，保证森林城市建设的可行性。

（4）"总体规划"编写要点

①指导思想具有高度

指导思想要与国家政策法规相衔接，指导森林城市的具体建设。

②规划原则针对性强

规划原则要与城市特点相结合，不能使用放之四海而皆准的原则。

③规划依据及时更新

规划依据要使用国家和部门发布的最新法规、标准或者规划，不能出现过期的文件。

④规划布局结合工程

规划布局要反映森林城市建设的重点工程，不是简单的城市生态空间结构。

（5）"规划体系"编制要点

①撰写有逻辑

各单项工程要根据现状情况、规划目标、规划工程这个逻辑来进行编制，工程的设置目标主要是解决森林城市建设的短板，达到国家森林城市标准。

②工程不交叉

各项工程设置不可交叉，工程量、投资额的统计中要注意区分，避免给后期核查工作带来麻烦。

③项目要落地

所有的工程设置要有明确的建设地点和时间，有利于后期的实施与核查。

实例：广西壮族自治区百色市国家森林城市建设总体规划（节选）

2014年10月国家林业局林产工业规划设计院开始编制《百色市国家森林城市建设总体规划（2013—2020年）》（以下简称《总体规划》）。2015年3月《总体规划》通过评审，2016年，《总体规划》获得了2016年度全国林业优秀工程咨询成果二等奖和2016年度国家林业局林产工业规划设计院优秀工程咨询成果一等奖。

百色市是广西林业用地、森林面积最大的地级市，气候条件得天独厚，森林资源丰富多样；自然景观优美独特，红色文化特色鲜明；政府重视生态建设，广大民众积极参与；整体森林建设基础扎实，各项森林城市建设指标基本达标。但是面临着桂西典型山城，绿化空间有限；石漠化地区生态环境脆弱，造林难度大；宣传载体建设不足，生态文化传播有限等难题。《总体规划》以"红色壮乡展千姿，绿满山城绘百色"的理念为指导，通过国家森林城市建设，构建生态安全屏障，建设功能完善、综合效益显著的城市森林生态体系；使森林特色产业布局得到优化，促进森林生态经济发展；使市民的生态意识普遍得到提高，将自然与文化有机结合，形成百色特有的生态文化体系。全面实施森林生态、产业、文化和支撑体系等重点工程的建设，构建"山环水绕、绿廊穿梭、环境优美、生态优良"的城市森林生态体系和具有高度生态文明的现代森林城市。

本项目属于地级市国家森林城市建设，《总体规划》编制参考了林业行业标准《国家森林城市评价指标》（LY/T 2004-2012）。

一、 建设理念

根据百色市的自然地理特点、生态环境现状和独具特色的文化背景，结合现代城市"低碳、和谐"的发展趋势，提出城市森林建设理念——"红色壮乡展千姿，绿满山城绘百色"。

红色壮乡展千姿

百色是红色革命根据地、红七军的诞生地，因邓小平同志领导和发动的百色起义闻名中外，被中央确定为全国十二个红色旅游中心之一。百色还聚居着壮、汉、瑶、苗、彝、仡佬、回等7个民族，其中少数民族人口占总人口比例达85%以上。布洛陀被称为壮民族的"活化石""黑衣壮"，以"中国绣球之乡"为代表的壮族织锦、北路壮剧、瑶族铜鼓舞等，被列入国务院非物质文化遗产名录。浓郁的原生态民族风情有许多为国内罕见甚至世界唯一。

百色市结合革命老区、少数民族地区的特点，把国家森林城市建设与发展红色旅游、民族风情旅游相结合，重点打造革命老区红色文化特色，突出民族风情的"壮乡红城"。在具体项目建设中，把百色浓郁的民族风情以及革命老区历史文化特色与百色特有的"山、水、树、石"资源相结合，建成一批具有百色鲜明特色的景观绿地，在生态文化宣传上面突出红色文化和民族文化的产品打造。最终将百色市建成一个多姿多彩的生态文化大观园。

绿满山城绘百色

百色市属于典型的山区，山地占到市域的95.4%，1/3的土地面积为喀斯特地貌，24%的面积为石漠化。森林面积居全广西之首，森林覆盖率达到66.64%。全市生态环境优良，是国家重要的物种基因库，有19个自然保护区，其中4个国家级自然保护区，20多种国家重点保护珍贵动物和60多种国家重点保护珍稀植物。

森林城市建设首先重点保护生物多样性，打造桂西石灰岩地区（亚热带）物种基因库，以自然保护区、森林公园、重要湿地为依托，保护各类自然生态系统、野生生物、驯化物种、野生亲缘种及种质资源。同时通过实施森林生态效益补偿，严格管理公益林，最大限度发挥其生态功能和生态效益，维护生物多样性。其次改善石漠化地区的脆弱生态环境，采取综合治理方式，尽量将石漠化地区列入国家林业生态项目，采取以封山育林、人工造林和植被管护等生态恢复与重建技术为主，辅以农村能源建设和生态移民等手段的综合治理办法，逐步恢复森林植被，重建森林生态系统。

二、建设原则

1）尊重自然，适地适树

2）生态先行，兴林惠民

3）城乡一体，统筹发展

4）突出特色，彰显文化

5）政府主导，多方融资

三、规划依据

1）法律法规及中央文件

2）部门规章及行业标准

3）地方文件及相关规划

四、规划范围

规划范围分为"市域"和"城区"两个层次。

（1）市域规划范围

百色市行政区划全部管辖范围，包含市域所辖12个县（区），面积3.63万km²。

（2）城区规划范围

根据城市总体规划及各县城总体规划所确定的百色市主城区以及各县市区的建成区范围。

五、规划期限

本规划期限为2014—2025年，共计12年，其中：

近期规划（3年）：2014—2016年；

远期规划（9年）：2017—2025年。

六、规划目标

（1）总体目标

以"红色壮乡展千姿，绿满山城绘百色"的理念为指导，通过国家森林城市建设，构建生态安全屏障，建设功能完善、综合效益显著的城市森林生态体系；使森林特色产业布局得到优化，促进森林生态经济发展；使市民的生态意识普遍得到提高，将自然与文化有机结合，形成百色特有的生态文化体系。全面实施森林生态、产业、文化和支撑体系等重点工程的建设，构建"山环水绕、绿廊穿梭、环境优美、生态优良"的城市森林生态体系和具有高度生态文明的现代森林城市。

（2）单项目标

根据国家森林城市建设评价指标体系框架和百色市城市森林建设现状，按照森林生态、森林产业、生态文化和森林保障来分体系确定森林城市建设的分期指标和工程量。其中：

①森林生态体系

珠江上游重要生态屏障

通过主城区绿化、环城绿化、县城绿化和村庄绿化工程的建设，建设山清水秀、鸟语花香、空气清新、绿树成荫的良好人居生活环境，构筑多树种、多层次、多功能的森林植被生态系统。

通过绿色通道工程的建设，在主要森林、湿地等生态区之间建有贯通性的森林生态廊道；江、河、湖、海、库等水体沿岸采用近自然的水岸绿化模式，形成城市特有的风光带；公路、铁路等道路绿化注重与周边自然、人文景观的结合与协调，运用乔木、灌木、花草等植物材料进行多种形式的绿化，形成绿色景观通道。

国家级石漠化综合治理示范区

通过石山地区植被恢复工程的建设，构筑珠江流域防护林体系，25度以上的坡耕地基本实现退耕还林，石漠化土地得到综合治理。

桂西石灰岩地区（亚热带）物种基因库

通过森林生态保护工程的建设，森林质量得以提升，森林结构明显改善，现有天然林资源、湿地资源及野生动植物资源得到有效保护和恢复。

②森林产业体系

桂西神奇森林旅游目的地

通过生态旅游产业的建设，发展森林旅游、湿地旅游和乡村旅游项目。将"绿色"旅游与"红色"旅游有机结合，打造"红绿结合，别具一格"的桂西北神奇森林旅游集群。

国家重要木材战略储备基地

通过原料林基地的建设，扩大杉木、松木等速生丰产用材林基地建设规模，发展油茶、八角、八渡笋、白毫茶等具有区域特色的名特优经济林基地，鼓励和支持珍贵树种用材林基地建设，为林产工业提供稳定的原料支持。

通过特色花卉产业、林下经济和珍贵乡土树种繁育基地建设，丰富百色市林业产品类型，增加林农收入。

③生态文化体系

集合深厚的历史文化、激昂的红色文化、多彩的民族文化和优美的山水风光于一体的，多姿多彩的生态文化大观园。

通过生态文化基础设施的建设，展示森林生态文化、湿地文化、特色生态文化等。利用科普教育基地和纪念林基地这些物质载体开展森林文化活动，传播森林文化价值，开发森林生态旅游。

通过生态文化保护与传播，保护古树名木，宣传市树、市花，开展义务植树活动，举办文化节事，向广大人民群众宣传森林文化，提高全市爱绿护绿意识。

④森林支撑体系

通过森林支撑体系建设为城市森林建设提供可持续发展的基础。包括：提供数量充足、质量优良的种苗生产供应体系；建立危机快速反应机制，提高森林灾害防治水平；增强监测、扑救、宣传教育能力，提高森林防火水平；完善森林生态监测网络，准确掌握和核算城市森林生态功能效益。

（3）指标体系

根据国家森林城市量化指标要求，结合百色市实际情况，制定评价指标体系，详见例表3-1。

例表3-1　百色市森林城市评价指标体系

序号	指标内容	现状	近期目标	远期目标
一	森林生态体系			
1	森林覆盖率	66.64%	67.24%	69.24%

序号	指标内容		现状	近期目标	远期目标
2	城区绿化覆盖率	主城区	37.1%	42.23%	46.60%
3		县城建成区	35%	40%	40%以上
4	人均公园绿地面积	主城区	9.54m²	11.27m²	13.70m²
5		县城建成区	9.16m²	13m²	15m²
6	村屯林木绿化率		30%	35%	45%
7	道路绿化率		94.41%	95%	95%
8	水岸绿化率		85%	90%	95%
9	城区乔木栽植面积占绿地面积比例		65.6%	70%	70%
10	城区街道树冠覆盖率		30%	30%	30%
11	城市重要水源地森林覆盖率		85%	85%	85%
12	乡土树种使用比例		85%	85%	85%
13	树种丰富度		20%	20%	20%
14	郊区森林自然度		0.5	0.5	0.5
二	森林生态产业体系				
1	林业产业总产值		166.2亿元	255亿元	400亿元
2	年每亩生长量		0.34m³	0.4m³	0.5m³
3	森林年采伐量		244万m³	328万m³	450万m³
4	林业产业为林农收入年增收		150元	250元	350元
5	森林旅游综合效益		2.4亿元	12亿元	28亿元
三	生态文化体系				
1	全民义务植树尽责率		85.2%	90%	95%
2	市级生态科普活动		7次	12次	15次
3	古树名木保护率		95%	100%	100%
4	公众对森林城市建设的支持率和满意度		—	90%	95%
四	森林支撑体系				
1	苗木自给率		85%	85%	85%
2	有害生物成灾率		0.01%	0.1‰	0.1‰
3	有害生物防治率		100%	100%	100%
4	年均森林火灾受害率		0.0023%	0.08%以下	0.05%以下
5	重点火险区瞭望监测和地面巡护覆盖率		80%	90%	90%以上
6	通讯覆盖率		60%	80%	90%

七、项目建设总体布局

（一）城市森林建设分区

根据百色市域生态建设现状，综合考虑林业发展与海拔及坡度的关系，将全市区划为3个森林建设区，见例图3-1。

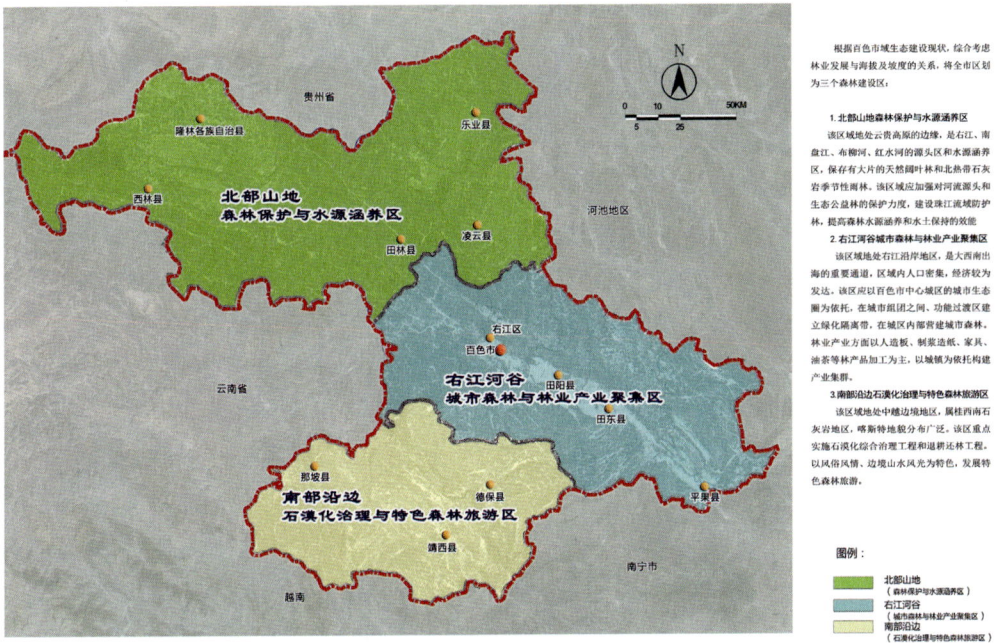

根据百色市域生态建设现状，综合考虑林业发展与海拔及坡度的关系，将全市区划为三个森林建设区：

1. 北部山地森林保护与水源涵养区
该区域地处云贵高原的边缘，是右江、南盘江、布柳河、红水河的源头区和水源涵养区，保存有大片的天然阔叶林和北热带石灰岩季节性雨林。该区域应加强对河流源头和生态公益林的保护力度，建设珠江流域防护林，提高森林水源涵养和水土保持的效能。

2. 右江河谷城市森林与林业产业聚集区
该区域地处右江沿岸地区，是大西南出海的重要通道，区域内人口密集，经济较为发达。该区应以百色市中心城区的城市生态圈为依托，在城市组团之间，功能过渡区建立绿化隔离带，在城区内部发展城市森林，林业产业方面以人造板、制浆造纸、家具、油茶等林产品加工为主，以城镇为依托构建产业集群。

3. 南部沿边石漠化治理与特色森林旅游区
该区域地处中越边境地区，属桂西南石灰岩特殊地貌分布广泛。该区重点实施石漠化综合治理工程和退耕还林工程，以风俗风情、边境山水风光为特色，发展特色森林旅游。

图例：
- 北部山地（森林保护与水源涵养区）
- 右江河谷（城市森林与林业产业聚集区）
- 南部沿边（石漠化治理与特色森林旅游区）

例图3-1　百色市森林建设分区图

①北部山地森林保护与水源涵养区

区域范围及特点

该区域包括田林、隆林、西林、乐业和凌云等5个县，土地总面积179.93万hm²，占百色市土地总面积的49.63%。该区域地处云贵高原的边缘，是右江、南盘江、布柳河、红水河的源头区和水源涵养区，保存有大片的天然阔叶林和北热带石灰岩季节性雨林，生物多样性丰富，珍稀物种多，是我国南亚热带地区和北热带岩溶地区的重要物种贮存库，对于保护南亚热带生物多样性具有重要作用。

发展方向

该区域应加强对河流源头和生态公益林的保护力度，建设珠江流域防护林，提高森林水源涵养和水土保持的效能。加强自然保护区和湿地的建设和管理，加大野生动物和森林植被的保护，注重生物多样性和生态资源保护，保持生物多样性。控制森林资源的开发利用强度，适度发展商品林，合理利用生态景观优势和生物资源优势，发展大径材珍贵树种、花卉培植，林下经济（种植），积极培育发展森林旅游等生态产业。

②右江河谷城市森林与林业产业聚集区

区域范围及特点

该区域包括平果、田东、田阳、右江等4个县区，土地总面积113.01万hm²，占百色市土地总面积的31.44%。该区域地处右江沿岸地区，是大西南出海的重要通道，铁路、高速公路贯穿该区中部。区域内人口密集，经济较为发达。同时干热的河谷气候使得该区适合芒果等许多热带植物的栽培，是全国著名的冬菜基地。该区森林资源以商品林为主，有一定林业产业发展基础。

发展方向

该区应以百色市中心城区的城市生态圈为依托，在城市组团之间、功能过渡区建立绿化隔离带，在城区内部营建城市森林，在城市周边大力发展绿化苗木和花卉产业基地，在高速公路、国道、省道等道路两侧和右江两岸和环库区周边营造生态和景观防护林，形成贯通性的森林生态廊道。严格保护基本农田，在保护的基础上，大力提倡和鼓励发展生态型、观光型、高科技型的现代农林复合产业，突出百色市"果蔬之乡"的特色，营造功能强大的城市森林体系。林业产业方面以人造板、制浆造纸、家具、油茶等林产品加工为主，以城镇为依托构建产业集群，积极发展物流和信息等服务业，大力发展芒果等优质果木林基地，油茶等优质木本粮油基地，适度发展林下经济（养殖）和家具等林产品深精加工。

③南部沿边石漠化治理与特色森林旅游区

区域范围及特点

该区域包括德保、靖西、那坡等3个县，土地总面积68.62万hm²，占百色市土地总面积的18.93%。该区域地处中越边境地区，属桂西南石灰岩地区，喀斯特地貌分布广泛。该区石山面积大且石漠化程度较严重，宜林荒山面积较大。靖西县旅游产业发展相对成熟，开发了峡谷飞瀑、边关风情等旅游产品，如通灵–古龙山峡谷群和鹅泉河、难滩河、渠洋湖、庞凌河沿岸的山水景观与田园风光等。

发展方向

该区重点实施石漠化综合治理工程和退耕还林工程，通过封山育林和人工造林相结合的措施治理石漠化土地，恢复森林植被，优化森林结构，保护生物多样性。以靖西通灵及古龙山峡谷群、那坡黑衣壮民俗风情寨、龙邦口岸、平孟口岸为依托，以风俗风情、边境山水风光为特色，发展特色森林旅游。

（二）市域重点建设布局

根据全市的自然生态环境条件特征和资源利用的分异性，以及森林城市建设与发展对绿色空间的拓展性、趋同存异等要求，提出百色市国家森林城市建设空间布局为点线面片，见例图3-2。

点：绿核——"一心，十一极，多点"

线：绿带——"三横，两纵，一河谷"

片：绿斑块——"七个森林公园，十块重要湿地，二十大自然保护区"

面：绿满城——"一百万生态公益林，一百五十万商品林"

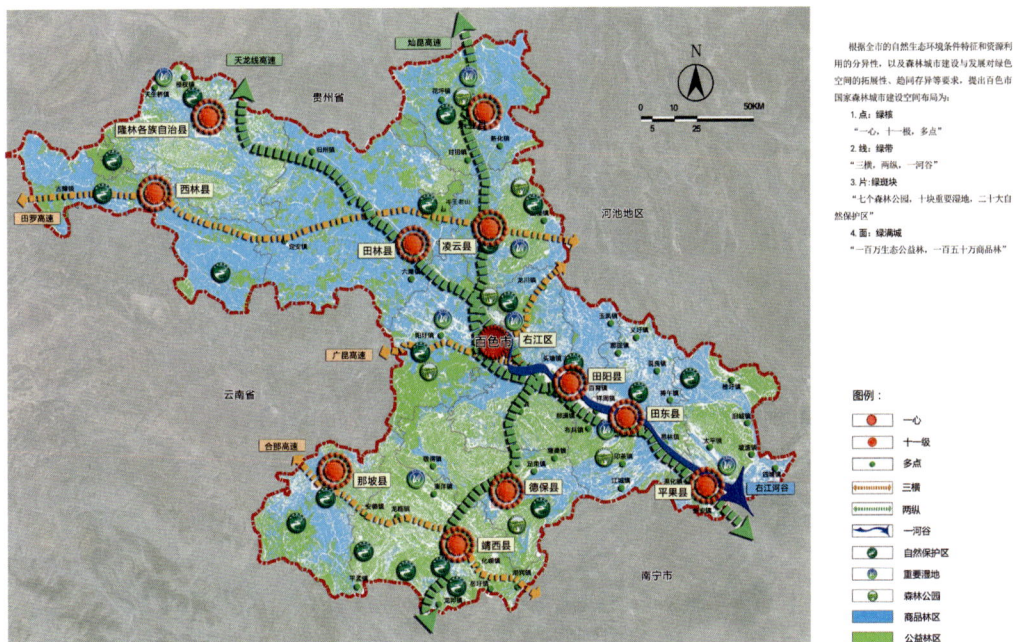

例图3-2　市域建设布局图

① "一心，十一极，多点"

一心：是指城市主城区，建设以乔木为主体的城市绿地，成为全市的绿色核心。

十一极：是指11个县城建成区，建设以乔木林为主体的城市绿地，承接主城区绿色核心的辐射，并带动县域森林城市建设。

多点：是指绿色村镇。以建设社会主义新农村和城乡风貌改造为载体，结合"绿满百色"工程，通过珍贵树种送农家等活动建设村镇绿化美化示范点。

② "三横，两纵，一河谷"

三横：是指田林至罗平（滇桂界）高速、广州至昆明高速（云桂铁路、国道323）、崇左至靖西至那坡高速。

两纵：是指乐业至百色至龙邦高速、汕头至昆明高速（南昆高速、国道324）重点对这9条廊道进行绿化，包括廊道两侧的防护林带建设和可视一面坡的山体绿化，构建市域森林生态系统的基本骨架。

一河谷：是指右江森林河谷，通过右江沿岸防护林带建设，打造全市重要的生态景观廊道。

③ "七个森林公园，十一块重要湿地，二十大自然保护区"

七个森林公园：是指大王岭森林公园、澄碧湖森林公园、德保红叶森林公园等，基于现状条件打造特色森林景观，完善旅游服务设施，成为生态旅游的重要目的地。

十一块重要湿地：是指澄碧河水库、百色水利枢纽湿地、田东县龙须河湿地公园、平果县卢仙湖湿地公园、靖西县龙潭湿地公园、凌云县浩坤水库湿地公园、乐业县大利水库湿地公园、隆林县天生桥水库湿地公园等重要湿地。通过生态措施和工程措施，改善湿地生态环境，保证湿地生态功能的正常发挥，提高湿地资源和生物多样性保护公众意识。

二十大自然保护区：是指百色大王岭自然保护区、百色澄碧河湿地自然保护区、田阳县百东河自然保护区、田东县苏铁自然保护区、平果达洪江自然保护区等20个自然保护区。提高保护区管理能力，保护自然生态系统与重要物种栖息地，维护生态系统完整性。

④"一百万生态公益林，一百五十万商品林"

一百万生态公益林：是指全市100.92万 hm^2 生态公益林，通过石漠化综合治理、退耕还林、珠防林建设等工程，保护生态公益林，构建整个市域范围的绿色屏障。

一百五十万商品林：是指全市150万 hm^2 商品林，通过用材林基地和特色经济林基地的建设，提高森林经营水平，增加林农收入。

（三）城区重点建设布局

结合"山、水、林、城"等要素对百色市中心城区进行科学规划，突出以右江为主的水体的地位和作用，以水系和路网为基本骨架，在中心城区内部构建城市森林的网络结构，见例图3-3。

"山城相依，碧水串珠，两环四园，两横三纵"

①山城相依

利用百色城市"三面环山"的优越自然环境，结合百色城市山田一体的城市格局，构筑以山体生态为主的绿色生态基质。

②碧水串珠

发挥百色"山水城市"的特点，通过右江水系将作为绿色斑块的公园绿地等有机串联，形成特色鲜明、布局合理的城市绿色生态网络。

③两环四园

两环：包括内外两环，其中内环指城市高速环路及站前大道、东环路、南环路和城北路两侧的绿带围。外环是指围绕西环高速和百隆高速的林带包括三江两湖绿化、郊野公园、湿地公园和城郊森林公园，共同成为城区重要的生态保护圈，

四园：指中心城区的园博园、人民公园、迎龙公园和心湖公园4个大型公园绿地，形成城市绿肺。

图例
山城相依（绿色生态基质）　两环（周边环城绿带）　两横（两条横向道路绿带）　水域
碧水串珠（右江水系）　四园（四大公园绿地）　三纵（三条纵向道路绿带）

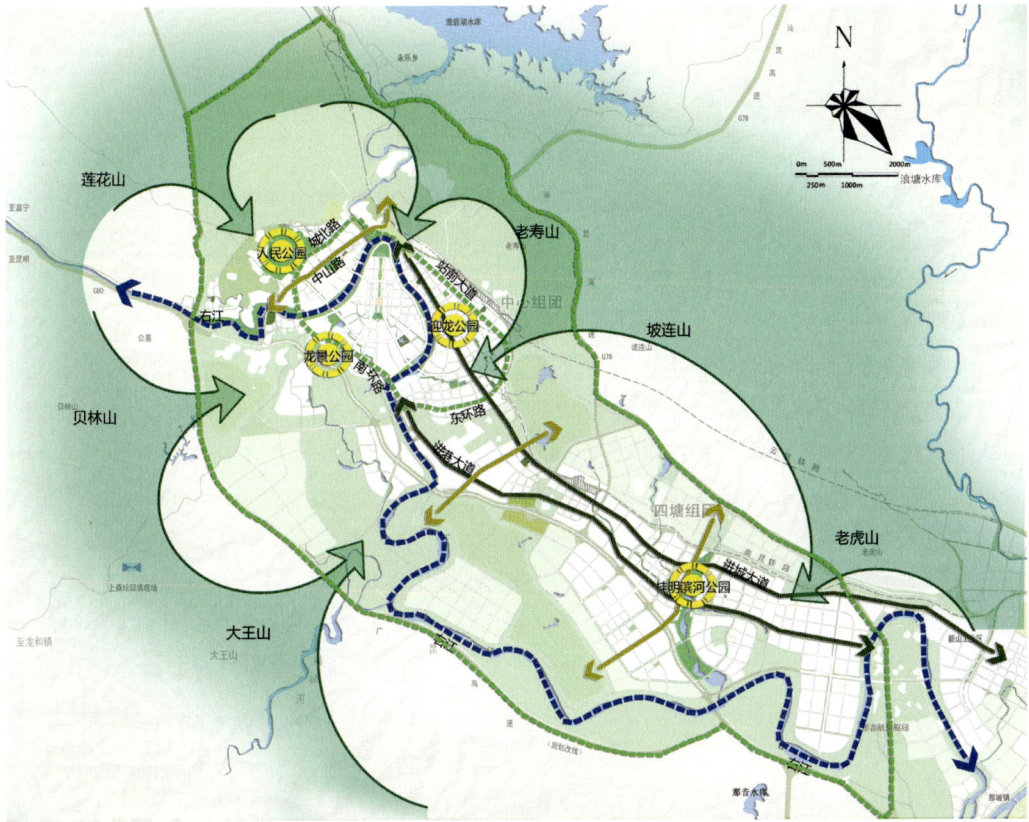

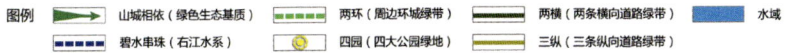

例图3-3　百色市主城区建设布局图

④两横三纵

两横：指沿进城大道（含城东路段）、进港大道两侧建设绿带，构成两条横贯城市的绿廊。

三纵：指沿老城中山路、六塘郊野公园至永靖郊野公园中轴线和四塘公园东侧纵向道路两侧建设绿带，构成三条纵贯城市的绿廊。

实例：福建省顺昌县国家森林城市总体规划（节选）

2019年8月国家林业和草原局林产工业规划设计院开始编制《福建省顺昌县国家森林城市建设总体规划（2019—2028年）》（以下简称《总体规划》）。2019年12月《总体规划》通过评审，2020年，《总体规划》获得了2020年度国家林业和草原局林产工业规划设计院优秀工程咨询成果一等奖。

顺昌地处武夷山脉南麓，闽江上游金溪、富屯溪交汇处，是森林资源极为丰富的林业大县。2015年初，顺昌县委、县政府做出了开展省级森林县城建设的决定，2017年10月顺利通过省级森林城市验收；2019年3月，顺昌县成立了国家森林城市建设工作小组，同时向省绿化委员会、省林业局递交了《顺昌县人民政府关于申请创建国家森林城市的函》，正式启动了国家森林城市建设工作。《总体规划》以改善城乡生态环境、增进居民生态福祉为主要目标，着力解决"人民日益增长的美好生活需要和不平衡不充分的发展之间的矛盾"，深入实践"绿水青山就是金山银山"的重要思想。通过补短板、促提升、展特色，将顺昌打造成资源优质高效、环境秀美宜居、生态文化繁荣的国家级森林城市，把顺昌建设成为南平市乃至福建省森林城市的典范，实现"八闽善地林海竹乡，顺达昌盛森林之城"的目标。

本项目属于县级城市国家森林城市建设，《总体规划》编制参考了国家标准《国家森林城市评价指标》（GB/T 37342-2019）中的县级城市建设标准。

一、指导思想

以习近平新时代中国特色社会主义思想为指导，全面贯彻党的十九大和各系列全会精神，认真落实习近平总书记关于着力开展森林城市建设的重要指示，以改善城乡生态环境、增进居民生态福祉为主要目标，着力解决"人民日益增长的美好生活需要和不平衡不充分的发展之间的矛盾"，深入实践"绿水青山就是金山银山"的重要思想。按照国家林业和草原局《关于着力开展森林城市建设的指导意见》和《国家森林城市评价指标》等文件要求，实施国家森林城市重点建设工程，进一步完善城市森林生态网络、提高森林资源质量、提升森林生态服务功能，增强森林产业服务能力，丰富和繁荣生态文化，夯实森林城市建设支撑保障能力，实现"八闽善地林海竹乡，顺达昌盛森林之城"的建设目标。

二、规划依据

1）法律法规及中央文件
2）部门规章及行业标准
3）地方文件及相关规划

三、建设原则

1）保护优先，提升质量

2）城乡统筹，综合发展

3）绿色发展，富民惠民

4）突出特色，彰显文化

5）政府主导，全民参与

四、规划愿景

结合顺昌的优势本底资源、独特的城市风貌、自身的文化底蕴，提出森林城市规划愿景如下："八闽善地林海竹乡，顺达昌盛森林之城"。

八闽善地林海竹乡

顺昌位于武夷山脉南麓、闽江上游，始建于后唐长兴四年（公元933年），被誉为"八闽善地，文献之邦"。境内气候极为适宜杉木和竹子生长，素有"林海粮仓果乡"之美誉，是全国首个杉木之乡、首批中国竹子之乡。以"八闽善地林海竹乡"彰显顺昌深厚的历史底蕴和杉木、竹等国内居首的林木资源优势。

顺达昌盛森林之城

作为森林城市建设的目标和愿景，寓意顺昌顺达昌盛、生态宜居、绿满全城，充分表达出顺昌在森林城市建设中所要展现的美好愿景和独特风貌。

五、规划范围

规划范围为顺昌县县域，总面积1981.60km^2。包括顺昌所辖的1个街道、8个镇、3个乡。

1个街道为双溪街道；8个镇为建西镇、洋口镇、元坑镇、埔上镇、大历镇、大干镇、仁寿镇、郑坊镇；3个乡为洋墩乡、岚下乡、高阳乡。

六、规划期限

根据顺昌县森林城市建设基础和历程，本规划以2018年为基准年，规划期限为2019—2028年，共10年。

1）近期：2019—2021年（3年）

近期为重点建设期，此阶段通过各项重点工程建设，使顺昌全面达到国家森林城市评价指标要求，获得国家森林城市称号，力争成为全国森林城市建设示范城市。

2）中期：2022—2024年（3年）

中期为森林城市建设成果巩固期，通过继续实施总体规划，并确保通过国家森林城市复检。

3）远期：2025—2028年（4年）

远期为品质提升期，通过该期建设，顺昌县森林城市建设质量与水平进一步提升。

七、建设目标

①总体目标

立足建设"顺达昌盛"美丽幸福之城，以顺昌县自然资源本底、山水禀赋特色、人文历史文化为基础，以"八闽善地林海竹乡，顺达昌盛森林之城"为愿景，围绕城乡居民优美生态环境需求，全面实施森林生态体系、森林健康体系、生态福利体系、生态文化体系和支撑保障体系建设工程。

大力推进中心城区、乡镇、乡村绿化工程，改善人居环境绿色空间；增加森林资源总量、提高森林质量，突出顺昌森林生态体系特色，保证闽江流域生态安全格局；构建先进的森林产业体系，建成全国林业产业强县；以森林文化为载体，强化生态文明建设，弘扬"红色文化"和"杉木文化"等特色文化。把顺昌建设成"青山环绕、森林拥抱、林城相依、林水相融、林园相映、林路相连、林居相嵌"的绿色新城，成为南平市乃至福建省示范性国家森林城市。

②阶段目标

近期目标（2019—2021年）为森林城市建设达标期，努力完成国家森林城市建设的基础性工作，按期分步实施森林生态体系、森林健康体系、生态福利体系、生态文化体系和支撑保障体系的各项工程内容，并做好城市森林管理。到2021年底，各项指标均达到《国家森林城市评价指标》（GB/T 37342-2019）的要求。通过国家森林城市建设主管部门的验收，获得国家森林城市的荣誉称号。

中期目标（2022—2024年）为森林城市建设提升期，继续提升森林城市建设取得的各项成果，持续实施规划期内的既定任务。一方面对近期实施的工程查漏补缺，进一步巩固和完善森林生态系统、湿地生态系统，使各项指标均有所提高；另一方面，继续推动生态、文化、产业、服务、安全保障体系建设，加大森林科普宣教力度，丰富绿色生态空间文化内涵，增强优质生态产品供给能力，维护国土生态安全。

远期目标（2025—2028年）为森林城市建设巩固期，全面深化森林城市建设，巩固森林城市建设成果，进一步完善森林城市建设工作成果，稳步提高森林健康，促进林业经济发展，弘扬生态文明，加强城市森林管理。使生态环境得到明显改善，形成较为稳定的森林生态系统和丰富的森林景观，建成较为完善的城市森林网络体系、先进的城市森林保育体系、发达的城市林业经济体系、繁荣的城市生态文化体系和坚实的森林管理支撑体系，打造宜居宜业、宜养宜游的区域示范森林城市，实现"顺达昌盛"美丽幸福之城的建设目标。

③指标目标

根据国家森林城市评价指标要求，结合顺昌县实际情况，制定各阶段的建设目标如下，详见例表3-2。

例表3-2　顺昌县国家森林城市建设指标一览表

序号	指标内容	指标要求	指标现状	近期目标（2021年）	中期目标（2024年）	远期目标（2028年）
一			森林网络			
1	林木覆盖率	≥35.00%	79.86%	稳定维持在79.00%以上		

序号	指标内容	指标要求	指标现状	近期目标（2021年）	中期目标（2024年）	远期目标（2028年）
2	城区绿化覆盖率	≥40.00%	52.05%	≥52.52%	≥53.47%	≥54.59%
3	城区树冠覆盖率	≥25.00%	25.30%	≥27.00%	≥28.00%	≥29.00%
4	城区人均公园绿地面积	≥12.00m²	15.48m²	16.23m²	17.31m²	17.82m²
5	城区林荫道路率	≥60.00%	61.28%	稳定维持在60.00%以上		
6	城郊20hm²以上的成片森林或湿地	≥2处	1处	2处	3处	3处
7	乡镇绿化	建成区绿化覆盖率≥30.00%	72.73%的乡镇满足要求，整体不达标	提升乡镇建成区绿化覆盖率，使指标≥30.00%		
		2000m²以上公园绿地≥1处	54.55%的乡镇满足要求，整体不达标	每个乡镇有1处以上公园绿地		
8	村庄绿化	林木绿化率≥30.00%	57.14%的村庄满足要求，整体不达标	不断提升村庄林木绿化率，使指标≥30.00%		
		公共休闲绿地≥1处	57.14%的村庄满足要求，整体不达标	每个村1处以上公共休闲绿地		
9	道路绿化率	≥85.00%	95.04%	随着新道路的建设，道路绿化率稳定维持在85.00%以上		
10	水岸绿化	适宜绿化的水岸绿化率≥85.00%	90.37%	水岸绿化率维持在85.00%以上		
		水体岸线自然化率≥85.00%	88.40%	水体岸线自然化率稳定维持在85.000%以上		
11	农田林网	–	达标	达标	达标	达标
12	受损弃置地生态修复率	≥80.00%	97.66%	随着矿产资源的持续开采，使受损弃置地生态修复率维持在80.00%以上		
二			森林健康			
13	树种多样性	≤20%	≤20%	≤20.00%	≤20.00%	≤20.00%
14	乡土树种使用率	≥80.00%	82.50%	≥90.00%	≥90.00%	≥90.00%
15	苗木使用	–	达标	达标	达标	达标
16	生态养护	–	达标	达标	达标	达标
17	森林质量提升	≥10.00%	待建指标	≥10.00%	≥10.00%	≥10.00%
18	动物生境营造	–	达标	达标	达标	达标

（续）

序号	指标内容	指标要求	指标现状	近期目标（2021年）	中期目标（2024年）	远期目标（2028年）
19	森林灾害防控	–	达标	达标	达标	达标
20	资源保护	–	达标	达标	达标	达标
三			生态福利			
21	城区公园绿地服务	≥80.00%	≥85.00%	≥90.00%	≥90.00%	≥90.00%
22	生态休闲场所服务	≥70.00%	90.00%	使生态休闲场所10km服务半径对县域覆盖稳定维持在90.00%以上		
23	公园免费开放	财政投资建设的公园向公众免费开放	100.00%	100.00%	100.00%	100.00%
24	绿道网络	≥0.50km/万人	1.76km/万人	≥0.50km/万人	≥0.50km/万人	≥0.50km/万人
25	生态产业	–	达标	达标	达标	达标
四			生态文化			
26	生态科普教育场所	≥5处	≥5处	达标	达标	达标
27	生态宣传活动	≥5次	待建指标	≥5次	≥5次	≥5次
28	古树名木保护率	100.00%	100.00%	100.00%	100.00%	100.00%
29	公众态度	≥90%	待建指标	达标	达标	达标
五			组织管理			
30	建设备案	≥2年	待建指标	达标	达标	达标
31	规划编制	–	待建指标	达标	达标	达标
32	示范活动	–	待建指标	达标	达标	达标
33	档案管理	–	待建指标	达标	达标	达标

八、规划体系

根据最新的《国家森林城市评价指标》（GB/T 37342-2019）中"森林网络、森林健康、生态福利、生态文化、组织管理"五大指标体系的要求，综合顺昌社会经济发展方向和生态建设现状，相应设立"森林生态体系、森林健康体系、生态福利体系、生态文化体系和支撑保障体系"五大规划体系，通过深入剖析顺昌森林城市建设的优势、特色和短板，将规划工程划分为补短板、促提升、展特色三大类型，明确工程实施的目的，有针对性地布局工程项目，稳步推进森林城市建设，确保33项指标全部达标，详见例表3-2。

例表3-2　森林城市建设体系规划表

五大指标体系	五大规划体系	工程体系	工程目标
森林网络	森林生态体系	中心城区绿化建设工程	促提升 展特色
		乡镇绿色空间营造工程	补短板
		美丽宜居乡村建设工程	补短板
		受损弃置地生态修复工程	促提升
		公益林管护工程	促提升
		生态绿廊建设工程	展特色
森林健康	森林健康体系	生物多样性保护工程	促提升
		森林质量精准提升工程	促提升
		森林防火能力提升工程	促提升
		有害生物防治建设工程	促提升
生态福利	生态福利体系	生态休闲场所建设工程	补短板 展特色
		绿道网络建设工程	促提升 展特色
		森林康养基地建设工程	促提升 展特色
		生态旅游建设工程	展特色
		特色林基地建设工程	展特色
		花卉苗木基地建设工程	促提升
生态文化	生态文化体系	科普教育基础设施建设	展特色
		古树名木保护	展特色
		生态文化保护和传播	促提升 展特色
组织管理	支撑保障体系	林业科技支撑体系建设	补短板
		林政资源管理体系建设	促提升
		智慧林业体系建设	补短板

按照规划确定"五大工程"工程体系，逐级设立各大工程的子工程，分别对应33项指标要求，形成指标工程对应表，详见例表3-3。

例表3-3　森林城市建设指标和工程对应表

序号	指标内容	对应工程
1	林木覆盖率	森林质量精准提升工程
2	城区绿化覆盖率	中心城区美化提升工程

序号	指标内容	对应工程
3	城区树冠覆盖率	中心城区美化提升工程
4	城区人均公园绿地面积	中心城区美化提升工程
5	城区林荫道路率	中心城区美化提升工程
6	城郊成片森林、湿地	生态休闲场所建设工程、森林康养基地建设工程、生态旅游建设工程
7	乡镇绿化	乡镇绿色空间营造工程
8	村庄绿化	美丽宜居乡村建设工程
9	道路绿化	道路绿廊建设工程
10	水岸绿化	水系绿廊建设工程
11	农田林网	无
12	受损弃置地生态修复	受损弃置地生态修复工程
13	树种多样性	中心城区美化提升工程、森林质量精准提升工程、公益林管护工程
14	乡土树种使用率	中心城区美化提升工程、森林质量精准提升工程、公益林管护工程、受损弃置地生态修复工程、道路绿廊建设工程、水系绿廊建设工程
15	苗木使用	花卉苗木基地建设工程
16	生态养护	中心城区美化提升工程、乡镇绿色空间营造工程、美丽宜居乡村建设工程、森林质量精准提升工程、公益林管护工程、受损弃置地生态修复工程、道路绿廊建设工程、水系绿廊建设工程、湿地保护与恢复工程
17	森林质量提升	森林质量精准提升工程
18	动物生境营造	道路绿廊建设工程、水系绿廊建设工程、自然保护区能力提升、湿地保护与恢复工程、风景名胜区资源保护工程
19	森林灾害防控	森林防火能力提升工程、有害生物防治体系建设
20	资源保护	林业科技支撑体系建设、林政资源管理体系建设、智慧林业体系建设
21	城区公园绿地服务	中心城区美化提升工程
22	生态休闲场所服务	生态休闲场所建设工程、绿道网络建设工程、森林康养基地建设、生态旅游建设工程
23	公园免费开放	中心城区美化提升工程、乡镇绿色空间营造工程、美丽宜居乡村建设工程、生态休闲场所建设工程
24	绿道网络	绿道网络建设工程
25	生态产业	森林康养基地建设工程、生态旅游建设工程、特色林基地建设工程、花卉苗木基地建设工程
26	生态科普教育	科普教育基础设施建设
27	生态宣传活动	生态文化保护和传播
28	古树名木	古树名木保护

序号	指标内容	对应工程
29	公众态度	生态文化保护和传播
30	建设备案	林政资源管理体系建设
31	规划编制	组织保障
32	示范活动	中心城区美化提升工程、乡镇绿色空间营造工程、美丽宜居乡村建设工程
33	档案管理	林政资源管理体系建设、智慧林业体系建设

九、总体布局

"一核多极、两轴三廊、一网多点"。

结合顺昌自然条件及城市发展格局，在现有生态绿化基础上，进一步优化和完善生态空间格局，形成"一核多极、两轴三廊、一网多点"为骨架的全域空间总体布局，见例图3-4。

例图3-4 福建省顺昌县森林城市建设全区总体布局图

① "一核多极"

"一核"指自然景观及绿化条件优越的顺昌县中心城区，以合掌岩、华阳山等自然景区和龙山公园、观静山植物园等公园绿地为依托。中心城区的森林建设需要突出城区绿地的生态防护功能，以及公园、广场、道路等绿地的建设，将森林科学合理地融入城市空间，着重增进县城百姓生态福祉，利用城区有限的土地增加森林、湿地和绿地面积，优化城市森林景观，构建宜居的生态环境。

"多极"指建西镇、洋口镇、元坑镇、埔上镇、大历镇、大干镇、仁寿镇、洋墩乡、郑坊乡、岚下乡、高阳乡，共计7镇4乡。一方面要承接主城区绿色核心的辐射，另一方面要优化完善乡（镇）建成区绿化建设，提升乡（镇）风貌品质，以点带面，组团发展，加强对周边地区的辐射带动作用，为城乡居民提供平等的生态福利。

② "两轴三廊"

"两轴"指富屯溪、金溪两条溪流形成的滨河空间发展轴。顺昌县中心城区依水而建，滨水区域是城市景观中最活跃的区域，这两条水系也形成了顺昌县生态格局的骨架，伴随沿江生态绿带的建设形成了特色鲜明的城市发展轴。未来重点开展以滨水景观湿地为主的绿化建设，加强河流湿地保护，保护沿岸自然生态，形成近自然的景观廊道。

"三廊"指连通中心城区–埔上镇–洋墩乡–仁寿镇、中心城区–郑坊镇、洋口镇–建西镇–大历镇–高阳乡的X819、G528和京福高速公路连接线的道路及两侧绿化形成的纵向绿色廊道。未来重点对现有道路林带进行提升，加强道路两侧可视范围林相改造，推广使用彩叶、观花、四季景相变化明显的优良乡土树种，使通道从单一绿化向生态型、景观型绿化转变，形成色彩丰富、层次分明的风景线。

③ "一网多点"

"一网"指城市主干交通路网，以及主要河流网络所构建的林路、林水相依，贯通城乡的生态廊道网络。未来通过新造、提升等措施，提高道路林木绿化率和景观效果，建设以乔木为主的高标准生态景观通道，全面提升水系、道路廊道的绿化水平和绿化质量。同时因地制宜，根据不同区段环境特点确定适宜的绿化类型，尽量展现沿线的优美山地景观和自然湿地景观，形成疏密有度、景色怡人的流动景观线。

"多点"指自然保护区、湿地公园、森林乡村和森林生态旅游景区等，通过以点带面的形式带动周边区域绿化建设。结合乡村振兴战略，科学定位、合理规划，构筑乡村宜居生态环境，打造"因村而异、因地制宜、特色鲜明"的森林乡村。注重野生动植物保护和自然景观保护，增强自然保护区基础能力建设，保护和恢复自然湿地，发展特色森林生态旅游。

04森林生态体系规划与实例应用

城市森林是城市中有生命的基础设施，在改善城市生态环境和人居环境方面发挥着主体作用，是建设现代城市不可缺少的重要内容，是社会经济发展的重要指标和城市文明的重要标志。建设城市森林生态体系，需要掌握森林生态、城市环境、城市景观等相关理论基础，科学评估城市生态环境，坚持以问题为导向，对城市森林生态建设做出规划。

4.1 规划基础

4.1.1 基础理论

（1）相关概念

①生态系统

指由生物群落与无机环境构成的统一整体。生态系统的范围可大可小，相互交错，最大的生态系统是生物圈。人类是生物圈中的一员，主要生活在以城乡为主的人工生态系统中，这种生态系统人口高度集中、物质和能量高度密集，一方面极大地推动了人类经济和社会的发展，同时也对城市及其周围的自然环境产生了不利的影响。因此，研究城市、森林生态系统的结构和功能特点，对于协调人与自然的关系、实现人类经济和社会的永续发展、具有非常重要的意义。

②森林生态系统

是指以森林为主体的，并与非生物之间相互作用，进行物质和能量交换的任一自然地域，其完整的组成部分包括生产者、消费者、分解者、非生物环境4类。生产者以林木为主体，还包括其他绿色植物和能进行光合作用或化能合成的细菌；消费者指生活于森林中的各种动物；分解者指森林中的细菌、真菌等微生物；非生物环境指光、热、水、土、大气及死有机质残体。

③城市环境

是指影响城市人类活动的各种自然的或人工的外部条件，包括城市自然环境、城市人工环境、城市社会环境、城市经济环境和城市景观环境。城市自然环境是构成城市环境的基础，它为城市这一物质实体提供了一定的空间区域，是城市赖以存在的地域条件。城市人工环境是实现城市各种功能所必须的物质基础设施。城市社会环境体现了城市这一区别于乡村及其他聚居形式的人类聚居区域在满足人类在城市中各类活动方面所提供的的条件。城市经济环境是城市生产功能的集中体现，反映了城市经济发展的条件和潜势。城市景观环境则是城市形象、城市气质和韵味的外在表现与反应。

④城市环境质量

是指城市环境的总体或某些要素对人群的生存和繁衍以及社会经济发展的适宜程度，是反映人类的具体要求而形成的对环境评定的一种概念。它包括城市环境的综合质量和各种环境要素的质量，如大气环境质量、水环境质量、土壤环境质量、生物环境质量、生产环境质量、文化环境质量等。用环境质量的好坏来表征环境遭受污染的程度，一个区域的环境质量，是人们制定开发资源、发展经济和控制污染，保护环境具体计划和措施的主要依据。

（2）森林生态理论

①生物多样性

指生命有机体及其赖以生存的生态综合体的多样化和变异性，一般包括遗传多样性、物种多样性、生态系统多样性与景观多样性。在城市化的过程中，自然生态系统不断受到人为干扰和破坏，为适应这种发展趋势维持城市化地区环境的可持续发展，建设城市森林是一条有效途径。

在森林城市建设过程中，从整个城市地域的角度着手，把城市的建成区、近郊区和远郊区作为一个有机的整体，进行全面规划、合理布局，大力保护和发展自然和近自然林模式，提高城市森林生态系统的多样性和稳定性，将全面改善城市的整体生态环境，促进城市生物多样性保护。

②近自然森林经营

研究表明森林越是接近自然，各树种间的关系就越和谐，对立地条件也就更加适应，其生物量和生态效益都将达到更高水平。而且"近自然"森林不仅符合当代城市居民"反璞归真、回归自然的意愿和追求，还具有造价低，生物多样性丰富，结构完整，后期管理成本低等特点。尤其在生态公益林和森林生态景观建设与经营中遵循森林植被的自然演替规律，选择乡土树种，以培育与当地地带性自然植被类型相接近的森林景观类型为目标，通过人工种植和自然生长相结合的方式，培育出乔、灌、藤、草相结合，接近原生态的森林生物群落。

在森林城市建设过程中，遵循森林植被的自然演替规律，强化乡土树种及地带性植被景观的建设，构建稳定的生态系统，维护区域的生物多样性安全；更多地倾向于建设（或保护）一个接近自然状态的景观和环境，减少城市化对自然环境的伤害，拉近城市人群与"自然"的地理距离和心理距离。

（3）城市生态理论

城市生态系统是城市居民与周围生物和非生物环境相互作用而形成的一类具有一定功能的网络结构，也是人类在改造和适应自然环境的基础上建立起来的特殊的人工生态系统，由自然系统、经济系统和社会系统复合而成。自然生态系统包括城市居民赖以生存的基本物质环境，如能源、淡水、土地、植物、微生物、阳光、空气等；经济系统包括生产、分配、流通和消费各个环节；社会系统主要表现为人与人之间、个体与集体之间以及集体与集体之间的相互关系。

城市生态系统有四个特点。一是人类起主导作用，人类活动对城市生态系统的发展起着重要的支配作用，具有一定的可塑性和调控性；二是物质和能量流通量大、运转快、高度开放，这种高度的开放性导致对其他生态系统具有高度的依赖性和强烈的干扰性；三是不完整性，其稳定性差、自动调节能力弱，容易出现环境污染问题；四是脆弱性，城市生态系统中需求的大部分能量和物质，都需要从农田、森林、草原、湖泊、海洋等生态系统中人为地输入，同时，大量废物不能在本系统内分解和再利用，必须输送到其他生态系统中，否则最终将影响到城市自身的生存和发展。

（4）景观生态理论

①景观生态学

以整个景观为对象，通过物质流、能量流、信息流与价值流的传输和交换，生物与非生物以及人类之间的相互作用与转化，运用生态系统原理认识和了解景观的结构、功能以及动态变化规律，为景观生态规划提供理论依据。景观生态学研究表明，景观的稳定性是相对的，变化是绝对的，无论是量变、渐变还是质变、突变，景观始终都处于一个动态的过程中，这就要求在景观生态规划中，必须始终把握好景观动态变化的特征和规律，注重生态合理性与实效性的协调与统一，做到既不是盲目的、无条件地遵循自然规律（环境决定论），也不是以人类活动和需求为中心违背自然规律（人类决定论），而是相对符合自然规律来满足人类生存的长远利益。

在森林城市建设规划中，利用景观生态学理论，要建设以"绿色"为底的广大森林基质，这种基质必须是生态的，其森林生态系统功能稳定；同时是经济的，能够有一定量的经济产出；是文化的，具有文化美学和休闲价值。实现生态林、产业林和文化林三林合一。在廊道建设上要实现三网合一，使各廊道间在生态信息、文化信息互通。同时，大力发展诸如以产业为主的产业园，以生态为主的保护区（点），以文化为主的各类休闲绿地、公共绿地，加大这些斑块的文化内涵建设。

②城市森林景观

分为城市森林斑块、城市森林廊道和城市森林本底。城市森林斑块指城市环境的各类片林、公园、街头绿地等树木构成的片状景观，是城市森林景观的最主要成分；城市森林廊道指沿着各类道路、河流、渠道的林带，长条状的公园、绿地，如环城公园、环城林带等；城市森林本底是指城市森林以背景形式出现，当林木覆盖率超过50%时，城市森林成为整个景观的背景。

在森林城市建设规划中，通过对城市森林景观格局的分析，了解城市森林在整个城市地域范围内的分布情况，与城市气候、污染、建筑区布局等结合起来进行复合分析，为合理布局城市森林生态体系提供理论依据。规划要满足主要生态过程正常运行的最低需要，实行大斑块绿地为主体，近自然的宽绿带为联系的生态廊道相连接的城市森林空间布局体系，充分发挥城市森林的生态功能。

4.1.2 政策指导

党的十八大以来，以习近平同志为核心的党中央高度重视社会主义生态文明建设，坚持把生态文明建设作为统筹推进"五位一体"总体布局和协调推进"四个全面"战略布局的重要内容，坚持节约资源和保护环境的基本国策，坚持绿色发展，把生态文明建设融入经济建设、政治建设、文化建设、社会建设各方面和全过程，加大生态环境保护建设力度，推动生态文明建设在重点突破中实现整体推进。本书按照时间顺序，对森林城市生态建设的相关文件进行梳理汇总，以期更进一步的指导城市森林生态体系规划与建设。

国家林业局《关于着力开展森林城市建设的指导意见》指出："认真落实习近平总书记关于着力开展森林城市建设的重要指示，牢固树立创新、协调、绿色、开放、共享的发展理念，以改善城乡生态环境、增进居民生态福利为主要目标，以大地植绿、心中播绿为重点任务，构建完备的城市森林生态系统，打造便利的森林服务设施，建设繁荣的生态文化，传播先进的生态理念，为全面建成小康社会、建设生态文明和美丽中国作出贡献。"

全国绿化委员会 国家林业和草原局《关于积极推进大规模国土绿化行动的意见》指出："深入贯彻落实党的十九大精神，以习近平新时代中国特色社会主义思想特别是习近平生态文明思想为指导，紧紧围绕统筹推进'五位一体'总体布局和协调推进'四个全面'战略布局，认真践行绿水青山就是金山银山理念，以建设美丽中国为总目标，以满足人民美好生态需求为总任务，以维护森林草原生态安全为基本目标，以增绿增质增效为主攻方向，统筹山水林田湖草系统治理，依靠创新驱动，依靠人民群众，依靠法治保障，多途径、多方式增加绿色资源总量，着力解决国土绿化发展不平衡不充分问题，构建科学合理的国土绿化事业发展格局。主要任务：推进大规模国土绿化，大面积增加生态资源总量，持续加大以林草植被为主体的生态系统修复，有效拓展生态空间；大幅度提升生态资源质量，着力提升生态服务功能和林地、草原生产力，提供更多优质生态产品；下大力气保护好现有生态资源，全面加强森林、草原、湿地、荒漠生态系统保护，夯实绿色本底，筑牢生态屏障。"

国家林业和草原局《乡村绿化美化行动方案》指出："全面贯彻党的十九大精神，以习近平新时代中国特色社会主义思想为指导，牢固树立新发展理念，落实高质量发展要求，紧紧围绕统筹推进'五位一体'总体布局和协调推进'四个全面'战略布局，按照产业兴旺、生态宜居、乡风文明、治理有效、生活富裕总要求，坚持以人民为中心，以改善乡村人居环境为目标，全面保护乡村绿化成果，持续增加乡村绿化总量，着力提升乡村绿化美化质量，促进绿水青山转化为金山银山，努力建设'村美、业兴、家富、人和'的生态宜居美丽乡村。"

中共中央办公厅 国务院办公厅《关于建立国土空间规划体系并监督实施的若干意见》指出："坚持生态优先、绿色发展，尊重自然规律、经济规律、社会规律和城乡发展规律，因地制宜开展规划编制工作；坚持节约优先、保护优先、自然恢复为主的方针，在资源环境承载能力和国土空间开发适宜性评价的基础上，科学有序统筹布局生态、农业、城镇等功能空间，划定生态保护红线、永久基本农田、城镇开发边界等空间管控边界以及各类海域保护线，强化底线约束，为可持续发展预留空间。坚持山水林田湖草生命共同体理念，加强生态环境分区管治，量水而行，保护生态屏障，构建生态廊道和生态网络，推进生态系统保护和修复，依法开展环境影响评价。坚持陆海统筹、区域协调、城乡融合，优化国土空间结构和布局，统筹地上地下空间综合利用，着力完善交通、水利等基础设施和公共服务设施，延续历史文脉，加强风貌管控，突出地域特色。坚持上下结合、社会协同，完善公众参与制度，发挥不同领域专家的作用。运用城市设计、乡村营造、大数据等手段，改进规划方法，提高规划编制水平。"

中共中央办公厅 国务院办公厅《关于建立以国家公园为主体的自然保护地体系的指导意见》指出："以习近平新时代中国特色社会主义思想为指导，全面贯彻党的十九大和十九届二中、三中全会精神，贯彻落实习近平生态文明思想，认真落实党中央、国务院决策部署，紧紧围绕'五位一体'总体布局和协调推进'四个全面'战略布局，牢固树立新发展理念，以保护自然、服务人民、永续发展为目标，加强顶层设计，理顺管理体制，创新运行机制，强化监督管理，完善政策支撑，建立分类科学、布局合理、保护有力、管理有效的以国家公园为主体的自然保护地体系，确保重要自然生态系统、自然遗迹、自然景观和生物多样性得到系统性保护，提升生态产品供给能力，维护国家生态安全，为建设美丽中国、实现中华民族永续发展提供生态支撑。"

中共中央办公厅 国务院办公厅印发《关于构建现代环境治理体系的指导意见》（2020年3月3日）指出："以习近平新时代中国特色社会主义思想为指导，全面贯彻党的十九大和十九届二中、三中、四中全会精神，深入贯彻习近平生态文明思想，紧紧围绕统筹推进'五位一体'总体布局和协调推进'四个全面'战略布局，认真落实党中央、国务院决策部署，牢固树立绿色发展理念，以坚持党的集中统一领导为统领，以强化政府主导作用为关键，以深化企业主体作用为根本，以更好动员社会组织和公众共同参与为支撑，实现政府治理和社会调节、企业自治良性互动，完善体制机制，强化源头治理，形成工作合力，为推动生态环境根本好转、建设生态文明和美丽中国提供有力制度保障。主要目标：到2025年，建立健全环境治理的领导责任体系、企业责任体系、全民行动体系、监管体系、市场体系、信用体系、法律法规政策体系，落实各类主体责任，提高市场主体和公众参与的积极性，形成导向清晰、决策科学、执行有力、激励有效、多元参与、良性互动的环境治理体系。"

4.2 规划思路

森林生态体系规划是建立在森林生态、城市环境和景观生态理论研究的基础上，结合城市现状分析，明确森林生态建设方面的优势、短板和潜力等，之后按照相关政策要求和国家森林城市评价指标，确定森林生态体系规划内容，包括城区森林建设、乡镇村森林建设、生态廊道建设、重点生态工程、生态环境修复、自然保护地建设6项工程，全面准确地建立符合国家政策要求、满足森林城市评价指标，并具有当地特色的森林生态体系。详见图4-1。

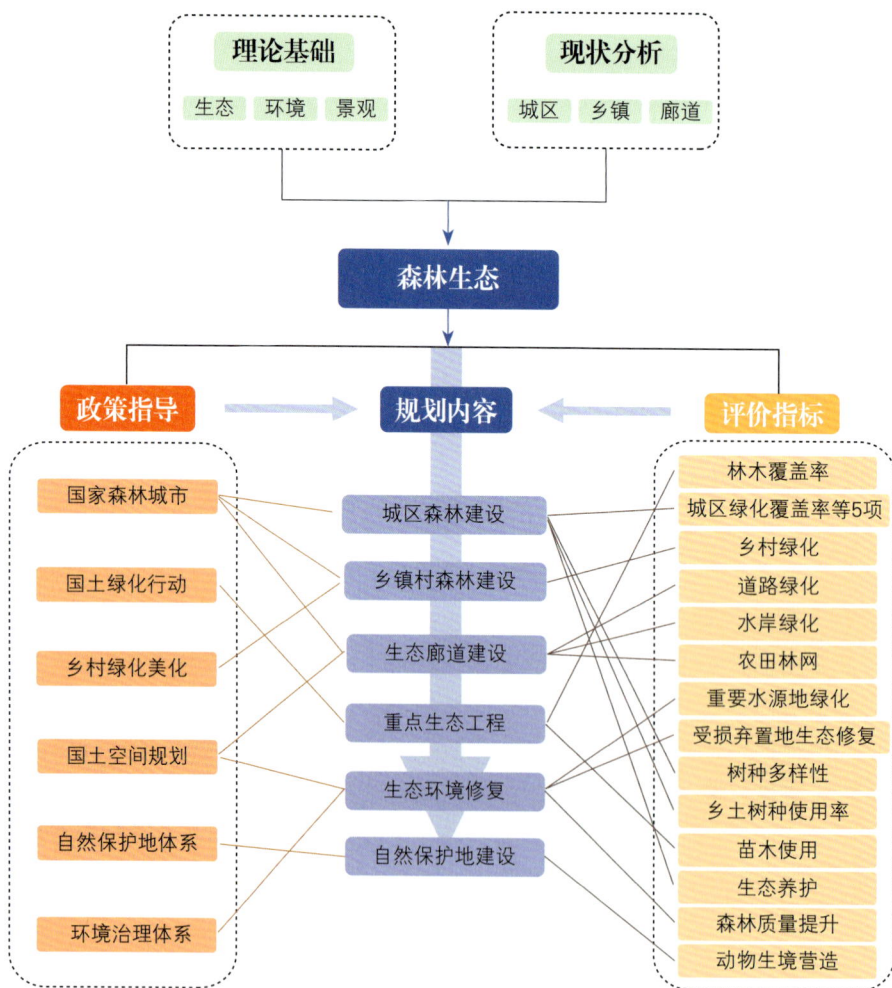

图4-1 森林生态体系规划规划思路图

4.3 规划内容与实例

森林生态体系规划内容一般包括：城区森林建设、乡镇村森林建设、生态廊道建设、重点生态工程建设、生态环境修复、自然保护地建设等。

4.3.1 城区森林建设

城区森林建设是森林城市建设核心内容。城区森林建设以改善城区生态环境质量，提升城区景观，增加市民日常游憩空间，拓展城区生态福利空间为目标，开展城市公园、单位、社区公园、道路、滨河、街头绿地、露天地面停车场等区域的绿化，不断扩大城区绿地面积、提升城市绿量，提升城区绿地生态功能、绿化水平和景观层次，改善城区居民居住环境。

（1）规划内容

1）城区公园

①科学合理地规划城区公园

按居民生活区300m见绿、500m见园的要求，通过新建、改建和扩建等途径，科学合理布局公园，以形成规模适当、功能完善、服务半径配套的城市公园系列，使公园绿地较均匀地分布，为市民提供日常休闲的活动空间和较丰富的休闲活动内容。

②全面提升城区公园绿地景观质量

突出地方特色，充分挖掘地域文化特色，改善公园及其周边的公共设施、市政设施、道路交通设施等，充分发挥公园的景观、休闲、游览功能。

③城区公园绿化材料选择

遵循因地制宜、适地适树的原则，以乡土景观树种为主，适量增加经过驯化的外来物种和珍贵、长寿命树种，尽量避免使用高成本、高耗水型的植物材料，以形成多树种、多色彩、多层次的景观。

2）微森林绿地

①社区绿化

按照城市绿地建设相关标准，实施规划建绿和见缝插绿相结合，充分利用居住区和单位建筑周围边角地、道路两旁空地、宅旁、宅间空地，设置小游园、绿带、绿岛等，提高绿地率，并配备必要的基础设施，供居民休闲、运动、交流。同时，可结合开展森林社区、森林学校、森林机关等建设活动，推进绿化建设。

②街头绿地

充分挖掘城区建筑、街道、社区之间的绿化用地潜力，结合旧城改造和拆违等工程置换绿化用地。在重要场所、道路交叉口、标志性景观、重要建筑等区域营造与周边小区文化相适宜的街头绿地，种植乔木、花灌木，林下可种植草本地被植物，开辟游步道和小型铺装场地，并配置相应的活动设施、小型器械等基础设施，以便于市民日常游憩之用，提高绿地的使用率和可达性。

3）林荫道路

①在进行城区内快速路、主、次干道的绿化、彩化、亮化和景观改造提升时，主干道路两侧各建设一定宽度的绿化带，重点地段适当提高绿化标准，打造景观大道；次干道路两侧可采取乔-灌或乔-草结合，增加道路景观；居住区街道应营造绿树成荫、鸟语花香的居住环境，选择枝叶繁茂浓密的树种，适当配置各种花乔灌木。

②在城市道路绿化时，应注意在城市快速路沿车站、港区等大型公共建筑物或沿水面或滨海岸，保持20～50m的绿化距离；在通过名胜古迹、风景区的城市快速路，应保护原有自然状态和重要历史文化遗址，保持不小于20m的景观距离；靠近居住区的快速路应建设不小于30m的防护林带；靠近山体的快速路，要对山体一面坡进行景观打造。

③行道树宜选择深根性、分枝点高、冠大荫浓、生长健壮、适应城市道路环境条件，且落果对行人不会造成危害的树种；花灌木应选择花繁叶茂、花期长、生长健壮和便于管理的树种。

4）绿荫停车场

按照《国家森林城市评价指标》（GB/T 37342–2019）城区新建地面停车场的乔木树冠覆盖率达30%以上的绿化标准。绿荫停车场树种以冠大荫浓、深根性、分枝点高兼具较强的抗风、抗污染、抗高温干旱胁迫的落叶、高大的乡土乔木树种为主，同时，在林下可适量配植花灌木。有条件的区域可建设采取铺设嵌草地砖与高大乔木相结合的方式营建生态停车场。

5）垂直绿化

垂直绿化作为城市绿化的重要形式，是城市绿化的有效补充，在提高城市绿化覆盖率、拓展城市绿色空间、美化生态景观、改善气候环境、增强生态服务功能以及缓解城市热岛效应等方面具有重要作用。选择爬山虎、五叶地锦、凌霄等适于垂直绿化的植物材料，在适宜垂直绿化的建筑屋顶、墙体、高架桥桥体等建筑物、道路护栏、构筑物等实施垂直绿化。

6）生态隔离林带

结合城市布局结构、污染类型，在矿区、工业区、开发区与生活区各组团内部及组团间，坚持宜宽则宽、宜窄则窄的原则，选择具有抗污吸毒、滞尘降噪等功能的树种，采用乔灌草合理搭配，常绿与落叶、针叶与阔叶搭配的方式营造不同宽度的生态隔离林带。

（2）实例应用

平凉位于甘肃省东部，六盘山东麓，泾河上游，为陕甘宁交汇几何中心"金三角"，是关中平原城市群重要节点城市。平凉市近年来依托经济快速发展，绿地建设紧跟城市空间拓展步伐，发挥了城市建设的先导作用，引领城市环境景观水平整体提升。森林城市总体规划从中心城区和县城两个层次提出了城区绿化建设思路和目标，确定了建设生态型、亲水性、文化型的城市公共绿地体系。

实例：甘肃省平凉市国家森林城市建设总体规划（2017—2026年）
——城区绿化建设

一、中心城区

（一）建设思路

围绕中心城区"两山多沟一河"的生态基底，按照"山城一体，水带城动，林在城内，山水林城融合"的布局思路，打造"两山为屏、泾河为轴、林水交织、公园棋布"的森林城市建设布局，形成生态型、亲水性、文化型的城市公共绿地体系，充分发挥生态功能，提升居民生活品质。

（二）建设目标

达标期目标：实现中心城区各类绿地面积1922.90hm²，其中，公园绿地总面积490.50hm²；城区绿化覆盖率达到40.03%，绿地率36.80%，人均公园绿地面积达到11.68m²；

巩固期目标：实现中心城区各类绿地面积2197.89hm²，其中，公园绿地总面积632.11hm²，城区绿化覆盖率达到41.50%，绿地率39.42%，人均公园绿地面积达到13.03m²。

提升期目标：实现中心城区各类绿地面积2584.27hm²，其中，公园绿地总面积794.77hm²，城区绿化覆盖率达到42.39%，绿地率40.89%，人均公园绿地面积达到14.45m²（详见例表4-1）。

例表4-1　平凉市中心城区绿地规划指标表

序号	类别名称	现状	达标期目标	巩固期目标	提升期目标
1	公园绿地（hm²）	330.50	490.50	632.11	794.77
2	生产绿地（hm²）	182.98	212.40	246.70	329.68
3	防护绿地（hm²）	444.06	591.90	683.97	793.00
4	附属绿地（hm²）	465.54	628.10	635.11	666.82
5	总面积（hm²）	1423.08	1922.90	2197.89	2584.27
6	人均公园绿地面积（m²/人）	9.70	11.68	13.03	14.45
7	绿地率（%）	32.20	36.80	39.42	40.89
8	绿化覆盖率（%）	35.10	40.03	41.50	42.39

（三）建设内容

1）公园绿地

结合中心城区功能定位和公共绿地现状，改造提升南山公园、柳湖公园、宝塔公园等，新建虎山公园、城墙遗址公园、龙隐寺公园等，确保市民出行500m范围内有公园绿地，满足居民生态需求。重点建设内容有如下，详见例表4-2。

①泾河公园

根据泾河湿地景观现状，采取分区建设和分段建设的方式，改造提升湿地植物景观，实施驳岸生态化改造工程；建设泾河大道、泾河北路带状公园，合理分配岸线使用功能，为居民提供丰富的亲水空间。

②南山公园

扩建南山公园，总面积达34.99hm²。规划在原有公园绿地的基础上向西扩建至郑家沟，以运动、休闲为主题，打造奥运五环板块、丝绸飘带景观、赵时春纪念馆；建设乡土植物园，开展科普教育活动；完善圆通寺景区建设，提升公园基础服务设施；体现平凉市独特的文化内涵，增添城市地标性新景观。

③虎山公园

规划西起虎山沟，东至梨花沟，南起泾河北路，北至白庙塬边，总面积142.66hm²。通过实施面山综合治理工程，示范建设山地生态公园。以人文、生态为核心，整合休闲、娱乐、运动、科普于一体，提供舒适、开放、便捷、多样化的场所与设施。结合公园功能分区，采用不同的植物配置方式，突出"山上游"和"山下看"两方面植物景观，打造特色植物季相景观。同时，注重布设自然解说系统，针对场地内的地质、地貌、自然植被，开展科普教育活动，传播生态文化。

④崆峒大道带状公园

以崆峒文化为引领，设计园林小品和景观雕塑，打造具有城市文化特色的道路景观带。根据道路沿线周边环境，因地制宜建设道路绿带，突出表现城市出入口、重要交通节点景观，形成高标准的城市林荫道。

例表4-2　平凉市中心城区公园绿地规划表

序号	公园类别	绿地名称	绿化面积（hm²）	达标期目标（hm²）	巩固期新建（hm²）	提升期新建（hm²）
1		泾河公园	59.79	33.80	25.99	—
2		南山公园	34.99	34.99	—	—
3		虎山公园	142.66	20.56	11.74	110.36
4		柳湖公园	13.47	13.47	—	—
5	综合公园	宝塔公园	10.71	10.71	—	—
6		城墙遗址公园	5.51	5.51	—	—
7		龙隐寺公园	29.70	29.70	—	—
8		天门公园	19.77	19.77	—	—
9		天馨公园	10.80	—	10.80	—
10		崆峒文化公园	13.60	13.60	—	—
11	专类公园	旅游文化公园	28.13	28.13	—	—
12		体育公园	9.35	9.35	—	—
13	带状公园	儿童公园	4.42	4.42	—	—
14		泾河北路带状公园	55.31	19.60	35.71	—

序号	公园类别	绿地名称	绿化面积（hm²）	达标期目标（hm²）	巩固期新建（hm²）	提升期新建（hm²）
15		崆峒大道带状公园	61.81	26.84	14.41	20.56
16		白石沟带状公园	13.37	2.79	10.58	—
17		野猫沟带状公园	6.10	6.10	—	—
18		鸭儿沟带状公园	10.39	10.39	—	—
19		纸坊沟带状公园	7.81	7.81	—	—
20		甘沟带状公园	7.17	7.17	—	—
21		羊渠沟带状公园	8.61	8.61	—	—
22		水桥沟带状公园	9.41	9.41	—	—
23		大岔河带状公园	8.50	8.50	—	—
24		吴老沟带状公园	3.13	1.56	1.57	—
25		甲积峪沟带状公园	5.95	5.95	—	—
26		四十里铺河带状公园	2.68	2.68	—	—
27		庙沟带状公园	5.98	3.65	2.33	—
28		官庄带状公园	7.31	0.00	7.31	—
29		蒋家沟带状公园	15.97	6.74	—	9.23
30	带状公园	政府路带状公园	2.52	2.14	0.38	—
31		东西大道带状公园	2.62	1.35	1.27	—
32		东一路带状公园	3.24	3.24	—	—
33		南北路带状公园	4.17	4.17	—	—
34		东环路带状公园	10.31	10.31	—	—
35		丰收路带状公园	2.73	2.73	—	—
36		南环路带状公园	12.74	8.42	4.32	—
37		纵三路带状公园	2.35	2.35	—	—
38		电厂西路带状公园	7.32	4.85	2.47	—
39		城南路带状公园	0.68	0.68	—	—
40		永康路带状公园	3.66	3.66	—	—
41		北城路带状公园	0.87	—	0.87	—
42		天源路带状公园	9.57	3.64	—	5.93
43		华明路带状公园	2.15	2.15	—	—
44		新宝路带状公园	0.42	—	0.42	—
45		东西路带状公园	2.94	2.94	—	—
46		宝丰路带状公园	1.50	1.50	—	—

序号	公园类别	绿地名称	绿化面积（hm²）	达标期目标（hm²）	巩固期新建（hm²）	提升期新建（hm²）
47		社区公园27个	53.46	29.16	7.72	16.58
48		街旁绿地48处	59.12	55.40	3.72	—
		总计	794.77	490.50	141.61	162.66

2）生产绿地

规划在铁路、高速路北侧新建大型生产绿地2处，总面积329.68hm²。新规划生产绿地应改善目前苗木共存的品种单一的现状，并在作为苗木生产基地的同时，注重发挥其科研优势，引种驯化、培育适于本地生长的植物品种。详见例表4-3。

例表4-3　平凉市中心城区生产绿地规划表

序号	绿地名称	绿化面积（hm²）	达标期新建（hm²）	巩固期新建（hm²）	提升期新建（hm²）
1	崆峒区园林局苗圃	5.33	—	—	—
2	新蕊公司苗圃	2.00	—	—	—
3	林果中心苗圃	10.00	—	—	—
4	新世纪苗圃	10.00	—	—	—
5	惠民公司苗圃	93.34	—	—	—
6	四十里铺苗圃	39.91	—	—	—
7	北大路以北苗圃	13.00	—	—	—
8	天门塬苗圃	9.40	—	—	—
9	铁路北侧生产绿地	34.30	—	34.30	—
10	高速北侧生产绿地	112.40	29.42	—	82.98
	总计	329.68	212.40	34.30	82.98

3）防护绿地

加强中心城区道路防护绿地和卫生防护隔离绿带建设，规划防护绿地总面积793.0hm²。其中青兰高速公路两侧建设40m宽防护绿带；宝中铁路在城市中心区两侧各控制不小于70m宽的防护绿带，其他地区两侧各控制不小于30m宽的防护绿带；根据工业区对环境污染的程度和范围来确定其绿化宽度，其中一类工业用地的防护林带宽度不小于25m，二类工业用地的防护用地宽度不小于30m，三类工业用地的防护用地宽度不小于50m。在部分居住区周围的供应设施用地或环境卫生设施用地外围应建立宽度20～30m的防护绿地。详见例表4-4。

例表4-4　平凉市中心城区防护绿地规划表

序号	绿地名称	绿化面积（hm²）	达标期新建（hm²）	巩固期新建（hm²）	提升期新建（hm²）
1	道路防护绿地	332.10	256.80	22.59	52.71
2	铁路防护绿地	324.40	234.00	34.08	56.32
3	卫生防护绿地	136.50	101.10	35.40	—
	总计	793.00	591.90	92.07	109.03

4）附属绿地

规划附属绿地666.82hm²。

居住区附属绿地，中心城区内居住用地新区绿地率不低于30%、旧区改造居住用地绿地率不低于25%。附属绿地以植物造景为主，绿化面积不小于70%。植物应加强高大乔木的运用，乔灌草相互结合，同时，积极发展垂直绿化、屋顶绿化等立体绿化形式，形成居住区绿化特色。规划达标期，每年创建40个市级园林单位小区，绿化面积达到48hm²。

公共设施附属绿地，结合园林化单位创建活动，加强单位附属绿地建设。单位附属绿地力求开敞，与周围的社会环境紧密结合，尽可能与周围的街道绿化或街头游园融为一体。机关单位、文化娱乐、体育、医疗卫生、教育、科研设计用地绿地率不低于30%。规划达标期，创建10个市级园林单位，绿化面积达到6hm²。新建停车场乔木树冠覆盖率30%。

工业用地和仓储用地附属绿地，原则上工业用地和仓储用地绿地集中于外围作为独立的生态防护绿地，地块内部绿地率控制在20%以内。

道路附属绿地，根据《城市道路绿化规划与设计规范》（CJJ 75-97）要求确定道路绿化率，要求道路绿化普及率达到90%以上，街道的树冠覆盖率达到60%以上。完成柳湖路（双桥路—东环路）、定北路（西侧柳湖路—临泾路，东侧崆峒大道—柳湖路段）、广成路（东西大街—泾河大道）、南环路（南侧西城路—甘沟路）、备战桥南北匝道、广成路西侧（泾滩路—柳湖路）、柳湖路（定北路—干沟桥）、南环路北侧（报社巷—聚贤佳苑）、圆通寺路、西郊文化广场和兴北路街巷总长20km，面积10hm²的绿化改造提升；绿化东环路（崆峒大道—泾河大道）、纵三路（平沿路—龙隐路）、高速公路（二十里铺—韩家沟）43.2km，绿化面积207.3hm²；绿化崆峒大道（韩家沟—小岔河）、泾河大道（八里桥—东环路）、平沿路（鸭儿沟—聚仙桥）景观绿带，总长30km，绿化面积28.7hm²。

二、县城

（一）建设思路

依托各县山水脉络特色风光，建设县城绿色福利空间，让城市融入大自然，让居民望得到山、看得见水、记得住乡愁，具体建设思路如下：

东部川塬区：包括泾川、灵台、崇信三县，城区山塬众多，河流穿过，呈典型的黄土高原沟壑地貌。规划依托城区山水格局，建设山体生态公园、河流滨水绿地，实施山体、湿地生态综合治理工程，形成生态型、亲水型的公共绿地体系。

中部山地区：指华亭县，城区山水资源丰富，植被条件良好，区域降水量大，气候凉爽，适合发展养生旅游。规划充分利用现有山水格局，顺应自然，融合自然。按照关山地区森林植被演替规律，营造水源涵养林，保护城区自然生态环境，加强绿心建设，并将生态建设与森林旅游、养生旅游相结合，促进林业产业发展。

西部梁峁区：包括庄浪、静宁两县，城区呈广泛单一的梁峁沟壑地貌，具有黄土高原特色梯田景观。规划结合梯田建设，塑造大地景观，传承黄土高原广大劳动人民艰苦奋斗的精神；借助红色历史遗迹，建设红色文化主题公园；开展黄土高原特色梯田活动，增加城市活力。

（二）建设目标

大力推进"身边增绿"工程，增加绿地面积，特别是公园绿地的面积。规划达标期各县城区绿化覆盖率达到40%，人均公园绿地面积达到11m²以上；巩固期对绿地加强维护管理，确保绿化覆盖率稳步增长；提升期对绿地质量进行改造提升，达到最佳的生态效益和社会效益。详见例表4-5。

例表4-5　各县城区绿化建设规划表

各县	建设期限	建成区面积（hm²）	建成区人口（万人）	城区绿地面积（hm²）	绿化覆盖率（%）	公园绿地面积（hm²）	人均公园绿地面积（m²/人）
泾川县	现状	720	9.42	228.26	35.58	86.99	9.23
	达标期	850	12	304.26	40.10	162.99	13.58
	巩固期	950	13.5	357.20	40.60	167.99	12.44
	提升期	1050	15	396.74	41.08	172.77	11.52
灵台县	现状	460	4.93	156.54	36.13	40.00	8.11
	达标期	565	5.2	204.30	40.16	74.00	14.23
	巩固期	672.5	5.6	249.16	40.05	79.21	14.14
	提升期	780	6	284.70	40.00	83.51	13.92
崇信县	现状	605	3.6	228.80	38.92	31.8	8.83
	达标期	650	4.5	247.47	41.37	50.47	11.22
	巩固期	685	5.25	262.49	41.32	60.52	11.53
	提升期	720	6	273.67	41.31	76.67	12.78
华亭县	现状	1178	10.2	410.23	38.12	96.4	9.45
	达标期	1325	11	500.22	40.55	186.39	16.94
	巩固期	1432.5	12	538.05	40.56	224.12	18.68
	提升期	1540	13	563.37	40.58	249.54	19.20

各县	建设期限	建成区面积（hm²）	建成区人口（万人）	城区绿地面积（hm²）	绿化覆盖率（%）	公园绿地面积（hm²）	人均公园绿地面积（m²/人）
庄浪县	现状	1250	9.5	335.60	32.16	78.7	8.28
	达标期	1450	12.5	514.00	40.20	145	11.60
	巩固期	1709	14.25	671.98	42.32	157.84	11.08
	提升期	1968	16	777.10	45.30	188.8	11.80
静宁县	现状	1000	9.8	288.04	34.96	85.47	7.96
	达标期	1355	11.8	482.00	40.00	134.88	11.43
	巩固期	1531	13.4	567.24	40.05	150.49	11.23
	提升期	1707	15	642.30	40.20	172.35	11.49

（三）建设内容

1）泾川县——山环水绕，生态泾川

利用泾川县"泾汭交汇、三山两塬"的自然山水特征，以泾河、汭河滨河绿地为主脉，以连通外围山塬的生态绿地与滨河绿廊为支脉，以各组团公园绿地为节点，构建点线面相互结合的"鱼骨状"绿地系统。结合泾川"大云寺·王母宫大景区"建设，提高城区生态服务能力，带动全域生态旅游发展。重点建设内容如下。

达标期，新增公园绿地面积76hm²，人均公园绿地达到13.58m²。建设中山林公园、泾汭河湿地公园、南山公园。其中：中山林公园，以现有路网为主，局部调整改型，改造铺装公园道路；增加苗木品种，充分利用不同的植物配置造景；移除老化苗木，提升公园植物景观效果。泾汭河湿地公园，依托泾河、汭河交汇处的湿地自然景观和回山森林景观，打造城区湿地公园。通过疏浚河道、营造水系护岸林，增加水域面积、湿地植物面积；设置休闲游憩设施、科普解说标识，宣传泾汭湿地生态文化。南山公园重点提升面山森林植被景观。详见例表4-6。

例表4-6　泾川县公园绿地建设表

序号	公园名称	新建/改造	达标期建设面积（hm²）	巩固期建设面积（hm²）	提升期建设面积（hm²）
1	中山林公园	扩建	23	—	—
2	泾汭河湿地公园	新建	40	—	—
3	南山公园	新建	13	—	—
4	星鼎南山公园	新建	—	3.5	—
5	滨河公园	扩建	—	—	1.18

序号	公园名称	新建/改造	达标期建设面积（hm²）	巩固期建设面积（hm²）	提升期建设面积（hm²）
6	回中广场主题公园	新建	—	—	2.16
7	南滨河景观大道G312线城区段	新建	—	1.5	—
8	国道312线泞河桥头三角地	扩建	—	—	1.44
	小计		76	5	4.78

完成18.71km道路绿化，绿化面积10.91hm²，其中达标期6.55hm²，巩固期2.18hm²，提升期2.18hm²。详见例表4-7。

例表4-7　泾川县县城道路绿化建设表

序号	道路名称	新建/改造	总长（km）	绿化面积（hm²）
1	南环路	新建	0.42	0.17
2	青年路	新建	0.35	0.14
3	新城东路	新建	0.66	0.26
4	文昌西路	新建	0.7	0.28
5	文昌南路	新建	0.2	0.08
6	文昌北路	新建	0.25	0.1
7	泾灵北路	新建	0.35	0.14
8	新城西路	新建	0.7	0.28
9	西环路	新建	0.4	0.06
10	农林路	新建	0.28	0.11
11	南滨河景观大道	新建	14.4	9.3
	小计		18.71	10.91

2）灵台县——城山相依，人文灵台

灵台县城区面积小，人口数量少，城区绿地的核心是北部荆山森林公园。规划充分利用"两河四山"的生态格局，扩展绿色福利空间，重点建设与荆山森林公园相连的高志山森林公园，打造集历史、人文、生态、科普于一体的城区森林公园。梳理灵台县商周历史文化和皇甫谧文化，以文化为特色，依托古密须国遗址、百里森林公园、古灵台、博物馆以及文王画卦山建设主题公园，传承古商周文化和针灸养生文化，展现灵台古老悠久的历史文化。重点建设内容：

达标期，新增公园绿地面积34hm²，人均公园绿地达到14.23m²。扩建荆山森林公园、建设北山公园和台地公园。其中：荆山森林公园扩建，依托现有基础扩大发展周边"三山两沟"，形成以人文景观和自然景观相结合的城区大型森林公园。加强高志山、苍山植被的恢复和保护，结合人文、历史等景点布置绿化区域；修筑游览道路，设置沿路休息眺望平台，点缀园林小品，建成风格古朴、历史与文化气息浓郁的森林景区。详见例表4-8。

例表4-8　灵台县公园绿地建设表

序号	公园名称	新建/改造	达标期建设面积（hm²）	巩固期建设面积（hm²）	提升期建设面积（hm²）
1	荆山森林公园	改造	4	—	—
2	北山公园	新建	10	—	—
3	台地公园	新建	20	—	—
4	石塘路公园	新建	—	—	4.30
5	达溪河带状公园	新建	—	5.21	—
	小计		34	5.21	4.30

完成6.47km道路绿化，绿化面积3.67hm²，其中达标期2.20hm²，巩固期1.47hm²。详见例表4-9。

例表4-9　灵台县县城道路绿化建设表

序号	道路名称	新建/改造	总长（km）	绿化面积（hm²）
1	西城区滨河北路西段	新建	0.27	1.36
2	城区滨河南路中段	新建	0.28	0.16
3	蒲河东路南段绿化	新建	0.78	0.64
4	东沟东路绿化	新建	0.19	0.06
5	滨河南路西段绿化	新建	0.17	0.2
6	规划北四路	新建	0.39	0.11
7	规划西一路	新建	0.22	0.05
8	规划东二路	新建	0.12	0.03
9	规划北三路	新建	0.2	0.04
10	规划北二路	新建	0.2	0.04
11	西街路	新建	0.6	0.18
12	发展大道西段	新建	0.36	0.1
13	滨河南路东段	新建	1.3	0.23
14	城区绿化补植	改造	0.95	0.16
15	规划北一路	新建	0.44	0.31
	小计		6.47	3.67

3）崇信县——水润崇信，养生龙泉

崇信县北部有凤翥山、南部有锦屏山，汭河从中间穿城而过，是典型的"两山一河"城区生态结构。规划加强城市与山、水之间的联系，构建凤翥山、锦屏山绿色生态屏障，提升汭河滨水景观带，新建贯通南北的五条跨河道路形成的绿色廊道。依托龙泉寺景区，扩大发展养生旅游产业。重点建设内容如下。

达标期，新增公园绿地面积18.67hm²，人均公园绿地达到11.22m²。建设汭河湿地公园和北入口生态公园。其中，汭河湿地公园，对汭河流域排污口进行截污整治，对河道污染底泥进行清理，整治河道湿地，改善部分水源地周边环境。沿汭河河道两岸栽植护岸林，护岸林成梯形，顶部修建休闲步道、健身设施，增加绿地生态服务功能。北入口生态公园按照城市入口标志景观打造。详见例表4-10。

例表4-10　崇信县公园绿地建设表

序号	公园名称	新建/改造	达标期建设面积（hm²）	巩固期建设面积（hm²）	提升期建设面积（hm²）
1	汭河湿地公园	改造	6.67	—	—
2	北入口生态公园	新建	12	—	—
3	仙居公园	新建	—	10.05	—
4	南河沿带状公园	新建	—	—	10.67
5	龙泉二路带状公园	新建	—	—	5.48
	小计		18.67	10.05	16.15

完成9.15km道路绿化，绿化面积66.41hm²，其中达标期39.85hm²，巩固期13.28hm²，提升期13.28hm²。详见例表4-11。

例表4-11　崇信县县城道路绿化建设表

序号	道路名称	新建/改造	总长（km）	绿化面积（hm²）
1	新西街	改造	4.45	0.17
2	双拥路	新建	0.78	0.85
3	龙泉一路东段	新建	1.13	52.73
4	龙泉二路	新建	1.4	3.99
5	龙泉一路西段	新建	1.4	8.67
	小计		9.15	66.41

4）华亭县——山水华亭，绿色转型

华亭三面环山，汭河穿越而过，城周有多处生态公园，如米家沟、双凤山、雷神山、皇甫山、仙姑山等，在保证生态需求的前提下，规划充分运用景观营造手法，打造"一山一景"特色。实施矿坑修复工程，建设公园绿地、广场绿地，并保留部分工业遗迹，体现公园特色，传播工业城市绿色转型的生态文化。同时与县城周边安口镇、东华镇、西华镇联动发展，根据各乡镇特点发展林业产业，建设乡村生态旅游，促进华亭全面绿色转型。重点建设内容如下。

达标期，新增公园绿地面积89.99hm^2，人均公园绿地达到16.94m^2。建设黎明川—皇甫山湿地公园、雷神山、唐塔山、仙姑山生态公园。其中，黎明川—皇甫山湿地公园主要恢复皇甫山湿地，建设湿地生态净化系统，延续场地工业遗迹特征，打造集休闲游憩、养生旅游、科普宣教于一体的城市湿地公园，满足城市居民和游客休闲需要，同时兼具区域雨洪滞蓄生态功能和湿地文化展示功能。雷神山、唐塔山、仙姑山生态公园按照面山风景林打造"一山一景"的景观特色。详见例表4-12。

例表4-12　华亭县公园绿地建设表

序号	公园名称	新建/改造	达标期建设面积（hm^2）	巩固期建设面积（hm^2）	提升期建设面积（hm^2）
1	黎明川—皇甫山湿地公园	新建	33.33	—	—
2	雷神山生态公园	新建	33.33	—	—
3	唐塔山生态公园	新建	33.33	—	—
4	仙姑山生态公园	新建	23.33	37.73	—
5	汭河滨水公园	新建	—	—	25.42
6	安口镇红旗山生态公园	新建	33.33	—	100
7	东华镇河北面山公园	新建	20	—	180
	小计		89.99	37.73	25.42

注：黎明川—皇甫山湿地公园、安口镇红旗山生态公园、东华镇河北面山公园不计入城区公园绿地计算。

完成31.91km道路绿化，绿化面积20.54hm^2，其中达标期完成10.70hm^2，巩固期完成9.84hm^2。详见例表4-13。

例表4-13　华亭县县城道路绿化建设表

序号	道路名称	新建/改造	总长（km）	绿化面积（hm^2）
1	汭南大道	续建	3.9	4.9
2	皇甫路	续建	4.8	1.9
3	汭北路	新建	4.6	2.5
4	九龙路	续建	1.1	0.2
5	海龙路	续建	1.1	0.2

（续）

序号	道路名称	新建/改造	总长（km）	绿化面积（hm²）
6	龚阳路	新建	0.4	0.1
7	俞河路	新建	0.6	0.3
8	北环路	新建	2.2	0.6
9	南环西路	新建	3.8	2.2
10	双凤路	新建	2.3	1.3
11	裕民路	新建	0.55	0.99
12	殿湾路	新建	0.66	1.3
13	西环路	新建	2.2	1.7
14	西华南路	新建	0.7	0.41
15	龙眼路	新建	1.8	1.5
16	佛堂路	新建	0.3	0.1
17	电南路	新建	0.9	0.34
	小计		31.91	20.54

5）庄浪县——生态梯田，大美庄浪

庄浪县城区绿化重点是依托紫荆山公园，扩建城区绿心；依托洛河及水上公园，建设生态景观廊道；依托城区道路绿化建设绿色网络，形成点线面相结合的绿地系统。庄浪县遍布梯田，曾被授予"全国梯田化模范县"。规划依托二郎山两侧建成南山公园、二郎山公园、北山公园，表现黄土高原大地景观，并开展特色梯田活动，传承劳动人民艰苦奋斗精神，增加城市活力。重点建设内容如下。

达标期，新增公园绿地面积66.3hm²，人均公园绿地达到11.6m²。扩建紫荆山公园、水上公园，新建北山公园。其中北山公园以梯田景观为特色，建成集历史文化、休闲健身、生态文明展示于一体的综合性城市公园。分区建设梯田果园、梯田花海、梯田森林等景区，集中展示黄土高原"山顶油松沙棘戴帽子，山腰梯田果树挣票子，地边林草绿化穿裙子，沟底坝库刺槐穿靴子"的生态综合治理模式，传承"庄浪精神"并结合传统节日，开展梯田主题活动，如山地果园采摘、梯田马拉松运动等，提升城市知名度，带动周边生态旅游发展。详见例表4-14。

例表4-14　庄浪县公园绿地建设表

序号	公园名称	新建/改造	达标期建设面积（hm²）	巩固期建设面积（hm²）	提升期建设面积（hm²）
1	紫荆山公园	扩建	15.33	—	—

序号	公园名称	新建/改造	达标期建设面积（hm²）	巩固期建设面积（hm²）	提升期建设面积（hm²）
2	水上公园	扩建	16.45	—	—
3	北山公园	新建	16.52	—	—
4	南山公园	新建	18.0	—	—
5	水洛河带状公园	新建	—	12.84	—
6	街旁绿地	新建	—	—	30.96
	小计		66.3	12.84	30.96

完成39.7km道路绿化，绿化面积11.5hm²，其中达标期完成6.9hm²，巩固期完成4.6hm²。详见例表4-15。

例表4-15　庄浪县县城道路绿化建设表

序号	道路名称	新建/改造	总长（km）	绿化面积（hm²）
1	南滨河路	新建	3.6	0.4
2	北滨河路	新建	2.6	1.3
3	新徐路	新建	4.5	1.3
4	东大街	新建	1.5	0.4
5	西大街	新建	1.3	0.4
6	南滨河大道	新建	3.8	1.1
7	北滨河大道	新建	2	0.6
8	长青路	新建	2	0.6
9	其他支巷道	新建	18.4	5.2
	小计		39.7	11.5

6）静宁县——红色静宁，苹果之乡

依托红色文化遗迹，建设主题公园；依托果树经济林产业，开展节事活动，弘扬"平凉金果"文化。充分发挥城区"五山三河"在城市生态建设中的作用，加强城市与山、水要素的联系，完善绿化系统，提高绿量，增加生态服务功能。引进干旱区造林新技术，鼓励城区发展智能滴灌、喷灌，建设蓄水池等节水林业工程，促进生态建设。重点建设内容如下。

达标期，新增公园绿地面积49.41hm²，人均公园绿地11.43m²。改造提升烽台山生态公园、寺山公园、文屏山公园。因地制宜，示范建设节水林业工程，促进城区面山绿化。详见例表4-16。

例表4-16　静宁县公园绿地建设表

序号	公园名称	新建/改造	达标期建设面积（hm²）	巩固期建设面积（hm²）	提升期建设面积（hm²）
1	西岭公园	改造	1.43	—	—
2	烽台山生态公园	改造	29.57	—	—
3	寺山公园	改造	10.61	—	—
4	文屏山公园	改造	7.8	—	—
5	葫芦河带状公园	新建	—	15.61	—
6	南河带状公园	新建	—	—	9.92
7	成纪公园	新建	—	—	2.51
8	街旁绿地	新建	—	—	9.43
	小计		49.41	15.61	21.86

达标期完成3.57km道路绿化，绿化面积5.02hm²。详见例表4-17。

例表4-17　静宁县县城道路绿化建设表

序号	道路名称	新建/改造	总长（km）	绿化面积（hm²）
1	东街路	新建	0.94	0.15
2	沣泰粮油门口	新建	0.1	0.2
3	东环中路	新建	0.17	0.07
4	东关东路及区间路	新建	0.52	0.16
5	阿阳南路	新建	0.5	0.15
6	西街西延道路	新建	0.18	0.15
7	新街西路	新建	0.46	0.14
8	南环西路	新建	0.5	0.3
9	全民健身广场西侧	新建	0.2	3.7
	小计		3.57	5.02

4.3.2　乡镇村森林建设

乡镇村森林建设，是实施乡村振兴战略、推进农村人居环境整治的重要内容，也是建设城乡一体化的森林生态体系的重要部分，事关全面建成小康社会和农村生态文明。开展乡镇村森林建设，全面保护乡村自然生态系统的原真性和完整性，加强乡村原生植被、自然景观、小微湿地和野生动植物保护，实施严格的开发管控制度。因地制宜开展乡村片林、景观通道、庭院绿化、四旁绿化、乡村绿道、休憩公园建设。加强乡村森林抚育、退化林修复，提升乡村生态资源质量，达到农民群众期盼的优美生态环境，建成美丽宜居乡村。

（1）规划内容

1）森林乡镇

我国大部分的乡镇人口数量多、房屋建设密集，落后低端产业集中，整体生态环境较差。规划坚持生态优先、生态与经济双赢和保护与建设并举的绿化方针，通过乡镇街道绿化、休闲公园建设、周边游憩景观片林建设等措施，开展森林乡镇示范，提升乡镇林木绿化率和人均公园绿地面积，改善居民的生产、生活环境。

建设要求因地制宜、突出特色。根据乡镇地理位置、自然禀赋、生态环境状况、产业发展需求等不同情况，因地制宜，因势利导，瞄准绿化突出短板，一乡一策，缺什么补什么，避免发展模式趋同化和建设标准"一刀切"。

2）乡村公园

乡村居民在闲暇之余，常常不由自主地集中到乡村中一些场所纳凉、聊天。乡村公园便是常见的场所之一，它在乡村的居民休憩、文化娱乐和环境美化等方面，起着越来越重要的作用。按照《国家森林城市评价指标》要求，每个乡镇建设休闲公园1处以上，每个村庄建设公共休闲绿地1处以上。

保护优先、留住乡愁。保护乡村地形地貌、水系水体、林草植被等自然生态资源，慎砍树、禁挖山、不填湖、少拆房。注重乡土味道，保护乡情美景，维护自然生态的原真性和完整性，综合提升乡村山水林田湖草自然风貌，突出乡村特色和田园风光。

因地制宜、量力而行。建设根据乡村自然资源特点，可以在村中古树周围建设休闲场地、在戏台周边建设休闲长廊，或村边片林增加游憩设施，满足村民休闲要求即可，不做固定形式和面积要求。

3）乡村道路

乡村道路绿化是道路环境的重要组成部分，它直接形成乡村风貌，为居民日常生活提供生态的视觉客体，并成为乡村文化的重要组成部分。

乡村道路林配置模式有规则式植物配置和自然式植物配置两种，规则式植物配置是指沿道路两侧有规律地布置行道树，成行种植或以某种图案重复有规律的出现；自然式植物配置是指根据地形和环境来模拟自然景色的绿化模式。

4）乡村水岸

传统的乡村水岸林是经过长期的自然淘汰和人为选择共同作用的结果，它具有很强的适生性，充分体现了自然与乡村的有机融合，展示了乡村的乡土风貌，营造了乡村的文化特点。同时，岸边年代久远的古树名木还是当地乡村文化的主要载体。

乡村水岸林建设的主要目的是为了强化生态防护、提升景观质量和促进经济发展。其建设遵循因地制宜、功能需求和生物多样性等原则。根据乡村水岸林主要功能的不同，建设模式分为防护型、经济型和景观型等模式。

5）乡村庭院

乡村庭院是乡村绿化与乡村居住环境的重要组成部分，也是乡村生态文明建设的主要内容，它不仅反映出村庄的地方特色和文化内涵，从某种程度反映出一个地区的经济发展水平和居民的文化素养。

乡村庭院林的建设遵循尊重民风民俗、因地制宜、经济性、生态性和美学等原则。根据不同类型乡村庭院林特点的分析，乡村庭院林的类型包括自然绿化型、园林小品型、经济林果型、阳光晒场型等4种配置模式。

（2）实例应用

温州市是浙江南部沿海经济核心区，是全国著名的小商品生产基地，是全国民营经济最发达的地区。但温州市乡镇的绿化无论从投入、速度还是质量上都与城区绿化存在着一定的差距。而且，随着乡镇绿化征地难度的加大，土地、苗木等成本的升高，乡镇绿化的实施难度还面临着增大的趋势，绿化速度受到严重制约。规划建立在科学分析的基础上，准确剖析现状问题，找准突破口，提升乡镇村绿化水平。

实例：浙江省温州市国家森林城市建设总体规划（2010—2020年）
——城镇及村庄绿化

一、现状分析

温州市目前共有森林城镇14个、省级绿化示范村94个、市级绿化示范村210个。城镇和村庄绿化情况各县区差距较大，存在的主要共性问题包括：①城镇、村庄绿化标准偏低，公园绿地较少；②村庄布局松散，用地浪费较多；③后期维护较少，绿地建设缺少持续性，详见例表4-18。

例表4-18　温州市城镇及村庄绿化现状统计表

县区	森林城镇（个）	市级以上绿化示范村（个）	存在问题及评价
鹿城区	1	0	城市化水平高，可用于绿化的土地较少，城镇村庄整体绿化率偏低
龙湾区	1	35	城市化水平高，城镇村庄绿化情况较好
瓯海区	5	33	城市化水平高，城镇村庄绿化情况较好
乐清市	1	3	可用于绿化的土地较少，村庄绿化率不高。公园绿地较少
瑞安市	1	34	市级以上绿化示范村占总行政村个数的5.6%，比例偏低，城乡统筹、绿化一体化有待强化
永嘉县	1	0	森林村庄建设标准不高，缺少精品村。目前全县村庄建成区平均林木覆盖率只有4.28%,后期管理养护不到位，没有达到预期的设计效果

县区	森林城镇（个）	市级以上绿化示范村（个）	存在问题及评价
洞头县	0	14	市级以上绿化示范村占总行政村个数的25%。现有村庄绿化一般以房前屋后为主，公园休闲绿地建设较少。村民房前屋的庭园绿化比较分散，主要有经济树种（柑桔、石榴、枇杷、梨）、零星乔木与花灌木等
文成县	1	10	10.8%以上的村庄达到市级以上森林村庄，村庄绿化呈现"见缝插针"式的绿化模式，随意性大、功能杂乱、配套设施缺乏，由于大部分村庄地处于山区，村民主动绿化意识薄弱，后期缺乏持续的维护，使部分建成的绿地处于半荒芜状态，不能充分发挥其生态功能
平阳县	1	0	村落发展处于传统的自然状态，东西部差异显著，村庄用地较为浪费
泰顺县	1	3	可用于绿化的土地较少，村庄绿化率不高。公园绿地较少，通道绿化率低。森林生态科普宣传设施缺乏
苍南县	1	14	灵溪和龙港两个建制镇的林木覆盖率仅为5.7%和2.8%，平原中心村乔木片林面积平均不到500m^2，树种也较单调

二、建设目标

1）近期目标

温州市重点绿化城镇建有1～2个公园或广场绿地，半径500m内有街头游园或社区绿地。村旁、路旁、水旁、宅旁基本绿化，其中：集中居住型村屯林木绿化率达30%，分散居住型村屯达15%以上。

近期工程量：一般城镇绿化40个，绿化面积2710hm^2；建设森林城镇36个，绿化面积2421.47hm^2。一般村庄绿化575个，绿化面积1148.4hm^2；建设森林村庄993个，绿化面积2126hm^2。

2）远期目标

温州市所有城镇均建有1～2个公园或广场绿地，半径500m内有街头游园或社区绿地。村旁、路旁、水旁、宅旁完全绿化，其中：集中居住型村屯林木绿化率达35%，分散居住型村屯达20%。

远期工程量：一般城镇绿化38个，绿化面积2234hm^2。一般村庄绿化3511个，绿化面积7021.6hm^2。

三、建设内容

（一）城镇绿化

1）一般城镇绿化

一般城镇绿化主要包括：公共绿地、单位附属绿地、居住绿地和城镇道路绿地建设。规划近期，全市约1/3的城镇（包括森林城镇）进行城镇绿化及整治，规划后期全市所有的城镇均完成绿化整治，达到城镇绿化目标。

2）森林城镇绿化

按照浙江省森林城市（城镇）评价量化指标，进行森林城镇建设，主要包括森林生态文明、森林生态建设和森林生态保护3个方面，规划期内全市共建设36个森林城镇，详见例表4-19。

例表4-19　城镇绿化工程规划表

| 县区 | 近期规划 | | | | 远期规划 | |
| | 一般城镇绿化 | | 森林城镇建设 | | 一般城镇绿化 | |
	绿化数量（个）	绿化面积（hm²）	绿化数量（个）	绿化面积（hm²）	绿化数量（个）	绿化面积（hm²）
鹿城区	3	80	1	38.4	2	60
龙湾区	3	300	1	368.5	7	600
瓯海区	3	300	6	600	3	200
乐清市	5	652	7	637.1	4	112
瑞安市	5	550	4	79.47	5	552
永嘉县	7	251	2	100	7	320
洞头县	1	101	3	120	1	52
文成县	3	120	3	120	3	100
平阳县	2	150	3	150	1	100
泰顺县	3	56	3	58	3	68
苍南县	5	150	3	150	2	70
合计	40	2710	36	2421.47	38	2234

（二）村庄绿化

1）一般村庄绿化

主要包括村庄绿地公园、道路绿地、河道绿地和庭院绿地的建设。规划近期，全市约1/3的村庄（包括森林村庄）进行村庄绿化及整治，规划后期全市所有的村庄均完成绿化整治，达到村庄绿化目标。

2）森林村庄绿化

以沿海平原地区交通干线沿线村庄为重点，规划近期实施993个行政村的村庄绿化，在完成待整治村绿化、绿化示范村建设的基础上，加强改造提升，建设森林村庄，逐步形成"道路河道乔木林、房前屋后果木林、公园绿地休憩林、村庄周围护村林、平原农田防护林"的森林格局，形成"白天见不到村庄，晚上见不到灯光"的绿化效果，详见例表4-20。

例表4-20 村庄绿化工程规划表

县区	近期规划				远期规划	
	一般村庄绿化		森林村庄绿化		一般村庄绿化	
	绿化数量（个）	绿化面积（hm²）	绿化数量（个）	绿化面积（hm²）	绿化数量（个）	绿化面积（hm²）
鹿城区	23	45.2	20	40	99	198.8
龙湾区	20	40	100	200	27	54
瓯海区	45	90.6	30	60	176	351.4
乐清市	174	347.2	100	200	638	1276.8
瑞安市	20	40	200	400	590	1180
永嘉县	62	123.6	140	420	634	1268.4
洞头县	23	46.4	2	4	59	117.6
文成县	95	190.4	20	40	269	537.6
平阳县	10	20	180	360	410	820
泰顺县	53	105	36	72	207	413
苍南县	50	100	165	330	402	804
合计	575	1148.4	993	2126	3511	7021.6

4.3.3 生态廊道建设

根据城市自然、经济、社会发展对城市森林建设的需求，以现有成片森林、各种林带、林网为基本骨架，依据城市发展空间走向、水资源保护、大气环境改善、道路布局、产业布局等，充分挖掘城市生态廊道建设潜力，优化布局城市环城生态林带、河流廊道水质净化林带、大气污染防护廊道林带、交通廊道视觉优化与噪声防护林带，构成完备的森林生态网络。要注意，禁止违规占用耕地超标准建设绿化带。根据城市生态廊道的结构和功能的差别，可将生态廊道分为道路林网、河流林网和农田林网，这些廊道兼有生态保护、游憩观赏、文化教育的功能。

（1）规划内容

1）道路林网

道路廊道建设范围包括境内的铁路、公路（高速公路、国道、省道、县乡公路）沿线两侧1km范围内可绿化区域。丘陵区和山区在抓好线路绿化的同时，重点抓好林带建设，即公路、铁路已征用地范围外1km范围内可视第一面坡宜林地的绿化。铁路、县级以上公路等道路绿化与周边自然、人文景观相协调，适宜绿化的道路绿化率达80%以上。

保护和改造好公路两侧的现有森林和林木，坚持"宜造则造，宜补则补，宜宽则宽"

的原则，应尽量选择生态效益好、观赏价值较高的树种，选择根系发达、适应性强、无病虫害、主干通直、抗病性强的良种壮苗。

通道绿化线路长，应充分考虑工程区绿化地块的土壤特点，以乡土树种为主，乔灌草结合，常绿与落叶树种组合，合理配置，注重变化，突出重点，达到全线绿化，局部精致，立体复层，景观效果交替的效果。

（2）水岸林网

根据江、河、湖、库等水体沿岸的自然特点和分布，突出生态功能，兼顾景观效应，沿河渠两侧建设水源涵养林、防浪固堤林、水土保持林、生态景观林，构成不同尺度的森林廊道，形成林水相依、林水相连、以林涵水的水网化、林网化格局，实现水清、岸绿、景佳的目标，水体岸线自然化率达80%以上，适宜绿化的水岸绿化率达80%以上。

在树种搭配上以乡土树种为主，按照乔、灌、草、花相结合的原则，力争把绿色河流廊道建成一条条绿化线、风景线、观光线和农民增收的致富线。

（3）农田防护林网

农田防护林对于减轻气象灾害、维护农田的良好生态环境，保证作物高产稳产具有重要作用。

建设按照《生态公益林建设技术规程》（GB/T 18337.3）要求，坚持因地制宜，因害设防的原则建设高标准农田林网。对已达标的要加强保护；对断带、缺失、老化的农田林网应补植和改造。

对不同区域农田林网建设，在满足生态防护功能的前提下，可结合不同的需求进行建设，对靠近城区的农田，防护林网建设时，可增加观赏型和经济型树种的比例，在发挥林网生态效益的同时，提高林网的观赏和经济价值；距城区较远的农田，在沟、渠、路配套的基础上建设高标准林网，实现宽林带、小网格，因地制宜，选择抗性强的乔木树种，充分发挥林网的生态防护效益。

（4）实例应用

来宾市位于广西壮族自治区中部，交通网络四通八达，且境内红水河、柳江和黔江横穿全境，是广西乃至珠江三角洲的绿色生态屏障，生态区位优势明显。建设道路、水岸绿化是来宾市森林城市建设的重要组成部分，这些年通过实施绿满八桂通道绿化工程，积累了丰富的实践经验，对其他城市有较强的指导意义。

实例：广西壮族自治区来宾市国家森林城市建设总体规划（2013—2020年）
——森林生态网络体系建设

一、铁路、公路通道绿化

（一）现状

来宾市自2009年起开始实施绿满八桂通道绿化工程，现共完成217km的通道绿化。

来宾市铁路绿化由南宁铁路局柳州铁路段负责、高速公路绿化由柳州高管所负责、国省道绿化由桂中公路局负责，这些道路在设计之初就预留绿化用地与绿化资金，整体绿化情况较好，仅有部分路段绿化宽度及绿化质量偏低，需补植和丰富绿化层次。县乡道绿化由交通管理局负责，道路周边多为农田和村庄建设用地，绿化用地未预留或者非常紧张，绿化率无法计算。未来绿化重点为进村口和出村口附近县乡道，可结合绿满八桂的村屯绿化工程开展，详见例表4-21。

例表4-21　来宾市铁路、公路绿化现状一览表

类别	路线	境内总里程（km）	可绿化路段里程（km）	已绿化路段总里程（km）	公路绿化率（%）
铁路	湘桂铁路	133.6	133.6	133.6	100.00
	来合铁路	48.06	48.06	48.06	100.00
高速公路	柳南高速公路	78.20	78.20	78.20	100.00
国道	G209	86.59	86.59	81.96	94.65
	G322	94.05	94.05	92.69	98.56
	G323	59.05	59.05	59.01	99.95
省道	S209	76.32	76.32	72.99	95.64
	S307	105.00	105.00	105.00	100.00
	S323	143.49	143.49	141.71	98.76

（二）建设目标

公路、铁路等道路绿化注重与周边自然、人文景观的结合与协调，因地制宜开展乔木、灌木、花草等多种形式的绿化，形成绿色景观通道。林木绿化率85%以上。

（三）建设范围

铁路、高速公路、国省道和县乡道，两侧1km范围内宜林地的绿化。

（四）建设内容

1）铁路绿化

来宾市现有湘桂铁路和来合铁路，总里程181.66km，已全部绿化。根据《柳来河一体化（来宾市）交通发展规划》规划对新建设的铁路进行绿化。

铁路两侧建设50m宽防护绿带，近期铁路绿化129.55km，远期铁路绿化132.5km，详见例表4-22。

例表4-22　铁路绿化规划表

序号	项目名称	建设性质	绿化长度（km）	规划分期	
				近期	远期
1	来宾迁江工业园铁路支线	新建	20.35	√	
2	柳州至贺州至韶关铁路	新建	15	√	
3	柳州至肇庆铁路	新建	67	√	
4	来宾良江至白鹤隧铁路（来合铁路南移）	新建	19.2	√	
5	来宾港宾港作业区进港铁路专用线	新建	8	√	
6	莆田作业区进港铁路专用线	新建	9.5		√
7	凤凰工业园化工物流中心铁路专用线	新建	6		√
8	武宣樟树物流园铁路专用线	新建	35		√
9	象州县石龙工业集中区铁路专用线	新建	20		√
10	象州猛山物流园进港铁路专用线	新建	1		√
11	象州港区钓鱼公作业区进港铁路专用线	新建	25		√
12	武宣港区草鱼塘作业区进港铁路专用线	新建	30		√
13	合山港区新港作业区进港铁路专用线	新建	1		√
14	忻城港区北巷公作业区进港铁路专用线	新建	5		√
	合计		262.05	129.55	132.5

2）高速公路绿化

来宾市现有柳南高速公路，总里程78.20km，已全部完成绿化。根据《柳来河一体化（来宾市）交通发展规划》规划对新建设的高速公路进行绿化。

高速公路两侧建设50m宽防护绿带，近期高速公路绿化393km，远期高速公路绿化80km，详见例表4-23。

例表4-23　高速公路绿化规划表

序号	项目名称	绿化长度（km）	建设性质	规划分期	
				近期	远期
1	柳州至武宣高速公路	66	新建	√	
2	梧州至柳州高速公路	60	新建	√	
3	桂海高速公路	60	新建	√	
4	贺州至巴马高速公路	207	新建	√	
5	柳南高速公路复线	80	新建		√
	合计	473		393	80

3）国省道绿化

国省道总里程564.5km，绿化率98.02%，部分路段有林带裸露现象。对现有国省道进行补植改造提升，对新建设的公路进行绿化。

国省道两侧建设30m宽防护绿带，近期国省道绿化454.5km，其中新造林里程361.5km，补植改造93km，远期国省道绿化461km，详见例表4-24。

例表4-24　国省道绿化规划表

序号	项目名称	建设性质	公路等级	绿化里程（km）	规划分期	
					近期	远期
1	柳来工业大道	新建	一级	28.5	√	
2	城区至党员培训中心一级公路	新、改建	一级	10	√	
3	六道口至来宾	新、改建	一级	53	√	
4	穿山至武宣	新、改建	一级	65	√	
5	古瓦至思练	新、改建	二级	56	√	
6	六道至陶邓	新、改建	二级	97	√	
7	凤凰至忻城二级公路	新、改建	二级	95	√	
8	大塘至土博（忻城段）	新、改建	三级	22	√	
9	马坪至里雍（象州段）	新、改建	三级	28	√	
10	水晶至四排（象州段）	新、改建	三级	15		√
11	来宾至宜州工业大道	新、改建	一级	97		√
12	桐木至柳江	新、改建	一级	84		√
13	忻城至柳城	新、改建	一级	35		√
14	鹿寨至武宣	新、改建	一级	116		√

序号	项目名称	建设性质	公路等级	绿化里程（km）	规划分期	
					近期	远期
15	来宾至象州	新、改建	一级	78		√
16	合山至凤凰	新、改建	二级	33		√
17	凤山至欧洞（来宾段）	新、改建	二级	3		√
	总计			915.5	454.5	461

4）县乡道绿化

县乡道总里程512.34km，绿化用地十分紧张，数据无法测算。

近期规划加强各村屯进出口的县乡道绿化，按照每村绿化0.5km任务量，共计绿化724km；远期规划提高县乡道绿化标准，使全市范围内可绿化的县乡道全部完成绿化，绿化总里程数1000km。

二、水岸通道绿化

（一）现状

来宾市境内主要河流包括：红水河、柳江、黔江和北之江。其中：红水河、柳江和黔江是珠江的一级支流，西江黄金水道重点绿化河段。河道里程全长430km，涉及来宾市的忻城县、合山市、兴宾区、象州县、武宣县等5个县（市、区），林木绿化率58%。目前沿江护岸林建设已有一定基础，多为竹类植物。忻城县域河段绿化率达80%以上，植物种类丰富，种有木棉、枫树、香椿、任豆等，季相和色彩变化多。象州县河道绿化景观较好，绿化率达70%。兴宾区和武宣县沿江绿化，上下游差异明显，整体绿化率约为50%。合山市沿江绿化率仅为20%，林带出现不连续、缺株、断档的现象较多。

北之江流域涉及兴宾区、忻城县和合山市3个县（市、区），林木绿化率52.65%，主要乔木树种为速生桉和马尾松。该流域主要位于兴宾区的北部、忻城的西北部，为典型的石灰岩地区，属喀斯特地貌，这些石山岩溶地区生态环境脆弱，水土流失严重，河流泥沙含量高，石漠化治理有待加强。

（二）建设目标

江、河、湖、海、库等水体沿岸注重自然生态保护。在不影响行洪安全的前提下，采用近自然的水岸绿化模式，形成城市特有的水源保护林和风景带，水岸林木绿化率达85%。

（三）建设范围

规划区内红水河、北之江、柳江和黔江及其支流两侧的宜林荒山荒地、火烧迹地、采伐迹地、疏林地、灌木林地及部分未利用地。

（四）建设内容

1）西江黄金水道沿江绿化工程

红水河、柳江和黔江是西江黄金水道的重要组成部分，规划通过人工造林、低效林改造和封山育林等有效的经营措施，恢复和扩大沿江两岸森林植被，全面提高西江沿岸森林覆盖率，增强森林涵养水源、保持水土和净化水质等生态防护功能。工程项目建设在近期全部完成西江黄金水道沿江绿化，建设重点是红水河、黔江和柳江两岸50m范围护岸林带建设和1km范围（或周边山体可视一面坡）宜林地绿化。近期完成全部工程建设，详见例表4-25。

例表4-25　各县（市、区）西江黄金水道沿江造林绿化任务表

县（市、区）	荒山荒地造林（hm²）	无立木林地造林（hm²）	石山封补（hm²）	疏残林补植补造和针叶林改造混交林（hm²）	沿江岸线20m内防护基干林带补植补造（hm²）	沿江岸线20～50m内农用地造林（hm²）	示范点绿化（km）
兴宾区	379.8	320.9	600	829.6	696.4	984.6	2
忻城县	140.2	302.7	2653.5	163.1	217.2	295.8	2
象州县	714.7	119.7	358.5	1324.7	317.6	452.4	2
武宣县	149.9	122.6	650.2	1754.2	369.6	524.4	2
合山市	14.7	28	179.9	113.8	119.2	148.8	2
总计	1399.3	893.9	4442.1	4185.4	1720	2406	10

①人工造林

对沿江两侧各宽1km范围内及可视第一面坡内的采伐迹地、火烧迹地、宜林荒山荒地采取带状、块状混交栽植的方式，进行人工造林绿化，共计人工新造林面积2293.2hm²，其中宜林荒山荒地造林1399.3hm²，火烧迹地、采伐迹地造林216.2hm²，其他无立木林地造林677.7hm²。

②石山封育补植

对沿江两岸岩溶地貌河段的石山在封山育林基础上适当进行人工植苗补植，面积4442.1hm²，同时加强管护。

③疏残林补植补造和针叶纯林改造

对项目区范围内的低效林、疏残林进行补植改造；未成林造林地进行补植抚育；对已成林的针叶纯林通过适当间伐，清除风折木和病害木，改善林分内部空间结构，同时对现有林相改造，通块状、团状间伐，逐步改变林种结构。疏残地、低效林地和未成林造林地补植改造面积1092.3hm²，针叶纯林改造成混交林面积3093.1hm²。

④沿江两岸防护基干林带缺口补植补造

在沿江两岸现有竹类为主的基础上，采取成行规则栽植或不等距离带状补植种植宽度

50m沿江防护基干林带。为尽快形成沿江绿化带，实现沿江的绿化与美化，沿江岸线20m范围内拟采用大规格苗木进行补植补造，造林要求要整齐、连续、不缺株，不出现缺口断带，补植补造面积1720hm²，同时对沿岸20～50m范围的非林地（农用地）进行人工造林，面积2406hm²。

⑤示范点绿化

遵循景观生态学理论，按景观优化、视觉美化的目标，乔、灌、花、草科学配置，每个县（市、区）高标准建设长2km的沿江绿化造林示范点，实现沿江重点地区绿化上档次、美化出精品，带动整个沿江绿化建设。忻城县试点段选在红镀码头至六钠村，合山市在合山电厂码头至里兰村，兴宾区在白鹤隘至大村，武宣县在旧县至武宣农场一带，象州县试点段在茶花山林场沿江。

2）北之江流域森林生态环境保护

北之江位于石灰岩地区，水岸绿化是一个生态修复的过程，通过植被保护、封山育林和人工造林几个方面进行，增加流域内岩溶地区的林地植被面积，提高石山地区森林质量，减少石山地区的水土流失情况，提高流域水质，增强森林涵养水源能力。

规划建设内容主要有植被保护、封山育林和人工造林。规划总面积42638.2hm²，其中植被管护面积29954.8hm²，近期规划完成17500hm²，远期规划完成12454.8hm²；封山育林面积7324.3hm²（其中补植面积688.2hm²），近期规划完成4100hm²，远期规划完成3224.3hm²；人工造林面积5359.1hm²，近期规划完成3200hm²，远期规划完成2159.1hm²。详见例表4-26。

例表4-26　北之江流域森林生态环境保护规划表

县（市、区）	植被管护（hm²）	封山育林（hm²）	人工造林（hm²）
兴宾区	10253.10	4182.80	2018.60
忻城县	19524.00	3141.80	3338.90
合山市	177.70	0.00	1.60
近期规划	17500	4100	3200
远期规划	12454.8	3224.3	2159.1
总计	29954.80	7324.30	5359.10

①植被管护

对流域范围内的公益林，主要包括有林地、灌木林地和疏林地进行植被管护，杜绝滥垦、滥樵、滥采、滥牧和滥挖等破坏行为，预防新的石漠化。主要方式包括：

- 设置管护标志牌，在管护区周界明显处，树立固定的标志牌，标明工程名称、管护范围、面积、年限、措施和责任人等内容。植被管护面积29954.8hm²，按约150hm²设立1块标志牌，设立200块标志牌。

- 写宣传标语及发传单。
- 人工巡护，以村民委员会为责任单位的管护机构，落实管护人员。每个护林员管护的面积为100～200hm²，共需护林员200个。在管护期内严禁采樵、放牧、割草和其他一切不利于林木生长繁育的人为活动。

②封山育林

以禁封为手段，利用自然更新能力、植被群落自然演替规律，使退化的岩溶群落恢复顺向演替，提高石山植被的覆盖度。主要方式如下。

- 设置管护标志牌，在管护区周界明显处树立固定的标志牌，标明工程名称、管护范围、面积、年限、措施和责任人等内容。封山育林面积7324.3hm²，按约150hm²设立1块标志牌，设立49块标志牌。
- 写宣传标语及发传单。
- 人工巡护：以村民委员会为责任单位的管护机构，落实管护人员。每个护林员管护的面积为100～200hm²，共需护林员49个。在管护期内严禁采樵、放牧、割草和其他一切不利于林木生长繁育的人为活动。
- 制定封山育林公约：实施封山育林的乡村，要制定封山育林公约，在封育区的村屯进行公告，并在封山育林公告碑牌的背面公布。

③人工造林

在流域范围内选择土壤条件较好，坡面缓和的岩溶石山中下部和立地条件较好的土山的无立木林地和宜林荒山荒地进行造林，规划人工造林面积共5359.1hm²。

4.3.4 重点生态工程建设

重点生态工程是解决生态问题、恢复生态环境、保护自然资源的主要途径，把"山水林田湖草"作为一个生命共同体，进行统一保护、统一修复。坚持系统工程的思路，按照生态系统的整体性、系统性及其内在规律，统筹考虑自然生态各要素，将林草植被恢复与山水田湖综合治理统筹规划，治沟与治坡相结合，治山与治水相结合，生物措施和工程措施相结合，实现整体保护、系统修复，优化生态安全屏障体系，维护城市生态安全。

（1）规划内容

①退耕还林还草工程

按照国家《新一轮退耕还林还草总体方案》，将坡耕地、严重沙化耕地以及2017年国务院批准核减的陡坡耕地实施退耕还林还草。同时，在森林城市建设规划中，进一步统筹耕地保护和退耕还林还草的关系，逐步将陡坡耕地、重要水源地15°～25°坡耕地、严重沙化耕地、严重污染耕地、严重石漠化耕地、易地扶贫搬迁腾退耕地等不宜耕种耕地，特别是将长江经济带生态修复需要的退耕地及禁垦坡度以上坡耕地纳入工程范围，加强政策引导和工作指导，确保全面完成退耕还林还草工程。

②三北等防护林体系工程

森林城市建设中，根据国家、省、市的生态区位要求，落实三北等防护林体系建设。京津冀区域大力加强绿化，抓好百万亩防护林基地建设；长江、珠江、太行山、沿海和平原地区持续推进防护林体系工程建设，其中加强长江、珠江两岸造林绿化，重点加强"长江经济带"，南水北调中线区域，洞庭湖、鄱阳湖、三峡库区、丹江口库区，以及南北盘江水源涵养林、水土保持林和护岸林建设；加快太行山区水土流失治理步伐；强化沿海基干林带、消浪林带建设和修复，增强生态防护功能，提升防灾减灾御灾能力。构建配置科学、结构合理，带、片、网相结合的多树种、多层次、多功能的防护林体系。

③国家储备林建设

在自然条件适宜地区，按照《国家储备林建设规划（2018—2035年）》，推进实施粤桂琼沿海、浙闽武夷山北部、湘鄂赣罗霄山等一批国家储备林建设工程。在广西、福建南平、江西吉安等储备林建设基础好的城市，重点实施国家储备林示范项目，大力培育和储备珍稀树种及大径级用材等森林资源，开展国家储备林典型林分经营模式研究和推广示范，建立健全国家储备林现代工程管理制度和技术标准体系，结合应用在国家森林城市建设中。

④防治荒漠化工程

在具有荒漠、石漠化问题的城市，实施《沙化土地封禁保护修复制度方案》，森林城市建设规划中要落实地方政府防沙治沙目标责任制，形成较为完善的沙化土地封禁保护修复制度体系；强化防沙治沙执法督查，依法保护沙区植被，巩固防沙治沙成果；认真抓好灌木林平茬复壮试点工作；加强国家沙漠（石漠）公园建设；支持社会组织和企业参与防沙治沙和沙产业发展；对暂不具备治理条件和因保护生态需要不宜开发利用的连片沙化土地实施封禁保护。

⑤草原保护与修复工程

在森林城市规划中，对农牧交错带的城市，继续实施退牧还草工程，科学规划围栏建设路线，落实围栏管护责任；科学选定人工饲草地建设地点，合理利用空中云水资源和地表水建设人工饲草地。对南方城市的草地保护建设，要求合理开发利用南方草地资源，恢复和增强南方草地植被生态功能；完善草原保护建设工程管理措施，建立成果巩固长效机制，确保工程建设发挥实效。

（2）实例分析

昌吉市位于天山北麓、准噶尔盆地南缘，是我国生态环境最为脆弱的地区之一，经过近年来的造林绿化工程，森林覆盖率明显提高，农业生产条件和生态环境不断改善，区域生态系统趋于稳定，沙漠化和水土流失得到了有效控制。在总体规划的重点生态建设工程中，按照昌吉市自然资源特点，以"南护天山、中管平原、北治荒漠"为建设思路，开展生态工程，维护森林生态安全，保障城市生态环境。

实例： 新疆维吾尔自治区昌吉市国家森林城市建设总体规划（2017—2026年）
——重点生态建设工程

为推进昌吉市国家森林城市建设，林业生态建设应继续坚持走"资源开发可持续、生态环境可持续"的道路，把生态建设摆在森林城市建设工作的首要地位。按照"南护天山、中管平原、北治荒漠"的建设思路，以维护森林生态安全为重点，保障城市生态环境，实现人与自然和谐相处。

一、建设目标

1）创建期目标

新增森林面积10339hm²，建立"南护天山、中管平原、北治荒漠"生态防护林体系。

2）提升期目标

新增森林面积1466hm²，提升生态防护林功能，进一步改善生态环境。

3）完善期目标

新增森林面积900hm²，改善树种结构，提升林分质量，提高林地生产力，详见例表4-27。

例表4-27　重点生态建设工程规划表

序号	工程	面积（hm²）	建设分期（hm²）		
			创建期	提升期	完善期
1	天山北坡谷地森林保护与恢复工程	1333	533	400	400
2	硫磺沟矿区绿化工程	267	240	27	
3	三工滩林业生态工程	216	83	133	
4	森林抚育项目	1166	333	333	500
5	退耕还林工程	8390	8150	240	
6	三北防护林工程	1333	1000	333	
	总计	12705	10339	1466	900

二、建设内容

（一）"南护天山"

1）天山北坡谷地森林保护与恢复工程

天山北坡谷地森林是昌吉市重要的生态资源、经济资源，为绿洲提供了优质的水源、森林和旅游资源，为经济可持续发展提供了重要的生态保障。随着人口增长和农牧业的快速发展，天山北坡谷地森林遭受不同程度的破坏，部分地段出现河岸崩塌和谷地森林消失情形，分布其间的山间草场开始退化。为保障区域生态安全，规划天山北坡谷地森林保护与恢复工程。

工程位置：在中高山区河谷两侧第一层山脊两侧的阴坡、半阴坡及林缘以下中低山区和低山丘陵区河谷两侧各500m范围内的宜林地实施。

工程面积：人工造林1333hm^2。

树种选择：根据各造林区立地条件及各树种生物学、生态学特性选择树种，同时，考虑最大限度的减少对上游水源的用水量，所选树种以灌木为主，利用其抗风沙，抗干旱，耐瘠薄，根系强大，萌生能力强的特点。中低山区选择蔷薇、锦鸡儿、沙棘等；低山丘陵区选择榆树、沙枣、锦鸡儿、沙棘等。

2）硫磺沟矿区绿化工程

硫磺沟矿区位于硫磺沟镇，矿区的开采造成了裸崖及断壁，很难恢复植被，易造成水土流失、土体坍塌，在很大程度上破坏了自然生态环境。为改善环境发展经济、维护矿区生态环境安全，实施硫磺沟矿区绿化工程。

工程位置：硫磺沟矿山。

工程措施：根据所处区域的自然地理条件、环境治理技术经济条件和生态恢复基础，按照"整体生态功能恢复"原则，适地适树、宜林则林、注重成效，因地制宜采取切实可行的恢复治理措施，恢复区域整体生态功能。屯宝煤矿区域绿化面积67hm^2，栽植树种为杏、苹果、白榆；煤炭市场区域绿化面积27hm^2，植树种为杏、苹果等经济树种；硫磺沟镇楼庄子村三台子（屯宝煤矿和谐煤矿中间）绿化面积为80hm^2。

工程面积：人工造林267hm^2。

树种选择：主要栽植杏、苹果、白榆等；在路边沿线山坡，按照山坡的走势设计喷灌让其自然植被恢复。

（二）"中管平原"

1）三工滩林业生态工程

三工滩位于昌吉市中心城区南部，是水源保护地。目前区域内生态系统脆弱，常年大风天气，沙尘飞扬，给当地的农牧业生产及人居环境带来不利影响。因此，规划三工滩林业生态工程，打造昌吉市的水源生态缓冲带，构建中心城区重要的生态安全屏障。

工程位置：三工镇三工滩。

工程措施：以防护林为主，经济林为辅，形成多林种、多功能的综合防护林体系。人工造林以防风固沙、涵养水源、改善生态环境为主的且兼具一定的景观效果。

工程面积：216hm^2，其中生态林85hm^2，经济林131hm^2。

树种选择：人工造林以乡土树种为主，适地适树适林种，实行多树种，乔、灌结合的种植模式，同时考虑节水，后期运行成本低。

生态林：白榆、杨树、胡杨、长枝榆、裂叶榆、大叶榆、金叶榆、王族海棠、红叶海棠、红叶李、白蜡、欧洲枫、紫叶稠李、沙枣、紫穗槐、水蜡、丁香、红瑞木、榆叶梅等；

经济林：红枣（金铃圆枣）、葡萄、大果沙枣、直立苹果、大果山楂等。

2）森林抚育项目

通过三北防护林工程、天然林保护工程、退耕还林工程等的实施，昌吉市森林面积逐年增加，但纯林较多，林分结构简单，森林质量不高。为提高森林质量，促进森林资源持续增长，切实提升森林经营管理水平，开展森林抚育项目。

工程措施：在充分考虑森林培育目标和林分发育阶段的基础上，对昌吉市大面积纯林进行人工改造，根据不同的林分状况，采取相应的对策，以增强森林多种功能、提高林分质量为宗旨，在充分考虑森林培育目标和林分发育阶段的基础上，通过修枝、除草、松土、施肥、卫生伐、透光阀等森林抚育措施，同时引进优良树种，与原有林分进行株间、行间、带状、块状等多种形式混交，调整树种结构，增强树势和抗逆性，提高林分整体质量和森林群落的稳定性，更好地发挥林分的综合效益。

工程面积：森林抚育1166hm^2。

（三）"北治荒漠"

1）退耕还林工程

昌吉市位于古尔班通古特沙漠的南缘，北部荒漠区自然生态环境非常脆弱，过度开垦造成大面积林地减少，草地退化。为防止土地沙漠化和环境进一步恶化，在北部沙漠生态保育区开展新一轮退耕还林工作，打造北部沙漠绿色生态屏障。

工程措施：对孤立于沙漠边缘或受到风沙严重侵蚀的农田实施退耕，促使自然植被恢复；对盲目开荒又无防护林等设施的农田也实施退耕还林还草，因地制宜，宜林则林，宜草则草，实行综合治理，恢复植被，抑制沙漠化土地扩展；同时通过实行"井电双控"、控制水量等措施，使荒漠区现有农场逐步退出经营，促进植被自然恢复，保护荒漠生态安全。

工程面积：退耕还林8390hm^2。

树种选择：适合生态恢复的红柳、梭梭等。

2）三北防护林工程

以防沙治沙为重点，以保障生态安全为目标，开展三北防护林体系五期工程，打造沙漠生态缓冲带。

工程措施：建设按照不同乡镇特点分区施策、分类指导，对不同地区的立地条件和存在的问题，合理选择树种，采取针对性的措施科学造林。沿绿洲-荒漠过渡带营造乔、灌、草相结合，带、网、片相结合的宽度在50～100m的多带、窄带复合型防风固沙林带，局部流沙危害严重地段需设置草方格固沙。在南部沿绿洲边缘建立可能与风向垂直的防护阻沙主干林带，种树以耐盐碱抗旱的沙枣、胡杨为主；在绿洲沙地沙丘区，采取无水栽培技术种植人工固沙林，主要选择耐旱的红柳、梭梭等灌木树种，在立地条件较好、有水源地带可建设一定数量的乔木林。

工程面积：三北防护林1333hm^2。

4.3.5　生态环境修复

伴随着城市化的进程、产业结构的调整，城市区域内大量的土地被废弃、闲置。这不仅造成了资源和能源的浪费，破坏生态，影响城市景观，而且也制约了城市的有序发展。城市受损弃置地是城市在其发展过程中的必然产物，对它的修复和改造是每个城市都回避不了的问题。生态环境修复工程主要针对因生产活动或自然灾害等原因造成自然地形和植被受到破坏，且已废弃的宕口、露天开采用地、窑坑、塌陷地，以及森林质量亟需提升的宜林荒山荒地、低质低效林等。

（1）规划内容

1）矿区植被复绿

采用科学合理的工程措施和生物措施，全面整治矿山，以人工造林为主，因地制宜、适地适树，逐步恢复采矿坑、排土场、尾矿库及其四周的植被，培植乡土性植被，改善区域生态环境。

对于采矿坑区，由于区内地表剥离、植被消失、坡面坡度较大、岩石裸露，造林难度大。应根据不同坡面坡度，采取爆破造林、削坡、水泥网格、石壁安装种植构筑槽板等方式营造造林环境，然后采取植生袋、网格栽植乔灌藤等容器苗、喷播、藤本植物攀缘或垂悬绿化等多种方式培植乡土性灌丛植被。

针对采矿坑周围少有薄层土壤造林极度困难的立地，可首先实施封禁，同时播种当地的灌木树种及草本植物，培植灌丛植被。

排土场和尾矿库土壤肥力低、酸化严重，因此提倡客土造林，首先对土壤进行物理处理，添加营养物质，去除有害物质，再采用穴状造林整地方法，进行裸根壮苗植苗造林；同时还要注意加强后期抚育管理，保证造林成活率和成林率。

矿区植被恢复以乡土树种为主，选择耐干旱、瘠薄，萌蘖性强、生长较快，根系发达、固土蓄水能力强的阳性乔灌木先锋树种营造混交林。

2）宜林荒山荒地植被恢复

宜林荒地立地条件较差，山地土层较瘠薄，应根据立地情况采取封山育林和人工造林相结合的措施，切实恢复荒山荒地、石漠化土地林草植被，大力植树种草，培育以人工森林植物群落为主体的多林种、多层次、多功能、多效益绿化体系，提高森林覆盖率。

对人烟稀少的远山、高山、水库附近和水土流失严重地区，采取"全封闭"的封山育林方式，禁止放牧、人为经营活动，利用自然力恢复植被。

对土层瘠薄、距离居住区较近，人为活动较频繁的稀疏林地或荒山荒地，采取"半封闭"的封山育林方式，允许一定的季节在林内进行经营活动，此方式适用于用材林和薪炭林。可以采取建设围栏封禁保护和人工造林方式，促进植被恢复。

人工造林以地带性森林植被群落为主，选择根系较发达、适应性强的树种。

3）低质低效林改造

对于低质低效林要根据其所处的位置和主导功能，积极推广应用植被恢复与重建技术，选用育林择伐、带（块）状改造、林冠下更新、抽阔补针、间阔育针等措施，提升林分质量。

对已经退化为疏林地、灌丛和荒山荒地的有林地，要因地制宜，采用人工造林、封山育林等措施，尽快恢复森林植被，提高森林质量，从而提高森林生产力，增加其经济效益，强化其森林生态功能。

强化中幼龄林抚育工作，加快林木的生长速度，促进林分生长，提升山地生态功能和景观功能。

4）生态公益林管护

积极培育复层异龄林，大力发展针阔混交林，优化森林结构，提升林分质量，增强森林涵养水源、净化水质、减少水土流失的功能；建立一个稳定、高质、高效的森林生态系统。

重点公益林，要进行全面封禁或定期全面封禁，严格限制采伐、开垦、放牧等人为干扰和一切生产性森林经营活动。对天然次生林要逐步恢复其生态功能，通过生态疏伐、补植、适当抚育和有效管护等措施，积极诱导针阔混交林，提高林分质量和次生林生态系统的多功能效益。

对重点保护地区的生态公益林应禁止商业性采伐，在不破坏地表植被的条件下，可以适度发展林下种养业或者开展森林旅游等活动。对一般公益林允许并支持发展林下种养业等林地经济项目，但不得造成水土流失或者破坏生态公益林整体生态功能。

（2）实例分析

福建省南平市顺昌县，地处福建省中部偏北，闽江上游金溪、富屯溪交汇处。境内气候极为适宜杉木和竹子生长，素有"林海粮仓果乡"之美誉，是全国首个杉木之乡、首批中国竹子之乡。总体规划中的生态环境修复工程，全面规划了受损弃置地、森林质量和公益林管护工程，为顺昌县生态环境修复建设进行指引。

实例：福建省顺昌县国家森林城市建设总体规划（2019—2028年）
——受损弃置地生态修复工程、森林质量精准提升工程、公益林管护

一、受损弃置地生态修复工程

（一）建设现状

顺昌县矿产资源丰富，但是在开采过程中，对环境破坏较大，特别是部分矿产存在违法开采、尾矿处理不到位等问题，使植被遭到破坏，造成水土流失，生态环境极为脆弱。因而必须对矿山进行恢复，重新构建较好的生态环境。顺昌县受损较为严重的有7处，受损土地面积22.61hm^2，已修复面积22.08hm^2，受损弃置地生态修复率达97.66%。通过削坡、修建截排水沟、挡墙等方式进行地质灾害治理，通过土地复垦、绿化种植对弃渣堆、边坡、

平台及道路、生活区等区域进行生态复绿，6处矿山全部实现生态修复，水南新屯采石场尚有0.53hm²未完成修复，是未来建设的重点。未来随着矿产资源的持续开采将会产生新的受损地，因此需要持续进行生态修复工程。

（二）建设目标

在保护好开采区内现有植被的基础上，对受损弃置地进行生态修复和复垦，消除矿区边坡崩塌、滑坡等地质灾害发生的隐患，提升矿区景观面貌，改善矿区小环境，增强森林生态系统的稳定性。持续保护和巩固生态修复的成果，实现资源开发和生态环境保护的良性循环。

（三）建设内容

首先，对水南新屯采石场0.53hm²受损区域进行修复，使全县受损弃置地生态修复率达100%。另外，继续加强生态环境保护，当产生新的采石场使森林生态系统受损时，做到及时修复，避免生态环境被破坏。按照"宜地则地、宜林则林、宜景则景"的原则，根据受损地所处的现状和可能利用方向，明确每一处土地的生态修复模式，分别开展生态复绿型、景观再造型、自然恢复型和综合利用型等的修复工作。

1）生态复绿型

对铁路、高速公路、国道等两侧可视范围内及城镇周边的废弃矿山，采用大面积人工绿化种植进行生态复绿，与周边自然景观相协调。

2）景观再造型

对主要城镇、公益性重要工程项目或风景名胜区周边的废弃矿山，通过生态修复综合治理后改造为生态绿地、生态游憩景点等，满足市民和游客对于生态休闲场所的需求。

3）自然恢复型

对于位置较隐蔽、规模小、分散但已经具备自然恢复条件的矿山，可以降低人工修复强度，仅辅以少量人工绿化，以自然恢复为主。

4）综合利用型

对面积较大、具有较大土地利用价值，特别是在城镇附近的矿山，可结合生态修复手段，将之改造为建设用地、农业用地等。

综合运用以上4种修复模式，未来持续开展受损弃置地生态修复工程。使用排土、换土、去表土、取客土等物理垦复技术营造新的土壤，并选用多种抗逆抗污染的乔木、灌木、藤本、草本植物等，形成结构稳定的混交复层林结构。

二、森林质量精准提升工程

（一）建设现状

近年来，顺昌县持续推广不炼山造林、伐区保留异龄阔叶树、杉木林下套种阔叶树、培育和保护珍稀树种等工作，林业金融服务平台、林业碳汇项目设计平台建设获得省市主管部门肯定。国家储备林质量精准提升工程建设成绩突出，完成集约人工林栽培419.33hm^2，现有林改培1716.20hm^2，赎买和租赁商品林1454.73hm^2，在南平市"四比六促"项目考评中名列前茅。2017年全国储备林建设现场推进会在顺昌举行，岚下国有林场示范林成为全国储备林质量精准提升工程样板林，该示范林每年每亩提高蓄积量约1.50m^3，年增产值56.00万元。顺昌"生态银行"试点建设的积极示范效果初步显现，被国务院参事室称赞为"中国现代林业经营的模板和标杆"，成为深化林改的典型范例。

顺昌县的森林质量精准提升工程，在建设中将优化林分结构、营造阔叶林和针阔混交林作为林业工作重点，实施水源地、城镇周边、沿路、沿河一重山林分修复、景观提升和乡土珍贵树种示范基地建设。积极推行落实"四改"措施。截至2018年，共完成集约人工林栽培1044.60hm^2、现有林改造培育3011.67hm^2。

（二）建设目标

实施森林抚育面积7880.00hm^2，一重山景观提升200.00hm^2。

1）近期目标

2019—2021年，完成森林抚育提升3085.00hm^2，一重山景观提升50.00hm^2。

2）中期目标

2022—2024年，完成森林抚育提升2364.00hm^2，一重山景观提升50.00hm^2。

3）远期目标

2025—2028年，完成森林抚育提升2431.00hm^2，一重山景观提升100.00hm^2。

全面提高顺昌林地生产力和单位面积森林蓄积量，增加森林碳汇，充分发挥森林的生态、社会、经济效益，促进林业的可持续发展。

（三）建设内容

1）森林抚育

重点针对林分结构单一、森林质量不高、郁闭度过大的中幼龄林实施森林抚育提升。对郁闭度过大的中幼龄林，采取透光伐、疏伐、生长伐等方式进行抚育，调整林分结构；对遭受森林火灾、林业有害生物等自然灾害危害的林分，采用卫生伐方式进行抚育；对近年来新成林的幼林地，采用割灌、修枝、定株、松土除草等措施进行抚育。注重针叶林、阔叶林与常绿树、落叶树等树种的补植搭配。全面改善林分质量，使之成为复层、异龄、混交的森林，同时促进森林生态系统的抗干扰、抗逆能力，实现森林资源可持续发展的目标。

规划期内，实施森林抚育提升7880.00hm^2，其中近期3085.00hm^2，中期2364.00hm^2，远期2431.00hm^2，详见例表4-28。

例表4-28 森林抚育建设规划表

序号	乡镇	建设规模（hm²）	近期（hm²）	中期（hm²）	远期（hm²）
1	双溪街道	670.00	201.00	201.00	268.00
2	建西镇	510.00	204.00	153.00	153.00
3	洋口镇	540.00	216.00	162.00	162.00
4	元坑镇	670.00	268.00	201.00	201.00
5	埔上镇	790.00	316.00	237.00	237.00
6	大历镇	340.00	136.00	102.00	102.00
7	大干镇	850.00	340.00	255.00	255.00
8	仁寿镇	670.00	268.00	201.00	201.00
9	郑坊镇	540.00	216.00	162.00	162.00
10	洋墩乡	530.00	212.00	159.00	159.00
11	岚下乡	830.00	332.00	249.00	249.00
12	高阳乡	940.00	376.00	282.00	282.00
	总计	7880.00	3085.00	2364.00	2431.00

2）一重山景观提升

对沿河、沿路、环城一重山进行森林质量提升，根据"树种多样化、品种乡土化、色彩季相化"的原则对一面坡进行重点改造，增加阔叶树种、色叶树种，选择顺昌乡土树种中树形好、抗性强的品种进行补植、改植。

规划期内，实施一重山景观提升200.00hm²，其中近期50.00hm²，中期50.00hm²，远期100.00hm²。

三、公益林管护

（一）建设现状

截至2018年，顺昌县有生态公益林30533.33hm²。现有生态公益林存在布局不尽合理、补偿标准不足的问题。一是由于前期生态公益林区划界定时，因对公益林认识不足、技术有限等原因，导致部分生态公益林布局不尽合理，需要保护的一些重点区域未列入保护范畴，而一些重点商品林则又被错划为生态林。二是虽然目前生态公益林补偿标准有所提高，但仍距实际费用有所差距，有待提升。

（二）建设目标

规划期内，进一步加强和规范全县生态公益林的资源保护和管理水平，落实上级森林生态效益补偿制度，使森林质量稳步提升。

（三）建设内容

持续推进生态公益林的保护工作，提升生态公益林林分质量和生态功能。将重点区位商品林逐步调整为生态公益林，实现生态公益林布局的进一步优化。继续推行生态公益林"占一补一"政策，探索将非国有生态公益林和重点区位商品林进行收购的机制。严格保护重点生态区位和生态脆弱区林地，投入专项财政资金实施生态修复工程，对县重点区位生态公益林中的低质低效林分、竹林、经济林、无林地等进行改造和补植造林，引导形成复层混交林，逐步提高生态公益林生态功能。

全面落实重点公益林管护目标责任制，成立公益林管护工程领导小组，并抽调专人组成工作推进组，具体负责全县重点公益林保护的组织协调、技术指导工作。推行定管护面积、定管护责任、定管护费用、定管护时间的"四定"管护制度，加强对公益林的管护。

4.3.6 自然保护地建设

自然保护地是生态建设的核心载体、中华民族的宝贵财富、美丽中国的重要象征，在维护国家生态安全中居于首要地位。在森林城市建设中，贯彻落实以国家公园为主体的自然保护地体系，按照国家公园——自然保护区——自然公园3种类型，建立自然生态系统保护的新体制新机制新模式，建设健康稳定高效的自然生态系统，坚持生态为民，科学利用。践行绿水青山就是金山银山理念，探索自然保护和资源利用新模式，发展以生态产业化和产业生态化为主体的生态经济体系，不断满足人民群众对优美生态环境、优良生态产品、优质生态服务的需要。

（1）规划内容

①加强自然保护地建设

以自然恢复为主，辅以必要的人工措施，分区分类开展受损自然生态系统修复。建设生态廊道、开展重要栖息地恢复和废弃地修复。加强野外保护站点、巡护路网、监测监控、应急救灾、森林草原防火、有害生物防治和疫源疫病防控等保护管理设施建设，利用高科技手段和现代化设备促进自然保育、巡护和监测的信息化、智能化。配置管理队伍的技术装备，逐步实现规范化和标准化。

②建立监测体系

建立国家公园等自然保护地生态环境监测制度，制定相关技术标准，建设各类各级自然保护地"天空地一体化"监测网络体系，充分发挥地面生态系统、环境、气象、水文水资源、水土保持、海洋等监测站点和卫星遥感的作用，开展生态环境监测。依托生态环境监管平台和大数据，运用云计算、物联网等信息化手段，加强自然保护地监测数据集成分析和综合应用，全面掌握自然保护地生态系统构成、分布与动态变化，及时评估和预警生态风险，并定期统一发布生态环境状况监测评估报告。对自然保护地内基础设施建设、矿产资源开发等人类活动实施全面监控。

③创新自然资源使用制度

按照标准科学评估自然资源资产价值和资源利用的生态风险，明确自然保护地内自然资源利用方式，规范利用行为，全面实行自然资源有偿使用制度。依法界定各类自然资源资产产权主体的权利和义务，保护原住居民权益，实现各产权主体共建保护地、共享资源收益。制定自然保护地控制区经营性项目特许经营管理办法，建立健全特许经营制度，鼓励原住居民参与特许经营活动，探索自然资源所有者参与特许经营收益分配机制。对划入各类自然保护地内的集体所有土地及其附属资源，按照依法、自愿、有偿的原则，探索通过租赁、置换、赎买、合作等方式维护产权人权益，实现多元化保护。

④探索全民共享机制

在保护的前提下，在自然保护地一般控制区内划定适当区域开展生态教育、自然体验、生态旅游等活动，构建高品质、多样化的生态产品体系。完善公共服务设施，提升公共服务功能。扶持和规范原住居民从事环境友好型经营活动，践行公民生态环境行为规范，支持和传承传统文化及人地和谐的生态产业模式。推行参与式社区管理，按照生态保护需求设立生态管护岗位并优先安排原住居民。建立志愿者服务体系，健全自然保护地社会捐赠制度，激励企业、社会组织和个人参与自然保护地生态保护、建设与发展。

（2）实例分析

百色市地处云贵高原向广西丘陵过渡地带，是我国17个生物多样性优先保护地区之一的桂西南石灰岩地区，全市拥有自然保护区19个，总面积44.57万hm²，占国土总面积的12.3%。其中4个国家级自然保护区，10个自治区级自然保护区，5个市县级自然保护区。多年来，百色市在自然保护地建设方面积累了诸多经验，有助于指导自然保护地建设规划。

实例：广西壮族自治区百色市国家森林城市建设总体规划（2014—2025年）
——生物多样性与自然保护区建设

一、建设目标

1）近期目标

百色澄碧河湿地自然保护区提升为自治区级自然保护区，新建田东苏铁保护区，建设4个自然保护小区，开展兰科植物、德保苏铁等特有植物的保护与可持续利用研究。

2）远期目标

百色澄碧河湿地自然保护区、德保黄连山—兴旺自然保护区、那坡老虎跳自然保护区升级为国家级自然保护区，田东苏铁自然保护区、那坡德孚自然保护区、靖西地州自然保护区和古龙山自然保护区升级为自治区级自然保护区，建设6个自然保护小区，保护南亚热带中山常绿落叶和混交林森林生态系统及野生动植物资源，建立桂西南岩溶山区物种种质资源库，详见例表4-29。

例表4-29　自然保护区建设工程规划表

县区	保护区名称	现状	近期	远期
右江区	百色澄碧河湿地自然保护区	市级	升自治区级	升国家级
田东县	田东苏铁自然保护区	无	成立市级	升自治区级
平果县	平果达洪江自然保护区	县级	提升	升市级
德保县	德保黄连山-兴旺自然保护区	自治区级	提升	升国家级
靖西县	靖西地州自然保护区	县级	提升	升自治区级
靖西县	靖西古龙山自然保护区	县级	提升	升自治区级
那坡县	那坡老虎跳自然保护区	自治区级	提升	升国家级
那坡县	那坡德孚自然保护区	县级	提升	升自治区级

二、建设内容

加强自然保护区建设和管理，加快自然保护区资源调查评估，完善各保护区的总体规划和功能区划，加强自然保护区基础设施和能力建设，推进规范化管理，构建保护区科研平台和监测网络。

1）北部山区

开展雅长兰科植物、金钟山、岑王老山3个国家级自然保护区的规范化建设，加强那佐、王子山、泗水河、凌云洞穴鱼类等自然保护区的建设，提升保护区质量和管理水平。建设大石围天坑群和布柳河生物多样性自然保护小区。建设逐步迁出保护区内的居民点，全面禁养和退耕还林，妥善解决保护区资源保护与当地居民生产生活的矛盾。

重点保护南亚热带中山常绿落叶和混交林森林生态系统及野生兰科植物、贵州苏铁、黑叶猴、黑颈长尾雉、凌云金线鲃、乐业鸭嘴金线鲃等珍稀濒危野生动植物及特有物种。开展兰科植物、德保苏铁等特有植物的保护与可持续利用研究。

2）南部石山区

逐步完善老虎跳、底定、邦亮、黄连山4个自治区级自然保护区的基础设施，加强德孚、地州、古龙山3个县级自然保护区的管理，提高保护区管理能力，保护自然生态系统与重要物种栖息地，维护生态系统完整性。

建立那坡县龙合乡定业村德保苏铁、百合乡清华村望天树、百合乡平坛村广西青梅、坡荷乡那池村董棕、城厢镇龙华村猕猴保护小区，德保县都安凌其大壁虎、那甲巴来叉孢苏铁、燕峒伏龙念诺水库大壁虎保护小区等8个生物多样性保护小区，设立保护标志，完善珍稀濒危物种就地保护机制。

在那坡、靖西、德保等县开展野生动物、植物等遗传资源调查，探清桂西南石灰岩地区生物多样性的现状、分布及其栖息地状况，查明遗传资源本底，抢救性收集种质资源，建立桂西南地区物种种质资源库，将切实需要保护濒危物种及其生境、典型生态系统等纳入自然保护小区的行列，并强化管理。

3）右江河谷地带

加强对澄碧河自然保护区、百东河、大王岭、达洪江自然保护区的管理，新建田东苏铁自然保护区。加强天然林、水源林和防护林的保护管理，禁止毁林开荒和陡坡开垦，推广生态农业。抢救性保护野生动植物种质资源，保护好现有水源林。

05 生态福利体系规划与实例应用

从2004年开始，国家森林城市建设历经16年的路程，从过去的"产业导向"逐渐转变到现在的"人本导向"，森林城市建设阶段已经进入到品质提升的"下半场"。2019年发布的《国家森林城市评价指标》（GB/T 37342-2019），将原指标的城市林业经济体系改为生态福利体系，这个转变，一是将林业产业体系变成一个指标，即生态产业，整体上弱化了林业一产和二产，强化了三产，要求发展森林旅游、休闲、康养、食品等绿色生态产业；二是将原有指标体系中森林管理体系的生态服务指标强化，并入现有指标体系的生态福利体系中，扩展出城区公园绿地服务、生态休闲场所服务、公园免费开放、绿道网络4个指标，强调生态的服务性；三是对生态福利对象和区域进行扩充，提出了乡村公园指标，将生态福利服务扩充到城市全域，不仅服务城区，也要惠及乡村，强调公平性。这一转变，带动了森林城市的建设视角从单纯重经济的"产业视角"向有温度、重感知的"人本导向"转变，以全域人民群众的生态需求为导向，因地制宜地寻找市民和村民最关心的问题，满足人民群众对美好生活的需求。

5.1 规划基础

5.1.1 基础理论

（1）生态福利概念的提出

生态福利是因居民生存和发展需要，而由政府向居民提供的一种以生态利益为内容的新型社会公共福利。它的主体是全体公民，客体是生态产品。要深刻理解生态福利概念就必须了解生态福利的提出逻辑，首先要明确生态产品是一种公共产品。生态是有其自身独特的价值（详见①生态价值理论），价值是商品的本质属性，所以生态可以作为生态产品（详见②生态产品）出现，而生态产品具有消费或使用上的非竞争性和受益上的非排他性，所以生态产品是公共产品（详见③公共产品）。第二要明白森林城市规划出现的内在原因，森林城市规划是基于市场失灵出现的产物（详见④森林城市规划机制是基于市场失灵），市场不能有效的配置公共物品，固政府采用建设森林城市的方式，提供生态产品比市场更有效率。生态产品通过森林城市建设的手段为全社会高品质生态环境的福利形态，也就是生态福利。

①生态价值理论

要提出生态福利的概念，首先要明确生态是有价值的。马克思在其劳动价值论中指出，商品有两种价值：一是价值；二是使用价值。其中，商品价值的多少取决于商品物化的必要劳动量。根据劳动二重论可知，使用价值是价值的物质承担者，没有使用价值，价值也就不复存在了。可见，使用价值是商品的一种自然属性，其来源于具体的劳动，而价值则是商品的社会属性，主要由抽象劳动所产生。结合马克思的理论来探讨生态环境的价值，核心在于其中是否包含了人类的劳动。

首先，如今的生态环境已经有了太多人为的痕迹了，城市污染的治理，城市绿地的营建和养护等，都涉及了大量的人力及物力，聚集了一定的必要劳动量，所以存在一定的价值。再者，生态环境不仅能够为人类提供物质资源，还能起到安全维护的作用，同时也能承载自然景观与历史文化，所以具备较高的使用价值。生态同时具备了价值和使用价值，具有商品的完整属性。生态环境的价值就是人类为实现发展的可持续而投入的各项成本，其中也包括社会的必要劳动时间。

②生态产品

生态产品是生态福利提出的关键点，根据生态价值理论，生态是有价值的，他才可以作为产品出现，才能作为福利提供给全社会。

狭义上的生态产品是指维系生态安全、保障生态调节功能、提供良好人居环境，包括清新的空气、清洁的水源、生长的森林等看似与人类劳动没有直接关系的自然产品；广义上的理解，除了狭义的内容之外，还包括通过清洁生产、循环利用、降耗减排等途径，减少对生态资源的消耗生产出来的有机食品、绿色农产品、生态工业品等物质产品。由于其涉及领域的广泛性和生态环境的复杂性，至今生态产品仍未有权威统一的定义。

生态产品及服务的理念最早来自于联合国的千年生态系统评估。这一报告由1000多位国际科学家联合发布，采用社会比较容易理解的例子说明生态系统对人类的意义。在我国，生态产品首次出现于2011年《全国主体功能区划》（以下简称《区划》）中。《区划》指出：我国提供工业品的能力迅速增强，提供生态产品的能力却在减弱，随着人民生活水平的提高，人们对生态产品的需求在不断增加。必须把提供生态产品作为推进科学发展的重要内容，把增强生态产品生产能力作为国土空间开发的重要任务。同农产品、工业品一样，生态产品是人类生存发展所必需的，更是可持续发展所必需的特殊商品。一些国家或地区对生态功能区的"生态补偿"，实质上是政府财政拨款购买这类地区提供的"生态产品"。

物质产品、文化产品和生态产品是支撑现代人类生存和发展的三类产品。改革开放以来，经过30多年的快速发展，我国物质产品和文化产品短缺的时代已经结束，生态产品短缺的问题成为制约我国经济社会发展的重大瓶颈。党的十八大报告《坚定不移沿着中国特色社会主义道路前进为全面建成小康社会而奋斗》集中论述了大力推进生态文明建设，其中在提到加大自然生态系统和环境保护力度时强调，要"增强生态产品生产能力"，是党对可持续发展理念的延伸，体现了党和国家对自然生态系统和环境保护的重视，也为今后生态产品的发展，提供了政策指向。

③公共产品

公共产品是私人产品的对称，是指具有消费或使用上的非竞争性和受益上的非排他性的产品。公共产品的特点是一些人对这一产品的消费不会影响另一些人对它的消费，具有非竞争性；某些人对这一产品的利用，不会排斥另一些人对它的利用，具有非排他性。

根据生态产品概念，生态产品来自于自然生态系统，无论是健康的生态系统，还是经过投入人类劳动和相应的社会物质资源后恢复了服务功能的生态系统，人们最终享受到的生态产品实质上是一种生态系统服务，不会因为不同的人进行消费产生差异，也不会因为一个人的使用影响到其他人，所以生态产品具有公共产品的两种本质属性，即消费的非竞争性和非排他性。

④森林城市规划机制基于市场失灵

生态产品具有显著的外部性特征，即一个人或一群人的行动和决策使另一个人或一群人受损或受益的情况，不是传统意义上的商品，人们往往缺乏追逐生态产品的原始动力，导致生态产品一般处于市场失效的范围，这就需要森林城市规划来统筹配置生态产品。

一般认为，市场机制是社会资源配置的最具效率的机制，所以市场机制要在资源配置中起基础性作用。但不完善的市场及现实中的多种因素均会导致市场失灵。市场失灵证实了包括森林城市建设规划在内的公共政策干预的必要性。为了理解森林城市建设规划的使命，需要认识市场失灵的各种原因，进而自觉提升城市规划的各种策略工具的针对性和有效性。

市场运行的基本机制是竞争，但由于垄断行为存在，竞争会失效。垄断行为的原因，包括规模经济造成的自然垄断，或者政策管制引起的垄断。自然垄断通常指"企业生产的规模经济需要在一个很大的产量范围和相应的巨大的资本设备的生产运行水平上才能得到充分的体现，以至于整个行业的产量由一个企业来生产"。一般情况下，城市中的自然资源行业等都具有这一特征。自然垄断作为垄断的一种形式，由于缺乏竞争，会造成垄断的高价格、高利润以及低产出水平等经济效益的损失。所以在成熟的市场经济体中，政府对一些具有自然垄断特征的经济部门和行业均会施以一定的管制措施。

经济学认为，具有外部性的产品或行为，其私人成本（收益）与社会成本（收益）是不一致的，其差额就是外部成本（收益）。由于存在外部性，成本和收益不对称，就会影响市场配置资源的效率。例如在城市中，硬质地块过多，绿地少，就会造成城市环境差，影响居民健康。因此，必须要有政府部门的介入和干预来控制。

市场失灵还涉及公共物品的提供。一般说来，不具备排他性的物品会存在如何提供的问题，对某些公共物品采用公共提供的方式会比市场更有效率。例如城市公园等开放空间不仅可为市民提供休憩的去处，也会给周边房地产带来增值的正外部性，但对开放空间的投资难以获得直接经济回报，所以一般也只能由城市政府来投资建设。

更进一步而言，森林城市建设中各类活动均有赖于生态空间资源，各部门的自身行为不会自发导致生态空间资源配置的整体优化，唯有基于集体选择和安排的森林城市建设规划才能导向生态空间资源配置的结构性优化。

（2）森林城市中生态福利的内涵

①广义生态福利的内涵

福利经济学与环境科学属于两门新兴的学科，它们二者延伸出来了一个概念，即生态福利。广义的生态福利可以理解为政府向全体社会成员免费或低价供给高品质生态环境的福利形态，是政府将高品质生态环境作为一种福利提供给全体社会成员。既包涵了有助于提高人们生存质量的具体的土壤、水源、空气等有形生态产品，也包括了环境资源要素间的和谐要素比例，可以产生景色直观效应，使人们体验到审美愉悦感的无形的生态产品。

②森林城市生态福利的内涵

森林城市建设中生态福利体系强调的是生态对居民带来的社会效益和经济效益，着重在于生态服务，关注点在于人。其内涵有两个方面，一是生态休闲场所带来的生态福利，居民可以有生态休闲的场所可去，同时还对居民产生了生态保健效益；二是通过生态产业给居民带来的经济效益，居民通过种植生态植物，通过一系列经营手段，得到经济利益。

（3）生态福利体系的规划原则

1）以人为本

既是中华文化和哲学的精髓，也是当代中国政府执政的理念。在森林城市建设中，要把以人为核心的思想贯穿到森林城市建设的全过程，把增进居民生态福祉的要求体现到规划编制、工程实施、督促检查、绩效考核等各方面，切实把森林城市建设办成顺民愿、惠民生、得民心的德政工程。以人为本既是指导思想，更有实在的内容，具体体现在三个方面。

①森林建在哪里要以人为本

我们强调，森林城市建设就是要改善老百姓生产生活环境，所以森林建在哪里、建多少，既要尊重自然规律，更要满足改善生态环境的要求。

②建怎样的森林要以人为本

我们强调，老百姓生产生活需要什么的森林，就要建什么样的森林，树种的选择、林相的形态、森林的功能都要服从老百姓这要求。

③如何使用森林要以人为本

我们强调，城市森林绿地建设必须解决好为人服务的问题，改变过去那种与人隔离的做法。明确规定现有公园绿地要免费开放，新建森林绿地要同步建设进入设施和标识系统，方便老百姓自由进入森林，尽情享受森林。

2）城乡一体

森林城市的建设范围覆盖整个城市地域，是全域性的，既包括中心城区，也包括郊区和乡村。在森林城市建设中，我们要切实消除造林绿化中的城乡二元结构，明确规定要把城区绿化与乡村绿化统筹考虑、同步推进，为城乡居民提供平等的生态福利。在实践中，要求做到"三个统一"。

①统一规划

把乡村绿化作为重要内容，在森林城市规划中给予明确，确保乡村与城区造林绿化在同一个平台上谋划，具有同等的地位。

②统一投资

在工程安排、资金投入、政策扶持上，乡村和城区一视同仁，改变过去城区投资高标准、乡村投资低水平的状况。

③统一管理

通过建立森林城市建设指挥机构，改变过去在造林绿化上城乡分割、不同部门分块管理的状况，逐步实行统一管理的体制。

5.1.2 政策指导

党的十九大提出"要提供更多优质生态产品以满足人民日益增长的优美生态环境需要"，把人民需求与生态环境联结起来，强调生态需要满足人民需求，落脚点在于生态给人民生活带来的福利，此后有关建设优美生态环境相关政策层出不穷，不遗余力地满足人民日益增长的生态福利需求。本书按照时间顺序和重要程度，对生态福利建设的相关文件进行梳理汇总，为生态福利建设作出政策指引，更好服务于国家森林城市的建设。

《坚定不移沿着中国特色社会主义道路前进 为全面建成小康社会而奋斗——在中国共产党第十八次全国代表大会上的报告》提出："加大自然生态系统和环境保护力度。良好的生态环境是人和社会持续发展的根本基础。要实施重大生态修复工程，增强生态产品生产能力，推进荒漠化、石漠化、水土流失综合治理，扩大森林、湖泊、湿地面积，保护生物多样性。"

《决胜全面建成小康社会 夺取新时代中国特色社会主义伟大胜利——在中国共产党第十九次全国代表大会上的报告》提出："我们要建设的现代化是人与自然和谐共生的现代化，既要创造更多物质财富和精神财富以满足人民日益增长的美好生活需要，也要提供更多优质生态产品以满足人民日益增长的优美生态环境需要。必须坚持节约优先、保护优先、自然恢复为主的方针，形成节约资源和保护环境的空间格局、产业结构、生产方式、生活方式，还自然以宁静、和谐、美丽。"

国家林业局《关于加快特色经济林产业发展的意见》指出："经济林是以生产果品、食用油料、饮料、调料、工业原料和药材等为主要目的的林木，是森林资源的重要组成部分。经济林产业，是集生态、经济、社会效益于一身，融一、二、三产业为一体的生态富民产业，是生态林业与民生林业的最佳结合。我国经济林树种资源丰富、产品种类多、产业链条长、应用范围广，发展经济林产业有利于有效利用国土资源，促进林业'双增'目标早日实现。经济林在集体林中占有较大比重，发展特色经济林的重点在集体林。通过在集体林中大力发展以木本粮油、干鲜果品、木本药材和香辛料为主的特色经济林，有利于挖掘林地资源潜力，为城乡居民提供更为丰富的木本粮油和特色食品；有利于调整农村产业结构，促进农民就业增收和地方经济社会全面发展。同时，对改善人居环境，推动绿色增长，维护国家生态和粮油安全，都具有十分重要的意义。"

国务院办公厅《关于促进全域旅游发展的指导意见》指出："推动旅游与农业、林业、水利融合发展。大力发展观光农业、休闲农业，培育田园艺术景观、阳台农艺等创意农业，鼓励发展具备旅游功能的定制农业、会展农业、众筹农业、家庭农场、家庭牧场等新型农业业态，打造一二三产业融合发展的美丽休闲乡村。积极建设森林公园、湿地公园、沙漠公园、海洋公园，发展'森林人家''森林小镇'。科学合理利用水域和水利工程，发展观光、游憩、休闲度假等水利旅游。"

《关于建立以国家公园为主体的自然保护地体系的指导意见》指出："坚持生态为民，科学利用。践行绿水青山就是金山银山理念，探索自然保护和资源利用新模式，发展以生态产业化和产业生态化为主体的生态经济体系，不断满足人民群众对优美生态环境、优良生态产品、优质生态服务的需要。"

国务院办公厅《关于促进乡村产业振兴的指导意见》要求："突出优势特色，培育壮大乡村产业。因地制宜发展小宗类、多样性特色种养，加强地方品种种质资源保护和开发。建设特色农产品优势区，推进特色农产品基地建设。支持建设规范化乡村工厂、生产车间，发展特色食品、制造、手工业和绿色建筑建材等乡土产业。充分挖掘农村各类非物质文化遗产资源，保护传统工艺，促进乡村特色文化产业发展，优化乡村休闲旅游业。实施休闲农业和乡村旅游精品工程，建设一批设施完备、功能多样的休闲观光园区、乡村民宿、森林人家和康养基地，培育一批美丽休闲乡村、乡村旅游重点村，建设一批休闲农业示范县。"

国家林业和草原局《关于印发<乡村绿化美化行动方案>的通知》提出："发展绿色生态产业。将乡村绿化美化与林草产业发展相结合，因地制宜培育林草产业品牌，提升林草产业品质，推进一二三产业融合发展，带动乡村林草产业振兴，实现林草产业富民。做好'特'字文章，结合地方传统习惯，发展具有区域优势的珍贵树种用材林及干鲜果、中药材、木本油料等特色经济林。推广林草、林花、林菜、林菌、林药、林禽、林蜂等林下经济发展模式，培育农业专业合作社、家庭林场等新型经营主体，推进林产品深加工，提高产品附加值。依托乡村绿色生态资源，用好古村落民居、民俗风情、名人古迹、古树名木、乡村绿道等人文和自然景观资源，大力发展森林观光、林果采摘、森林康养、森林人家、乡村民宿等乡村旅游休闲观光项目，带动农民致富增收。"

国家林业和草原局 民政部 国家卫生健康委员会 国家中医药管理局《关于促进森林康养产业发展的意见》指出："全面贯彻党的十九大和十九届二中、三中全会精神，以习近平新时代中国特色社会主义思想为指导，牢固树立新发展理念，以建设生态文明和美丽中国为统领，以服务健康中国和促进乡村振兴为目标，以优化森林康养环境、完善康养基础设施、丰富康养产品、建设康养基地、繁荣康养文化、提高康养服务水平为重点，向社会提供多层次、多种类、高质量的森林康养服务，不断满足人民群众日益增长的美好生活需要。"

5.2　规划思路

生态福利体系规划是建立在生态福利、以人为本和城乡一体理论研究的基础上，分析当地生态服务现状长处与短板，按照相关政策要求和国家森林城市评价指标，着重于为公众提供生态产品，提升生态服务功能。归纳总结后提出生态休闲场所建设、城乡绿道网络建设、花卉苗木产业建设、特色经济林建设、森林康养基地建设和乡村生态旅游建设六大类生态福利体系规划建设工程。通过工程建设，以期建立符合国家政策要求、满足森林城市评价指标，并具有当地特色的生态福利体系。见图5-1。

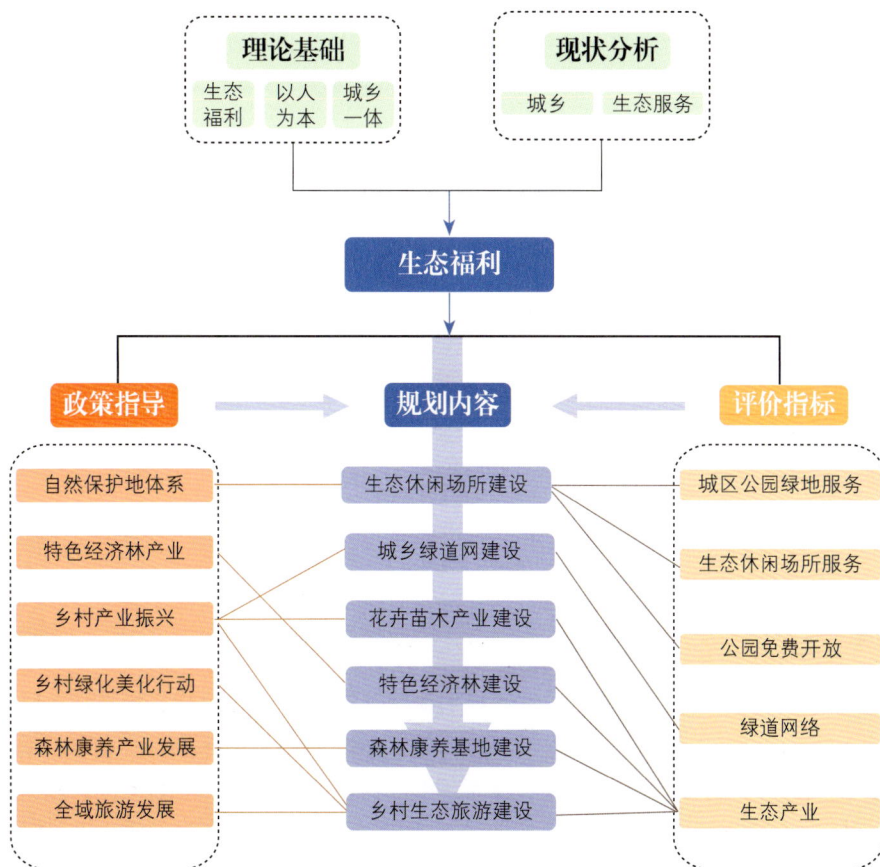

图5-1　生态福利体系规划思路

5.3　规划内容与实例

生态福利体系作为森林城市建设中的新体系，在总体规划中通常分为三类编制模式，第一类为按照《国家森林城市评价指标》（LY/T 2004-2012）城市林业经济体系编制的规划；第二类是考虑了2019年现行指标体系还未正式发布时的征求意见稿，参照两版指标融合编制的规划；第三类是《国家森林城市评价指标》（GB/T 37342−2019）体系正式发布后编制的总体规划。以下举例说明。

（1）参照原有指标体系编制的规划

广西壮族自治区来宾市国家森林城市建设总体规划编制于2013年，参照原有的行业标准《国家森林城市评价指标》（LY/T 2004−2012）进行编制，生态旅游、林产基地、林木苗圃3个指标对应规划了生态旅游产业建设、速丰林基地及木材加工制造业建设、种苗花卉产业建设和经济林基地建设4个工程，满足了指标的要求。

实例：广西壮族自治区来宾市国家森林城市建设总体规划（2013—2020年）
　　　　——森林产业体系建设

七、森林产业体系建设
　　　（一）生态旅游产业建设
　　　（二）速丰林基地及木材加工制造业建设
　　　（三）种苗花卉产业建设
　　　（四）经济林基地建设

（2）参照两版指标融合编制的规划

重庆市涪陵区国家森林城市建设总体规划编制于2018年，当时现行标准还是原有的行业标准《国家森林城市评价指标》（LY/T 2004−2012），现行标准还未正式发布，编制人员结合两版标准进行编制，按照原有指标体系编制了林业产业体系，规划了生态旅游建设工程、特色经济林基地建设工程、花卉苗木基地建设工程。同时。按照国家标准《国家森林城市评价指标》（GB/T 37342−2019）规划了生态服务体系，规划了郊野公园建设工程、绿道网络建设工程，同时满足了两版规范的要求。

实例：重庆市涪陵区国家森林城市建设总体规划（2018—2027年）
　　　——生态服务体系建设和森林产业体系建设

七、生态服务体系建设
　　　（一）郊野公园建设工程
　　　（二）绿道网络建设工程

（三）森林康养基地建设工程

八、森林产业体系建设
　　（一）生态旅游建设工程
　　（二）特色经济林基地建设工程
　　（三）花卉苗木基地建设工程

（3）参照现行指标体系编制的规划

　　三亚市国家森林城市建设总体规划编制于2019年，国家标准《国家森林城市评价指标》（GBT 37342-2019）已经正式发布，总规对应指标规划了生态福利体系，规划了生态旅游建设工程和绿道系统建设工程和热带花卉苗木产业建设工程。

实例：海南省三亚市国家森林城市建设总体规划（2019—2028年）
——生态福利体系建设

六、生态福利体系建设
　　（一）生态旅游建设工程
　　（二）绿道系统建设工程
　　（三）热带花卉苗木产业建设工程

　　不论指标体系如何调整，生态福利体系规划内容按照生态产品类型，可分为生态休闲场所建设和生态产业建设；按照建设地点，可分为城区、郊区和乡村生态福利建设；按照服务对象，可分为对城区居民、乡村居民和外来游客的生态服务建设。总的来说可以包括：生态休闲场所建设、城乡绿道网络建设、花卉苗木产业建设、特色经济林建设、森林康养基地建设和乡村旅游产业建设六大工程。

5.3.1　生态休闲场所建设

　　森林生态休闲场所是以良好的森林环境为背景，以较高的游憩价值景观为依托，充分利用森林生态资源和乡土特色产品，融森林文化与民俗风情为一体的，为游客提供吃、住、娱乐等服务的健康休闲型的品牌旅游产品。生态休闲场所的建设对于建设生态文明、满足国民日益增长的精神文化需求、提高人民的生活质量具有十分重要的意义，它有利于森林自然资源和生态环境的保护，实现森林资源的可持续利用，同时普及生态文化知识，提高人们的生态文明意识。森林生态休闲场所建设需要对城市郊野公园、森林公园、湿地公园等以生态环境为主体的生态休闲资源进行合理利用，并形成主题各异的森林生态休闲场所，最终为城乡居民提供多样的生态服务。

（1）规划内容

优化资源配置，在森林植被良好，景观资源丰富，生态环境优越，文化底蕴深厚的森林、湿地等区域，加快森林公园、湿地公园等各类生态休闲场所。在理顺产权利益关系和群众自愿的基础上，支持鼓励林农利用具备一定景观条件的集体或个人经营管理的森林资源，提供森林旅游服务。在区位条件良好、具有林业特色的区域，鼓励各类林业观光园、采摘园和特色文化园的建设。

①提升景区建设水平和服务质量

改善生态休闲场所的外部交通条件，完善景区的供电、供水、供气、供热和通信等设施。加快生态休闲场所基础设施建设，重点加强资源环境保护设施、科普教育设施、旅游道路、停车场、游客服务中心以及各种安全、环卫设施的建设。改善生态休闲场所接待服务条件，创新完善生态休闲场所服务体系，大力提高生态休闲场所接待服务质量。加强生态文化建设，强化生态文化教育功能。

②加强宣传推广

加大生态休闲场所宣传力度，打造优秀森林旅游品牌。积极参加国家林业和草原局、国家旅游局定期举办的"中国森林旅游节"和"中国森林旅游博览会"，强化国家级宣传品牌建设；充分利用电视、报刊、广播、网络等公共媒体，将系列报道与专题报道相结合，加大对生态休闲场所的公益宣传力度。引导各地不断丰富和推出具有地方特色、资源特色和文化特色的生态休闲主题活动；立足自身资源优势和产品优势，准确把握市场定位，加大特色生态休闲产品的宣传和推介。推动生态休闲场所与专业旅行社之间的合作，鼓励旅行社把开拓生态休闲市场纳入重要的业务范畴。

③推动农民增收和农村经济发展

引导生态休闲场所积极为周边林农提供就业机会。鼓励林农依托各类森林生态休闲场所，大力发展餐饮、住宿、运输、导游服务等森林旅游相关产业，大力发展直接为森林旅游服务的种植业、养殖业和制造业，着力兴办"森林人家"等接待服务设施，让游客体验"住森林人家、吃绿色食品、呼吸清洁空气、欣赏森林美景、品读自然山水"的人与自然深度融合的生态休闲新形式。鼓励农民积极利用森林风景资源，建设经营各具特色的生态休闲景区（点），引导各地立足自身文化特色，建成民族村寨、民俗文化村等。

5.3.2 城乡绿道网络建设

绿道是一种线形绿色开敞空间，通常沿着河滨、溪谷、山脊、风景道路等自然和人工廊道建立，内部设置可供行人和骑车者进入的城市景观游憩线路。绿道可以有机串联各类有价值的自然和文化资源，从而更好地保护和利用自然、历史文化资源，并为居民提供充足的游憩、休闲和交往的空间，对生态、社会、文化等方面都有重要作用。绿道规划包含城镇型绿道和郊野型绿道两大类，通过设置线形绿色开敞空间将城市的主要的森林公园、自然保护区、风景名胜区、文化景观、历史古迹以及与人口密集地区之间进行连接。

（1）规划内容

①绿道分类

根据所处区位及环境景观风貌，绿道分为城镇型绿道和郊野型绿道两类。

城镇型绿道：城镇规划建设用地范围内，主要依托和串联城镇功能组团、公园绿地、广场、防护绿地等，供市民休闲、游憩、健身、出行的绿道。

郊野型绿道：城镇规划建设用地范围外，连接风景名胜区、旅游度假区、农业观光区、历史文化名镇名村、特色乡村等，供市民休闲、游憩、健身和生物迁徙等的绿道。

②绿道选线

应充分利用现状自然肌理的开放空间边缘（水系边缘、农田边缘、林地边缘等），以及现有步行及自行车交通道路等作为绿道选线的依托，应避开易发生滑坡、塌方、泥石流等地质灾害的危险区域。

应就近联系各级城乡居民点及公共空间，方便市民使用；同时尽可能连接自然景观及历史文化节点，体现地域特色。

在有条件的情况下，绿道线路宜网状环通或局部环通，可依托绿道连接线加强绿道的连通性，并满足绿道连接线长度控制要求。

应综合考虑环境现状，包括可依托区域的长度、可达性、建设条件等因素，对绿道选线进行多方案比选，最终确定绿道的适宜线路。

（2）实例应用

曲靖地处珠江之源，山美水秀，丰富的湿地资源和茂密的森林塑造了高原水乡的森林景观，但绿道建设薄弱，缺少完整的绿道网络。曲靖市国家森林城市建设总体规划补足绿道建设的短板，规划建设都市型绿道、生态型绿道和城郊型三类绿道，构建了一套连通城乡的生态网络体系，突出曲靖地域风貌，展现多样化的景观特色。

实例：云南省曲靖市国家森林城市建设总体规划（2018—2035年）
——绿道系统建设工程

一、建设背景

绿道是一种线形绿色开敞空间，通常沿着河滨、溪谷、山脊、风景道路等自然和人工廊道建立，内部设置可供行人和骑车者进入的城市景观游憩线路，由节点系统、慢行系统、绿廊系统、标识系统、服务设施系统和交通衔接系统组成，是连接主要的公园、自然保护区、风景名胜区、文化景观、历史古迹以及与人口密集地区之间的绿色纽带。建设绿道有利于更好地保护和利用自然、历史文化资源，并为居民提供贴近自然、骑车慢行和休闲健身的场所。

二、建设目标

结合曲靖市生态旅游资源及道路交通状况等基础条件，打造形式多样、功能各异的慢行系统，展现多样化的主题。主要类型有都市型绿道、生态型绿道和城郊型绿道。

都市型绿道主要分布在城市规划区，依托人文景点、公园广场和城市道路两侧的绿地设立，为人们慢跑、散步和自行车骑行提供场所。城郊型绿道是依托旅游公路等串联特色景点的道路，以加强城乡生态联系、满足城市郊野休闲需求，旨在为人们提供亲近大自然、感受大自然的绿色休闲空间，实现人与自然的和谐共处。生态型绿道主要在森林公园、郊野公园、湿地公园和重要景区范围内，沿天然河流、山体设立，满足骑行、徒步和游憩的需要。

2017—2019年，规划新建都市型绿道20.5km；城郊型绿道262km；生态型绿道67km。新建绿道共349.5km。

2020—2022年，规划新建都市型绿道5.2km；城郊型绿道137km；生态型绿道32km；新建绿道共174.2km。

2023—2026年，规划新建都市型绿道10.8km；城郊型绿道85km；生态型绿道40km；新建绿道共135.8km。

三、建设内容

（一）都市型绿道

依托曲靖市"麒沾马"一体化格局、师宗县和陆良县的优越区位条件，分别在麒麟区、沾益区、马龙县、师宗县、陆良县建设完善的都市慢行体系。根据中心城区内公园绿地、居住区、学校的分布情况，构建能够连接人与绿地的循环慢行模式。

麒麟区都市慢行"绿圈"："绿圈"沿白石江、麒麟河串联寥廊公园、河滨公园、大花桥景观公园、泰丰公园、白石江公园等绿地，通过人与绿地交互空间的构建，改善城市的结构和环境，提高公园绿地的使用效率，为居民打造一个精致、有品位的户外休闲空间。

沾益区都市慢行"绿L"："绿L"串联沾益区的部分商业中心、行政部门、学校和小区，可为居民尤其是学生创造运动健身的舒适场所。

马龙县都市慢行"绿H"："绿H"串联沈家山公园、龙湖公园、汇龙溪湿地公园、水景公园，充分发挥马龙县"竞走之乡""国家奥林匹克高水平后备人才基地""高原竞走训练基地"等体育名片的优势，构建运动、休闲的景观廊道。

师宗县都市慢行"绿环"："绿环"串联通玄公园、商贸区、居住区和学校，切实调剂城市密集区的交通情况，真正做到解决居民"最后1公里"的便利出行，满足人们慢跑、骑行等运动健身需求。

陆良县都市慢行"绿框"："绿框"串联西华公园、购物广场、小区和学校，并且与步行街紧密衔接，从适合车的尺度回归到适合人的尺度的空间，提升居民的舒适度、安全感和归属感。都市型绿道建设详见例表5-1。

例表5-1　曲靖市都市型绿道建设一览表

建设地点		建设规模（km）	建设时间		
			2017—2019年	2020—2022年	2023—2026年
麒麟区	河滨路	2.4	√		
	胜峰路	2.2	√		
	和平路	0.6		√	
	翠峰东路	1.1	√		
	教场西路	1.6	√		
	寥廊北路	1.3	√		
	瑞和东路	0.6		√	
	沿白石江	5.2	√		
	小计	15	13.8	1.2	0
沾益区	珠江源大道	1	√		
	龙华东路	0.5	√		
	东风南路	0.9			√
	杜鹃东路	0.7		√	
	湖滨路	0.6	√		
	小计	3.7	2.1	0.7	0.9
马龙县	滨河北路	1.4	√		
	龙海路	1.5		√	
	沈家山公园	2.5			√
	汇龙溪湿地公园	3.2			√
	小计	8.6	1.4	1.5	5.7
师宗县	丹凤路	0.9	√		
	丹溪大道	1.3	√		
	江召公路	0.9			√
	凤竹路	0.7			√
	东华路	0.7		√	
	南通街	0.15			√
	凤尾街	0.35			√
	小计	5	2.2	0.7	2.1
陆良县	南门街	0.8			√
	古桥街	1.1		√	
	爨乡街	1	√		
	西华路	1.3			√
	小计	4.2	1.0	1.1	2.1
全市总计		36.5	20.5	5.2	10.8

（二）城郊型绿道

城郊型绿道通过与城市绿道无缝衔接，使绿道的生态效益惠及百姓。延伸都市型绿道体系，指向自然保护区、森林公园、风景名胜区和重要景区景点，建立联系城市与景区、景区与景区的慢行纽带，为游客进入景区增加运动休闲的新途径。珠江源森林公园、罗平鲁布革森林公园、富源十八连山森林公园、陆良五峰山森林公园和会泽黑颈鹤国家级自然保护区是曲靖市的著名生态旅游景点，根据居民短途出游需求，建设绿道，绿道两侧植物配置以乔灌结合为主，适量选种一些野花野草，形成疏密有致、独具乡野特色的绿道景观。陆良彩色沙林、师宗南丹山和马过河风景区均具有较高的旅游和科考价值，通过城郊型绿道的建设，连接各景区与景点，营造健康完备的进入体系。整个城郊型绿道形成以"麒沾马"为中心、紧密联系会泽县、宣威市、富源县以及陆良、师宗、罗平重要景区景点，形成"鱼刺状"绿岛网络，充分构建曲靖市居民出游、运动、休闲的舒适慢行空间。城郊型绿道建设详见例表5-2。

例表5-2 曲靖市城郊型绿道建设一览表

建设地点	建设规模（km）	建设时间		
		2017年—2019年	2020年—2022年	2023年—2026年
宣威至会泽黑颈鹤国家级自然保护区	92		√	
十八连山森林公园至宣威东山	85			√
宣威至珠江源国家森林公园	45		√	
海峰自然保护区至马过河风景区	75	√		
马过河风景区至五峰山湿地公园	60	√		
南丹山至陆良彩色沙林	75	√		
师宗至罗平鲁布革森林公园	52	√		
全市总计	484	262	137	85

（三）生态型绿道

结合曲靖市各风景名胜区、森林公园、自然保护区的分布情况，依托现有自然山体、水体和历史风貌基础，在沾益珠江源森林公园、罗平鲁布革森林公园、富源十八连山森林公园、陆良五峰山森林公园、陆良彩色沙林、宣威东山、马龙马过河风景区、师宗南丹山内部，在满足游客的不同需求的情况下，结合最适出行距离，设置步行道、自行车道和综合绿道。生态型绿道建设详见例表5-3。

例表5-3 曲靖市生态型绿道建设一览表

建设地点	建设规模（km）	建设时间		
		2017—2019年	2020—2022年	2023—2026年
沾益珠江源森林公园	18	√		
罗平鲁布革森林公园	17	√		
富源十八连山森林公园	15	√		

建设地点	建设规模（km）	建设时间		
		2017—2019年	2020—2022年	2023—2026年
陆良五峰山森林公园	17	√		
陆良彩色沙林	18		√	
宣威东山	20			√
马过河风景区	14		√	
师宗南丹山	20			√
全市总计	139	67	32	40

5.3.3　花卉苗木产业建设

花卉苗木产业是依托花卉苗木种植建立起来的产业，包括种植产业、加工产业和文旅产业。它既是美丽的公益事业，又是新兴的绿色朝阳产业，发展花卉产业对于绿化美化环境、建设美好家园，调整产业结构、增加城乡人均收入，扩大社会就业、提高人民生活质量，全面建成小康社会，推进生态文明，建设美丽中国，都具有重要作用。花卉苗木产业建设需要以苗木花卉基地建设为重点，加快三产融合发展，加快苗木花卉规模化、集约化、产业化发展步伐，努力形成特色品牌、品种齐全、结构合理、流通体系完善、苗木花卉生产与赏花旅游良性循环的产业发展格局，使苗木花卉产业成为农民增收新的增长极，发挥生态福利功能。

（1）规划内容

①苗木花卉创新

构建以常规技术与高新技术、自主创新与引进吸收、国家级与省（区、市）级科研教学机构相结合的苗木花卉新品种选育科技创新体系；构建以企业为主体、产学研相结合的育繁推一体化体系，促进科技成果向现实生产力转化；建立以花卉种质资源保护为重点的公共财政扶持机制，形成政策与资金扶持并举，促进花卉品种创新。

重点开展乡土观赏植物优良品种选育与应用、国内外名优新苗木花卉品种的引种与推广、传统名花品种改良与质量提升、优势商品苗木花卉品种选育和标准化栽培、苗木花卉新品种测试与审（认）定、花卉重要功能基因挖掘与现代育种技术平台建设等。

②苗木花卉技术研发推广

建立以产业需求为导向、产学研相结合为基础的花卉技术研发体系；充分利用现有农林技术推广机构，逐步建立起以各级农林研发推广机构为主导，农村苗木花卉合作经济组织为基础，苗木花卉科研、教学等单位和苗木花卉企业广泛参与、分工协作、服务到位、充满活力的多元化苗木花卉技术推广体系。

③苗木花卉经营

建设现代苗木花卉产业示范园区、培育龙头企业、建设苗木花卉品牌，从而发挥苗木花卉龙头企业的带动作用，推动苗木花卉产业集群化发展，建立多层次苗木花卉生产经营协调发展体系。

④苗木花卉市场

建设全国性、区域性花卉产品市场，形成完整、高效的花卉市场体系；构建现代花卉物流配送网络，形成高效、快捷的花卉物流体系。

⑤苗木花卉文化

通过建设苗木花卉文化基地、开展花卉会展节庆继承和发扬我国传统花文化，适应社会发展需求，不断丰富花文化内涵，将花文化融入生态文化、和谐文化及城乡发展之中，密切花卉与人们生活的内在联系，提升花卉产品的内在价值，引导花卉消费。

5.3.4 特色经济林建设

经济林是以生产果品、食用油料、饮料、调料、工业原料和药材等为主要目的的林木，是森林资源的重要组成部分。经济林产业，是集生态、经济、社会效益于一身，是融一、二、三产业为一体的生态富民产业，是生态林业与民生林业的最佳结合。特色经济林产业的发展，对带动地方百姓致富，发展生态经济具有重要作用，是典型的民生产业，具有生态福利作用，同时对生态环境的改善具有促进作用，对森林城市中生态环境的建设也具有推动作用。特色经济林产业建设一般包含木本油料、木本粮食、特色鲜果、木本药材、木本调香料五大类型，需要根据市场需求，与当地的经济林资源，选取适合的特色经济林品种；同时通过引进试验和示范推广适宜地方的特色经济林新品种、新技术、新成果，不断提高科技含量。

（1）规划内容

①提升基地建设水平

按照适地适树、良种栽培、规模种植、科学管理的要求，采取新建与改造相结合，高标准打造一批特色经济林示范基地，带动全国特色经济林建设。加强基地集水节水技术应用和配套基础设施建设，减少水土流失。在山区适度开展整梯田、修道路、建塘坝、栽植防护林等建设，推广集雨窖、小管出流等节水灌溉技术；平原和沙区积极采取微灌、滴灌等节水措施。积极推广应用土壤耕作、有害生物防治、动力修剪等机械，提高机械化程度，降低生产成本。

②实施标准化生产

加快制定特色经济林国家、行业和地方技术标准，完善经济林建设标准体系，加大标准化生产技术实施和推广力度。改进传统种植模式，大力推进矮化密植、网架棚架式等现代种植模式；改变传统耕作方式，推广有利于原生植被保护和水土保持的整地措施，全面推行增施有机肥、测土平衡施肥等方法；强化病虫无公害防控，推行生物、物理防治措施，推广安全间隔期用药技术；落实绿色、有机栽培管理措施。

③培育壮大龙头企业

按照扶优、扶强要求，以提高精深加工、采后分级和冷链贮运能力为重点，进一步完善政策，优化环境，改善服务，活化机制，建设一批类型多样、资源节约、产销一体、效益良好的龙头企业。鼓励各类工商资本、民间资本和其他社会资本投资兴办经济林企业。引导企业完善法人治理结构，建立现代企业制度。积极引导龙头企业向优势产区集中，创建经济林产业化示范基地，培育壮大区域优势主导产业。

④积极创建知名品牌

引导各地及龙头企业、专业合作经济组织树立品牌意识，加强质量管理，增加科技投入，积极争创知名品牌，提高竞争实力。支持龙头企业申报驰名商标、名牌产品。鼓励主产区申报名特优经济林地理标志，提高社会知名度。整合同一区域、同类产品的不同品牌，集中打造优势品牌，增强品牌效力。

⑤良种繁育体系

在充分发挥现有良种繁育基地生产能力的基础上，新建和改扩建一批以油茶、核桃、枣、板栗、仁用杏（山杏）、油橄榄等为主的特色经济林木良种壮苗生产基地，保障特色经济林建设的优质种苗供应，全面提升特色经济林良种化水平。坚持科学引种，加大乡土优良品种选育力度，做到引种栽培和选育推广乡土优良树种相结合，在乡土经济林木资源相对集中的区域，建立种质基因库和收集圃。

⑥科技支撑体系

整合科技资源，组建专家技术服务团队，建设产业技术联盟，形成产学研用紧密结合的发展机制。强化科技创新，着力突破良种培育、优质丰产栽培、循环利用、现代信息、林机装备、储藏加工、安全检测等方面的关键技术，加大无公害、绿色和有机产品的开发和推广力度。积极构建各级林业科技推广机构、合作组织、龙头企业和社会力量广泛参与的新型林业科技推广体系。创新培训模式，加强林业科技队伍建设和实用人才培养。

（2）实例分析

涪陵区位于重庆市中部，三峡库区腹地，林业资源丰富，林产产业种类众多。涪陵区国家森林城市建设总体规划对其林业产业中特色经济林产业进行分析，找出其中最有经济价值的木本油料产业、笋用竹产业、果品林产业和林药产业4个类型，并对4个类型在种植面积、科技推广、专业化管理、企业合作等方面进行规划。涪陵区特色经济林基地建设工程中重点在于从事特色经济林产业可以给农户带来可观的经济利益，强调生态为农村居民带来的经济福利，通过种植特色经济林，最终达到保持水土、绿化村庄和促农增收的"三赢"效果。

实例：重庆市涪陵区国家森林城市建设总体规划（2018—2027年）
——特色经济林基地建设工程

一、木本油料产业

（一）建设现状

虽然涪陵区木本油料产业起步晚但已初具规模，并逐步增加种植面积。涪陵区共有木本油料基地2745.00hm^2，其中油茶林总面积达1933.00hm^2，花椒林种植面积达812.00hm^2。主要分布在马鞍街道、李渡街道、新妙镇、龙潭镇、同乐乡等乡镇街道。2017年涪陵区茶油总产量为719.00吨，油茶产业实现总产值968.00万元。涪陵区近年来结合退耕还林工程，大量种植花椒，花椒产业发展迅速。南沱镇拥有200.00亩的花椒基地，年产量可达45万吨，实现产值1350万元。涪陵区大力发展木本油料产业，积极引进山仓油茶种植合作社、代华油茶种植合作社、东土坡油茶专业合作社、重庆锦锋林业公司等木本油料种植业主。社会资本进入，提出了"公司（合作社）+农户"的模式，给涪陵木本油料产业带来新技术、新发展。推动木本油料种植技术快速更新，基地的管理水平不断增强，产量迅速提升，促进了经济收入快速增长。木本油料已成为涪陵区林农的"幸福树""致富树""摇钱树"。

（二）建设目标

立足于涪陵生态、资源和产业优势，促进涪陵木本油料品牌整合，着力打造木本油料种植产业提升、木本油料加工产业升级和木本油料文旅产业融合三大工程，全面推动木本油料产业振兴战略。加强木本油料基地的建设，巩固提升木本油料产业对涪陵区农村经济发展、农民增收致富和所提供的就业岗位的贡献，致力于实现涪陵木本油料产业新发展。

到规划期末，新建木本油料基地506.66hm^2，其中油茶基地新建253.33hm^2，花椒基地新建253.33hm^2；近期新建299.99hm^2，中期新建186.67hm^2，远期新建20.00hm^2；并建设李渡山仓油茶示范园、同乐油茶产业园。

（三）建设内容

结合退耕还林工程和国土绿化提升行动，增加木本油料种植面积，并进行木本油料产业园建设，主要在李渡街道、同乐乡和增福乡建设油茶基地，在白涛街道、南沱镇、珍溪镇、同乐乡和增福乡建设花椒基地。大力发展良种木本油料基地，对高产优良品种进行推广，并对低产木本油料进行改造。与全国各级科研院校进行合作，积极开展木本油料产业发展相关课题研究，重点开展良种选育、栽培丰产技术、木本油料提取及深加工技术等研究。同时通过扶持涪陵木本油料产业龙头企业和提高优质木本油料产品的市场认知度，增强龙头企业的示范带头作用，延长产业经济链条，生产高附加值副产品，推进产业化进程。培养有市场竞争力的营销集团，着力打造木本油料市场知名品牌，不断增加市场份额，详见例表5-4。

例表5-4　木本油料基地建设规划表

| 序号 | 乡镇 | 建设规模（hm²） | 项目类型 | 建设时间 | | | 备注 |
				近期（hm²）	中期（hm²）	远期（hm²）	
1	李渡街道	53.33		13.33	20.00	20.00	
2	同乐乡	133.33	油茶基地	133.33			
3	增福乡	66.67			66.67		
4	白涛街道	100.00			100.00		规划期末，建成山仑油茶示范园、同乐油茶产业园
5	南沱镇	20.00		20.00			
6	珍溪镇	46.67	花椒基地	46.67			
7	同乐乡	53.33		53.33			
8	增福乡	33.33		33.33			
	总计	506.66		299.99	186.67	20.00	

二、笋用竹基地建设

（一）建设现状

笋竹产业是涪陵区新型特色产业，近年来被列为涪陵区发展重点和特色效益产业发展方向。目前涪陵区笋竹基地面积为580.00hm²，主要分布在南沱镇和新妙镇，全区商品竹笋产量也达到1.20万吨。涪陵区逐步加强笋竹生产基础设施建设，2017年新建笋用竹林区作业道路23.00km。涪陵区还不断推进笋竹产业的科技水平，三峡笋业公司与中国林业科学研究院亚热带林业研究所、重庆市林业科学研究院开展了"丛生竹高效繁殖技术与示范"项目合作，建设快繁绿竹、麻竹、雷竹种苗基地。在基础设施完善和科技水平不断提升的保证下，涪陵区的笋竹产业近年来也是形势大好，发展也少走了许多弯路，拥有了健康的发展态势。

（二）建设目标

充分发挥涪陵竹种植自然优势，提升笋用竹的产业化发展。重点推进笋用竹基地建设，抓点示范，典型引路，强化行政推动，培育竹笋经营示范村和竹笋致富示范户，引导笋农按照竹笋品种和培育目的的不同，实施分类经营、定向培育，通过采取不同的技术措施和管理模式，实现丰产增效，全面提高笋用竹林的经营水平，将笋用竹产业打造成为涪陵区林业产业发展最具潜力、农民效益最好的产业。

规划期内，新建笋用竹产业基地159.99hm²。其中，近期新建146.66hm²，中期新建13.33hm²。

（三）建设内容

按照适地适竹的原则，通过实施退耕还林、低效林改造、水土保持工程等建设项目，主要在南沱镇和义和镇坡度小于30°的坡地带集中连片开发笋用竹。加大笋用竹林业标准化示范基地改造，推进资源培育、林业服务产业标准化示范基地工作。加强笋用竹产业技术培训，积极推广先进科技成果和实用技术，扶持与培育竹笋制品深加工企业，充分发挥高效基地与企业的示范带动作用，提升产业发展整体水平。通过政府监管和引导作用，改善和提升笋用竹产业的市场环境，为笋用竹产业经济发展构建高效运行的保护屏障。促进笋竹文旅产业渗透发展，实现三产融合，推动经济结构转型优化，详见例表5-5。

例表5-5　笋竹产业基地规划表

序号	乡镇	建设规模（hm²）	建设时间		
			近期（hm²）	中期（hm²）	远期（hm²）
1	南沱镇	26.66	13.33	13.33	
2	义和镇	133.33	133.33		
	总计	159.99	146.66	13.33	

三、果品林基地建设

（一）建设现状

涪陵区结合长江两岸森林工程和新一轮退耕还林，种植柑橘类果树，推进果品林迅速发展。现有各类果品林种植面积5800.00hm²，2013—2017年涪陵区各类果品林产出果品共251825.00吨，实现产值62950.00万元。涪陵区果品林品种以柑橘类为主，辅以杨梅、桃子、李子、梨子、无花果等果树。涪陵区果品林各乡镇街道均有种植，许多果品以"个大、味甜、色美"而远近闻名，其中南沱镇的龙眼、枇杷，珍溪镇的桃子、脐橙，义和镇的李子，李渡街道的杨梅成为市场的宠儿，供不应求。在发展果品种植业的同时，涪陵区也加速一产三产联动，结合其种植基地开展采摘节等生态文化活动。涪陵区李渡街道6月举办杨梅文化节、南沱镇9月开展龙眼采摘文化节，珍溪镇12月开始柑橘文化节，吸引着涪陵周边游客纷纷前往，促使果品的需求量大幅上升，果品产业产值也节节高升，详见例表5-6。

例表5-6　2013—2017年涪陵区果品林产值统计表

序号	项目	2013年	2014年	2015年	2016年	2017年	合计
1	产量（吨）	74901.00	74901.00	15301.00	15936.00	70786.00	251825.00
2	产值（万元）	6000.00	6050.00	13628.00	18011.00	19261.00	62950.00

（二）建设目标

果品林基地建设以政策引导、示范引领、龙头带动为抓手，坚持政策创新和机制创新，实施生态精准扶贫。巩固现有柑橘类、杨梅、龙眼、桃子、李子、梨子、无花果等果品林基地，继续结合长江绿化和新一轮退耕还林重点发展柑橘类果品林，适度发展龙眼、桃子、李子、梨子、无花果等果品树。培育龙头企业（组织），完善技术推广体系、市场建设体系以及贮藏加工体系，推动林果产业升级。

规划期内，果品林基地共新建353.32hm²，共低改基地66.67hm²。其中，近期新建基地219.99hm²，中期新建基地133.33hm²，低改基地66.67hm²。

（三）建设内容

1）柑橘类基地建设

主要建设区域位于白涛镇、义和镇、蔺市镇和珍溪镇，共创建高标准示范基地219.99hm²。涪陵区独特的气候土壤条件，成为柑橘类果品的优势产区。加强老基地升级改造，新基地按照生态建园原则进行设计。优化品种结构，丰富以脐橙为主的柑橘品种结构。完善无病毒苗木繁育体系，强化苗木市场监管。深化农产品采摘、观光游览区建设，打造重点建设区域的柑橘种植、采摘、科普观光园。

2）龙眼、荔枝基地建设

在南沱镇重点发展龙眼基地，以提质增效为重点，加强示范建设，共新建133.33hm²龙眼、荔枝示范基地，低改龙眼、荔枝基地66.67hm²。注重生态建园，便于机械化生产，便于农事操作，提升劳动生产率，采用基地精准施肥、精确修剪、精细喷药的标准化生产技术水平，引领产业提质增效，推进产业发展升级，详见例表5-7。

例表5-7 果品林基地建设规划表

序号	乡镇	项目名称	性质	建设规模（hm²）	建设时间		
					近期（hm²）	中期（hm²）	远期（hm²）
1	白涛街道	柑橘类基地	新建	33.33	33.33		
2	珍溪镇			33.33	33.33		
3	蔺市镇			133.33	133.33		
4	义和镇			20.00	20.00		
5	南沱镇	龙眼、荔枝基地	新建	133.33		133.33	
			低改	66.67		66.67	
	总计			419.99	219.99	200.00	

四、林药基地建设

（一）建设现状

涪陵区林药产业刚起步，是未来林下经济产业主要的发展方向。目前涪陵区林药基地主要分布在江东街道和同乐乡，现已发展林药种植面积50.00hm²，2013—2017年涪陵区林药总产量1920.00吨，林药产业共实现产值8126.00万元。涪陵林药基地主要种植厚朴。厚朴是制作藿香正气液的主要原料，采集厚朴干燥干皮、根皮及枝皮入药。涪陵太极集团生产的藿香正气液来源于宋代《太平惠民和剂局方》的处方："藿香正气散"，并加以现代化改造，深受大家喜爱。目前涪陵区厚朴产量并不能满足生产藿香正气液对厚朴的需求，急需大力发展林药基地，详见例表5-8。

例表5-8　2013—2017年涪陵区林药产值统计表

序号	项目	2013年	2014年	2015年	2016年	2017年	合计
1	产量（吨）	51.00	51.00	51.00	30.00	1737.00	1920.00
2	产值（万元）	1980.00	1990.00	2002.00	420.00	1734.00	8126.00

（二）建设目标

充分利用林下空间优势，按照生态优先、因地制宜的要求，大力发展林药基地。积极推广"公司+农户"的林下产业发展方式，走产业化发展、集约化经营的道路，提高综合效益与林农致富能力，促进林下经济发展。建成一批规模大、效益好、带动力强的林药示范基地，增强农民持续增收能力，实现林药经济产值和农民综合收入双增长。

规划期内，新增林药基地面积466.66hm^2。其中，近期新增林药基地面积133.33hm^2、中期新增林药基地面积333.33hm^2。

（三）建设内容

以武陵山乡和大顺乡为中心，大力发展厚朴种植，采取"政策引导、统一供种、基地示范、集中回购、统一销售"的模式，共建立无公害林药基地466.66hm^2，并引导林农利用自家的林地种植厚朴等林药，只需简单管护即可获得较高收益。最终达到保持水土、绿化村庄和促农增收的"三赢"效果，详见例表5-9。

例表5-9　林药基地建设规划表

序号	乡镇	建设规模（hm^2）	建设时间		
			近期（hm^2）	中期（hm^2）	远期（hm^2）
1	大顺乡	333.33		333.33	
2	武陵山乡	133.33	133.33		
	总计	466.66	133.33	333.33	

5.3.5　森林康养基地建设

森林康养是以森林生态环境为基础，以促进大众健康为目的，利用森林生态资源、景观资源、食药资源和文化资源并与医学、养生学有机融合，开展保健养生、康复疗养、健康养老的服务活动。发展森林康养产业，是科学、合理利用林草资源，践行绿水青山就是金山银山理念的有效途径，是实施健康中国战略、乡村振兴战略的重要措施，是林业供给侧结构性改革的必然要求，是满足人民美好生活需要的战略选择，意义十分重大。森林康养基地要求建设在景观资源丰富，气候条件适宜的区域内，并建设康养步道、疗养设施、无障碍设施，配备电、通讯、接待、住宿、餐饮、垃圾处理等基础设施，开展保健型、康复型、养老型、综合型等多种类型的森林康养活动。

（1）规划内容

①优化森林康养环境

遵循森林生态系统健康理念，科学开展森林抚育、林相改造和景观提升，丰富植被的种类、色彩、层次和季相。结合功能布局，有针对性地营造、补植具有康养功能的树种、花卉等植物。着力打造生态优良、林相优美、景致宜人、功效明显的森林康养环境。

②完善森林康养基础设施

依托已有林间步道、护林防火道和生产性道路建设康养步道和导引系统等基础设施，充分利用现有房舍和建设用地，建设森林康复中心、森林疗养场所、森林浴、森林氧吧等服务设施，做好公共设施无障碍建设和改造。争取相关部门支持，将森林康养、健康养老等公共基础设施建设纳入当地基础设施建设规划。

③丰富森林康养产品

以满足多层次市场需求为导向，着力开展保健养生、康复疗养、健康养老、休闲游憩等森林康养服务。积极发展森林浴、森林食疗、药疗等服务项目。充分发挥中医药特色优势，大力开发中医药与森林康养服务相结合的产品。推动药用动植物资源的保护、繁育及利用。加强森林康养食材、中药材种植培育，森林食品、饮品、保健品等研发、加工和销售。依托森林生态标志产品建设工程，培育一批特色鲜明的优质森林康养品牌。

④建设森林康养基地

依据林业、健康、卫生、养老等法律法规和政策规定，建立健全森林康养基地建设标准，推进森林康养基地建设。基地建设要选址科学安全、功能分区合理、建设内容完整、特色优势突出。按照"环境优良、服务优质、管理完善、特色鲜明、效益明显"的要求，创建一批国家级和省级森林康养基地，发挥示范引领作用。建立森林康养基地质量评价和动态管理制度。

⑤繁荣森林康养文化

积极推进森林康养文化体系建设，深入挖掘中医药健康养生文化、森林文化、花卉文化、膳食文化、民俗文化以及乡土文化。鼓励创作森林康养文学、书法、摄影、音乐、影视等文化产品。强化自然教育，提高公众对森林康养功能的全面认识。推广森林康养文化，倡导健康生活理念。

⑥提高森林康养服务水平

完善服务标准和技术规范，加强标准实施和监督管理。引进先进经营理念，探索运用连锁式、托管式、共享式、职业经理制等现代经营管理模式，提升运营能力和管理水平。加强从业人员职业技能培训，提高服务品质。开展森林康养环境监测，实时发布生态及服务数据。加强安全防护和引导，强化应急处置，确保安全运营。

（2）实例分析

顺昌县地处福建省中部偏北，闽江上游金溪、富屯溪交汇处，拥有充沛的森林资源、优良的生态环境、丰富的生态旅游产品和独特的民俗风情，开展森林康养产业优势明显。顺昌县国家森林城市建设总体规划中的5处康养项目，发展集林业、医药、卫生、养老、旅游、教育、文化等为一体的森林休闲、康养产业，来满足周边居民对高品质生活、医疗康复、健康活力的核心诉求。

实例：福建省顺昌县国家城市建设总体规划（2019—2028年）
——生态旅游康养产业建设工程

一、建设现状

为了积极推动全民健身，发挥森林多种功能，有效利用森林在提供自然体验机会和促进公众健康中的突出优势，国家林业和草原局印发了《关于大力推进森林体验和森林养生发展的通知》，要求加快森林体验和森林养生发展，发挥林业在弘扬生态文明、改善民生福祉中的巨大潜力，转变森林资源优势为健康资源优势，推进了全国森林康养活动的发展。

顺昌县目前正处在森林康养发展的起步阶段，现有的康养设施主要是以林下旅游设施、小规模的生态农庄和乡村民宿为主，主要分布在高阳乡、郑坊镇、大干镇的少量森林乡村内，缺少规模化的森林康养基地和专业化的医疗技术支撑。

二、建设目标

以森林、湿地等生态资源为载体，以森林景观、湿地景观、森林产品等为依托，利用自身丰富的自然景观、优良的生态环境、极具特色的民俗风情和浓厚的康养文化等资源条件，建设独具顺昌特色的森林康养基地和森林体验基地，发展集林业、医药、卫生、养老、旅游、教育、文化等为一体的森林休闲、康养产业，满足大众对回归自然、康体养生的需求，大幅度提高人民的健康指数。规划期内，优先建设5处高标准、高起点的森林康养基地，对其他康养基地的建设与发展起到带头示范作用。

1）近期目标

2019—2021年，新建1处森林康养基地，即西坑森林养生基地。

2）中期目标

2022—2024年，新建2处森林康养基地，即榜山森林康养与研学中心和龙山禅修康养基地。

3）远期目标

2025—2028年，新建2处森林康养基地，即高老庄康养度假基地和合掌岩森林康养基地。

三、建设内容

规划期内，依托顺昌充沛的森林资源、优良的生态环境、丰富的生态旅游产品和独特的民俗风情，发展森林养生、中医药养生、膳食疗养、运动康养、禅修康养、康养度假等康养活动项目。建设环境优美、配套完善、功能齐全的森林康养基地5处，分别为西坑森林养生基地、榜山森林康养与研学中心、龙山禅修康养基地、高老庄康养度假基地、合掌岩森林康养基地，从而弥补顺昌县森林康养产品不足的短板。

1）西坑森林养生基地

充分利用西坑靠近城镇的区位优势和丰富的森林生态资源，结合森林质量精准提升工程，以杉木为主，补植闽楠、红豆杉等乡土树种，建设森林康养基地，大力发展养老产业。以林下旅游为主题打造森林康养、森林浴场、森林氧吧、植物精气站等康养产品。利用大面积的林下铁皮石斛、三叶青等发展具有中国传统特色的中医药养生，推出以"中药养生、膳食疗养、增福延寿"等为主题的森林养生产品。同时，引进专业的医养技术与设施，提供科学健康的康养理念和设备支持。

2）榜山森林康养与研学中心

充分利用福建省古村落郑坊镇榜山村优良的山林资源，以森林运动康养和森林文化教育为主打，主要发展面向青少年的森林康养活动和研学活动。利用海拔约800m的榜山开展森林马拉松、森林定向穿越、森林徒步、森林攀登等群体健身活动。结合榜山现有的候鸟基地、青少年司法培训基地和红色旅游资源，开展鸟类知识科普宣教、森林保护教育、爱国主义文化教育、森林生态小径、自然课堂、户外写生等研学活动。同时，对榜山村的一些民居建筑进行适当的改造提升，建设一批森林民宿，为各种康养活动的开展提供住宿保障。

3）龙山禅修康养基地

规划以高阳乡大富村的龙山禅寺为核心，对现有的寺庙建筑进行保护性修缮，对其周边环境进行改造提升。同时，在大富村建设特色文化街区、森林禅养基地、"云上大富"系列民宿等项目，为游客提供佛教文化体验、禅修康养体验、森林民宿体验，从而形成以佛教文化为特色的森林康养基地。

4）高老庄康养度假基地

以大干镇土垄村的特色山林风光和古银杏树资源为依托，以体验《西游记》中高老庄（即土垄村）的慢生活休闲度假为主题，建设原生态的森林康养旅游接待设施，研发多样化的养生产品，发展特色乡村度假养生项目。如以西游文化与大圣文化为核心大力发展特色民俗文化体验活动，建设一处精品康养度假山庄；以土垄村的特色山居建筑为载体建设一批山野养生民宿，以古银杏文化为特色建设银杏小屋、银杏摄影基地、银杏养生餐饮、银杏文创产品等森林文化产品。

5）合掌岩森林康养基地

依托合掌岩便利的交通区位和优越的康养资源、佛教文化，以生态环境保护为前提，不做大规模的开发建设，打造集度假养生、禅修体验等于一体的森林康养基地，详见例表5-10。

例表5-10　森林康养基地建设规划表

序号	名称	位置	近期	中期	远期
1	西坑森林养生基地	双溪街道 水南村	√		
2	榜山森林康养与研学中心	郑坊镇 榜山村		√	
3	龙山禅修康养基地	高阳乡 大富村		√	
4	高老庄康养度假基地	大干镇 土垄村			√
5	合掌岩森林康养基地	双溪街道			√
总计			1	2	2

5.3.6　乡村旅游产业建设

乡村旅游是以旅游度假为宗旨，以村庄野外为空间，以人文无干扰、生态无破坏、以游居和游玩为特色的村野旅游形式。大力发展乡村旅游，有利于推动农业和旅游供给侧结构性改革，促进农村一二三产业融合发展，是带动农民就业增收和产业脱贫的重要渠道，是推进全域化旅游和促进城乡一体化发展的重要载体。乡村旅游产业建设需要与林业文化、乡村旅游、传统村落传统民居保护、精准扶贫、林下经济开发、森林旅游、水利风景区和古水利工程旅游、美丽乡村建设的有机融合，在适宜区域，因地制宜，建设一批设施完备、功能多样的休闲观光园区、森林人家、康养基地、乡村民宿、特色小镇等乡村旅游场所。

（1）规划内容

①加强规划引导

遵循乡村自身发展规律，因地制宜科学编制发展规划，调整产业结构，优化发展布局，补农村短板，扬农村长处，保留乡村风貌，留住田园乡愁，形成串点成线、连片成带、集群成圈的发展格局。打造生产标准化、经营集约化、服务规范化、功能多样化的休闲林业产业带和产业群。积极推进"多规合一"。

②丰富产品业态

鼓励各地有规划地开发休闲农庄、乡村酒店、特色民宿、自驾车房车营地、户外运动等乡村休闲度假产品，探索农业主题公园、农业嘉年华、特色小镇等，提高产业融合的综合效益。大力发展休闲度假、旅游观光、养生养老、农耕体验、乡村手工艺等，促进休闲农业的多样化、个性化发展。支持农民发展农（林、牧、渔）家乐，发展以休闲农业为核心的一二三产业融合发展聚集村。

③改善基础设施

实施休闲农业和乡村旅游提升工程，扶持建设一批功能完备、特色突出、服务优良的休闲农业聚集村、休闲农业园、休闲农业合作社，着力改善开展休闲农业村庄的道路、供水设施、宽带、停车场、游客综合服务中心、餐饮住宿的洗涤消毒设施、农事景观观光道路、休闲辅助设施、乡村民俗展览馆和演艺场所等基础服务设施。

④培育知名品牌

重点打造点线面结合的休闲林业品牌体系。在面上，继续开展全国休闲林业和乡村旅游示范县（市、区）创建。在点上，继续开展中国美丽休闲乡村推介活动，在全国打造一批天蓝、地绿、水净，安居、乐业、增收的美丽休闲乡村（镇）。在线上，重点开展休闲农业精品景点线路推介。鼓励各地培育地方品牌。

（2）实例分析

岳阳，古称"巴陵""岳州"，湖南省辖地级市，国务院首批沿江开放城市，长江中游重要的区域中心城市，省内第二大经济体，湖南省大城市。岳阳人文深厚、风景秀丽，集名山、名水、名楼、名人、名文于一体，是中华文化重要的始源地之一，亦是海内外闻名的旅游胜地。岳阳市国家森林城市建设总体规划以岳阳市丰富的生态旅游资源为依托，以市场需求为导向，以保护、开发和利用森林、湿地等生态资源为重点，进一步加强生态旅游基础设施建设，并将自然风光与岳阳市独特的人文、历史景观相结合，重点发展以森林/湿地等自然公园、森林康养基地、乡村休闲旅游为核心的生态旅游体系，构建具有国际吸引力的生态旅游产品，健全生态旅游经营管理及服务体系。

实例：湖南省岳阳市国家森林城市建设总体规划（2020—2029年）
——生态旅游建设

一、建设现状

岳阳有山有水、有江有湖、有楼有岛，是一个极具江南特色的水墨丹青城市。历史上，李白就用"丹青画出是君山"来描写岳阳之美。近年来，岳阳大力实施绿色发展战略，把生态文明建设融入生态旅游发展的全过程，主要体现在"山、水、村"3个方面："山"方面，在保护森林资源的同时，推动森林经济向旅游经济转变，推进了天岳幕阜山、五尖山等一批国有林场发展成为国家4A级景区，把资源与产品对接起来，把保护与发展统一起来；"水"方面，长江流经湖南163km全部在岳阳境内，湖区面积5200km^2，有大小湖泊165个、河流约280条。岳阳依托丰富的水资源，连续举办了十六届中国汨罗江国际龙舟节、十届中国洞庭湖国际观鸟节，同时还开发了沿湖风光带、汨罗国家湿地公园、洋沙湖国际旅游度假区等一批涉水旅游景区；"村"方面，把改善农村人居环境、提升农村村容村貌作为首要任务，将乡村旅游和美丽乡村建设、农村环境联片整治等工作紧密结合，鼓励各地大力发展休闲农业与乡村旅游业，君山区被评为全国休闲农业与乡村旅游示范区。

全市现有各类生态休闲场所25个，生态休闲场所20km服务半径对市域覆盖达96.18%。有省级森林康养基地2个、森林小镇33个、国家森林乡村34个、绿色村庄60个、省级美丽乡村示范村53个、市级美丽乡村示范村215个等众多精品生态资源，充分利用森林公园、国有林场丰富的森林景观开展畅游花海、踏青采摘、康养休闲、森林体验等主题活动。

二、建设目标

1）近期目标

2020—2022年，建设森林特色主题基地6处，特色小镇3处。

2）中期目标

2023—2025年，建设生态休闲场所2处，森林特色主题基地9处，特色小镇4处。

3）远期目标

2026—2030年，建设生态休闲场所2处，森林特色主题基地13处，特色小镇5处。

三、建设内容

（一）生态旅游总体布局

结合岳阳自然条件和生态旅游资源分布特点，突出地域文化和山地风光、湿地风光两大主题，按照旅游发展诸要素的集聚特征，将全市生态旅游分为"一心两翼"的发展格局。以岳阳楼、君山岛、南湖为核心，以西部洞庭湿地风光之旅为左翼、东部幕阜神奇山地之旅为右翼的蝴蝶形旅游空间格局。

1）一心

岳阳楼、君山岛、南湖为主体的旅游综合服务心。

以岳阳楼、君山岛、南湖为核心，构建岳阳城市旅游综合服务中心。综合利用区域名城、名水、名楼、名文化资源，重点开发滨湖度假、城市休闲、人文古风、绿岛观光等特色旅游资源。依托岳阳城区优越的经济、交通、文化优势，打造岳阳旅游集散中心、接待服务中心和生态度假中心等，大力提升中心城区旅游综合服务功能，加快中心城区服务转型，重点突出旅游综合集散与服务、旅游咨询、城市历史文化休闲、城市商务会展等功能，打造城市旅游综合服务中心和大湘北区域旅游集散基地。

2）双翼

东部幕阜山地生态旅游翼和西部滨湖湿地生态旅游翼。

①东部幕阜山地生态旅游翼

整合东部山地、人文、生态等生态旅游资源，突出三国文化、红色文化、乡村文化，推进五尖山国家森林公园、大云山-公田温泉-张谷英村文化旅游区、幕阜山、福寿山、连云山、麻布大山等项目开发建设，注重加强对沿山地旅游区的基础交通建设，不断优化改善山地旅游区交通，通过环山地旅游开发建设，打造岳阳东部山地生态旅游翼。

②西部滨湖湿地生态旅游翼

以环洞庭湖生态湿地为重点，整合湿地、人文、生态等旅游资源，推进滨湖景观建设、水上旅游航线建设和湿地特色旅游项目建设。重点完善滨水服务设施，加强水路联动，创新开发水上旅游产品和滨湖绿道旅游产品，进一步凸显大湖邮轮、观光休闲、文化体验、民俗风情、商务会展等功能，着力打造与国际知名湖泊旅游目的地相匹配、体现岳阳人文特色的西部滨湖湿地生态旅游翼。

（二）生态休闲场所

对现有的生态休闲场所进行精品化，完善升级配套设施，充分挖掘内涵，推动景点串联，打造精品线路，扩大市场容量。紧扣洞庭湖水域湿地风光和湖区文化，推进湿地生态旅游，完善湿地自然公园、风景自然公园、森林自然公园、地质自然公园等的基础设施建设，启动智慧园区管理与服务平台建设，依托生态资源优势，发展自然山水观光、郊野休闲、鸟类观赏、湖滨度假等项目，配套相应的探险、采摘、摄影、节庆等活动，打造国内知名的生态旅游产业基地。

规划新建4处森林自然公园，分别为湖南八景洞地方级森林自然公园、湖南汉昌省级森林自然公园、湖南雷锋岭省级森林自然公园和湖南团湾省级森林自然公园。中期建设2处，面积共计10103.33hm^2，远期建设2处，面积共计21094.85hm^2。详见例表5-11。

例表5-11　生态休闲场所规划表　　　　单位：hm^2

序号	名称	位置	建设规模（新建）	中期	远期
1	湖南八景洞地方级森林自然公园	汨罗市	5994.46	5994.46	
2	湖南汉昌省级森林自然公园	平江县	6486.18		6486.18
3	湖南雷锋岭省级森林自然公园	平江县	14608.67		14608.67
4	湖南团湾省级森林自然公园	临湘市	4108.87	4108.87	
	总计		31198.18	10103.33	21094.85

（三）森林特色主题基地

依托卓越的森林本底资源，建设一批森林特色主题基地，包括森林康养基地3处、森林体验基地15处、秀美林场示范基地5处、四季主题花展基地5处。发展森林康养、户外运动、休闲娱乐、亲子体验等绿色休闲旅游，实现增效增绿增收。详见例表5-12。

例表5-12　森林特色主题基地规划表　　　　单位：个

序号	名称	数量（新建）	近期	中期	远期
1	森林康养基地	3	1	1	1
2	森林体验基地	15	3	4	8

序号	名称	数量（新建）	近期	中期	远期
3	秀美林场示范基地	5	1	2	2
4	四季主题花展基地	5	1	2	2
	总计	28	6	9	13

（四）乡村生态旅游

岳阳市田园风光秀美、文化底蕴厚实，发展乡村生态旅游具备得天独厚的优势。未来将休闲农业与乡村生态旅游相融合，逐步形成点片相连的"休闲农业+生态体验"产业群，因地制宜打造五大休闲版块：以东洞庭湖湿地、君山、团湖荷花为核心的观光休闲板块；以南湖、芭蕉湖及梅溪水库为核心的亲水休闲板块；以湘阴南洞庭湖湿地、左宗棠故居、屈原古罗城遗址和汨罗江湿地为核心的度假休闲板块；以汨罗江和幕阜山、湖湘汇为核心的旅游休闲板块；以相思山、五尖山、龙窖山为核心的健身休闲板块。

结合五大休闲版块，在充分挖掘岳阳产业特色、生态禀赋和人文底蕴的基础上，创建产业强、环境美、生产生活生态融合发展的农业产业化特色小镇12个。使各个特色小镇都有主导产业、龙头企业和知名品牌，基础设施便捷，传统文化得到传扬。详见例表5-13。

例表5-13　特色小镇规划表　　　　　　　　单位：个

行政区	小镇名称	小镇主题	主导产业	近期	中期	远期
岳阳楼区	郭镇乡	田园小镇	主打果、蔬、油菜、虾稻和农旅结合，建设都市村庄，发展都市农业	1		
君山区	柳林洲街道办事处	黄茶小镇	主打黄茶生产、加工和旅游	1		
云溪区	陆城镇	湖鲜小镇	主打龙虾、河蟹等湖区特色水产品		1	
汨罗市	屈子祠镇	粽香小镇	主打粽子加工产业			1
临湘市黄盖镇		稻虾小镇	主打特色水产品养殖、三国文化特色旅游			1
湘阴县	樟树镇	辣椒小镇	以樟树港辣椒、樟树港白黄瓜等特色农业为主		1	
岳阳县	新墙镇、筻口镇	果浓小镇	以葡萄、黄桃、猕猴桃等为主的水果产业			1
平江县	长寿镇	酱干小镇	以酱干、豆制品、炒米等休闲食品加工为主			1
	三市镇	面筋小镇	以面筋等休闲食品加工为主			1
岳阳经济技术开发区	西塘镇	花果小镇	主打花卉、时鲜水果和苗木产业	1		
南湖新区	月山管理处	茶韵小镇	主打茶禅文化及特色旅游		1	
屈原管理区	营田镇	栀子小镇	主打栀子种植与深加工业		1	
总计			12	3	4	5

06生态文化体系规划与实例应用

文化是国家森林城市建设重要的源动力和催化剂，繁荣的生态文化体系可以向全社会倡导生态价值观、生态道德观、生态消费观及生态政绩观。把繁荣的生态文化体系纳入国家森林城市建设，是一项在生态学基础上，促进人与自然和谐的规模宏大、艰巨复杂的系统工程。本章对生态文化体系进行了内涵解读分析，按照近年来相关政策法规的要求，提出规划思路，并对规划内容进行指导和实例分析，旨在通过生态文化体系建设规划，助推城市生态文明发展。

6.1　规划基础

6.1.1　内涵解读

（1）城市文化

　　城市与文化之间相辅相成，城市是文化的载体，文化是城市的灵魂。城市文化是指长期生活在同一地域，从事非农业生产的人民所创造出来的一切反映当地特色的物质和精神的总和，包括涉及有关城市和文化的、各种各样的物质产物或是思想意识、科学技术、文化娱乐以及人在生活中所追求的理念、信仰、制度、风尚等，也包括城市发展历程、社会和自然文化遗产的利用与保护、城市的自然生态景观，城市个性特色和形象以及一切有关城市文化事业建设的内容。城市文化是一个地区、一个民族、一个时代的标志，是经济、政治、文化的集中体现，它为城市发展提供源源不绝的精神动力、创造力和竞争力。多样性和地域性是城市文化的主要特征，在不同的地域背景、不同社会、不同自然环境、不同历史文化形成的城市文化是丰富多彩，多种多样的。这些差异都影响着一个城市的空间布局、生活方式、社会风气、价值观念等方方面面，形成自己的城市特色。如海南三亚得天独厚的海洋文化、河南洛阳的石窟文化、广西百色的红色文化都是依地域条件差异长期沉淀的结果。

　　森林城市建设中，因地域不同，每个城市都有它独特的文化，城市与城市之间存在着明显的差异。建立生态文化体系的首要前提就是掌握城市文化的特色和内涵，挖掘丰富的城市文化，展现城市特色。

（2）生态文化

　　生态文化是探讨和解决人与自然之间复杂关系的文化，是基于生态系统、尊重生态规律的文化，是以实现生态系统的多重价值来满足人的多重需求为目的的文化，是体现人与自然和谐相处的生态价值观的文化。生态文化主要包括生态物质文化、生态精神文化和生态制度文化。生态物质文化包括与生态保护与传播有关的设施、场所等，是群众提供回归自然，享受生活的基础；生态制度文化包括管理社会、经济和自然生态有关的体制、制度、政策、法规、机构、组织等，是生态文化建设的保障体系。生态精神文化包括人的思想活动、意识形态等生态价值观与生态伦理，是生态物质文化的内化产物。这三种生态文化相互关联、相互制约形成了生态文化发展的内在机制。

国家森林城市生态文化体系的主要表现内容就是生态文化，其工程建设也要从生态文化的内涵入手，渗透于物质、制度和精神之中。对于生态物质文化，可利用各类自然保护区、保护小区、湿地公园、森林公园等建设生态文化活动场所和基础设施；对于生态制度文化，可利用健全的法制保护古树名木、评选市树市花等生态资源，用良好的政策引导人保护环境的行为；对于生态精神文化，可通过宣传和开展活动等，增加人的知识，拓展人的眼界，熏陶人的心灵，提升人的品格。

（3）城市森林文化

林震主编的《中华大典·林业典·林业思想与文化分典》记录了我国古籍中与林业有关的生态思想、管理哲学和生态文化等内容，书中提到："人类是从森林中走出来的，林业生态是我们祖先所处的主要生态环境。从最初的采集狩猎、构木为巢、钻燧取火，到后来的桃李桑梓、车船舟楫、亭台楼阁，林木为人类提供着源源不断的衣食住行的便利。然而，古人也意识到，对自然资源的利用应有限度，不应焚林而田、竭泽而渔，只有'斧斤以时入山林'，材木方能'不可胜用'。这种永续利用自然资源的朴素认识，正是中国传统哲学核心思想——'天人合一'的精华所在。"由此可以看出，城市森林不单单只是一片森林，它已经成为城市不可或缺的基础设施的一部分，是一个城市绿色气息和人文关怀的重要来源，这种文化诞生及发展的目的就是创造一种人类宜居和谐的生活生产环境，其核心理念就是人类关爱自然、人类与自然和谐共处。

城市森林建设作为城市建设的重要部分，城市森林文化也便是城市生态文化的重要的具体表现形式，一个特色的城市森林文化现象也是地方文化特色的具体表现符号。因此，在森林城市建设中，生态文化的传播应以城市森林文化为主，进而拓展到湿地文化、植物文化、乡土风情等多种文化。

（4）生态文明

生态文明是至今人类文明社会发展的最高形态，是人类为保护和建设美好生态环境而取得的物质成果、精神成果和制度成果的总和，是贯穿于经济建设、政治建设、文化建设、社会建设全过程和各方面的系统工程，反映了一个社会的文明进步状态。生态文明强调以生态的观点实现文明发展，注重自然资源保护，维护生态平衡，以实现人与自然和谐相处为价值取向，是人类文明发展的一个新的阶段，即工业文明之后的文明形态。生态文化是引领生态文明的核心和灵魂，是生态文明的基础和内在动力，生态文明是生态文化的指向结果，两者相辅相存，互为促进。可以说，没有生态的文化，就不会有生态的文明，反过来生态的文明会进一步丰富生态的文化。

因此，国家森林城市生态文化体系建设中，要以生态文明指引生态文化体系建设，以生态文化建设工程促进生态文明的发展。

（5）自然教育

自然教育起源于启蒙运动卢梭的自然主义教育，是对自然主义教育和环境教育的扩展，意指"在大自然环境中进行学习教育活动"。主要是通过视、听、闻、触、尝、思等方式，欣赏、感知和了解自然，获取自然知识，享受自然带给人类的美好，密切人与自然之间的关系，从自然中获得感触和启发，从而形成爱护自然、保护自然的意识形态。开展自然教育的形式从其主要内容、受众群体和主题活动形式上划分，主要有自然体验、自然观察、自然探险、自然解说、自然学校和自然课堂。自然体验是最普遍的一种形式，适用于全体国民；自然观察的受众群体为学生和普通公众；自然探险的开展需要受众群体具有一定的心理素质和体力素质，适用于探险爱好者和户外探险团体；自然解说由于受访者的年龄不同解说方式也应不同；自然学校和自然课堂主要教育对象为学生群体。

国家森林城市建设过程中，建设生态文化体系的主要目的就是开展自然教育，传播生态文化。因此，其生态文化传播基础设施的建设、宣传形式、主题活动等内容等也要考虑受众群体的差异性，打造成多主题、全方位、多层级、高质量的生态科普教育体系。

6.1.2　政策指导

生态文化建设不仅能够提升人们物质生活水平，还可以激发人民群众的参与意识以及文化自豪感，增强人民群众对家乡的热爱，凝聚各方力量，促进建设美丽家园。本章收集整理了近年来关于生态文明、生态文化宣传、义务植树、古树名木等与森林城市生态文化建设相关的政策，并按照重要程度和发布的时间进行梳理，为生态文明体系构建指明方向，使规划建设工程符合政策要求。

中共中央办公厅 国务院办公厅《关于加快推进生态文明建设的意见》指出："提高全民生态文明意识。积极培育生态文化、生态道德，使生态文明成为社会主流价值观，成为社会主义核心价值观的重要内容。从娃娃和青少年抓起，从家庭、学校教育抓起，引导全社会树立生态文明意识。把生态文明教育作为素质教育的重要内容，纳入国民教育体系和干部教育培训体系。将生态文化作为现代公共文化服务体系建设的重要内容，挖掘优秀传统生态文化思想和资源，创作一批文化作品，创建一批教育基地，满足广大人民群众对生态文化的需求。通过典型示范、展览展示、岗位创建等形式，广泛动员全民参与生态文明建设。组织好世界地球日、世界环境日、世界森林日、世界水日、世界海洋日和全国节能宣传周等主题宣传活动。充分发挥新闻媒体作用，树立理性、积极的舆论导向，加强资源环境国情宣传，普及生态文明法律法规、科学知识等，报道先进典型，曝光反面事例，提高公众节约意识、环保意识、生态意识，形成人人、事事、时时崇尚生态文明的社会氛围。"

国家林业局《关于着力开展森林城市建设的指导意见》指出："着力推进森林城市文化建设。充分发挥城市森林的生态文化传播功能，提高居民生态文明意识。依托各类生态资源，建立生态科普教育基地、走廊和标识标牌，设立参与式、体验式的生态课堂。国家森林城市应该建设一个森林博物馆，以及其他生态类型的场馆。加强古树名木保护，做好市树市花评选。利用植树节、森林日、湿地日、荒漠化日、爱鸟日等生态节庆日，积极开展生态主题宣传教育活动……着力推进森林城市示范建设。切实搞好国家森林城市建设，进一步完善批准的标准和程序，充分发挥其示范引领作用。积极开展省级森林城镇示范，带动森林县城、森林乡镇、森林村庄建设。国家森林城市行政区域内的县（区、市），原则上都要是省级森林城镇。对国家森林城市实行动态管理，加强后续的指导服务和监督检查。"

国家林业和草原局科学技术部《关于加强林业和草原科普工作的意见》指出："加强林草科普工作，是深入学习贯彻习近平生态文明思想，落实"科技创新、科学普及是实现创新发展的两翼，要把科学普及放在与科技创新同等重要的位置"重要论述的必然要求，是不断增强公众科学保护和利用森林、草原、湿地、荒漠和野生动植物资源的意识和责任，提升全社会生态意识和科学素质的必然要求，对于推广普及最新的林草科技成果和知识、加快林草科技成果推广转化应用、发挥科技创新的支撑引领作用、推动林草事业高质量发展和现代化建设具有十分重要的意义。"

建设部《关于印发城市古树名木保护管理办法》指出："城市人民政府城市园林绿化行政主管部门应当对本行政区域内的古树名木进行调查、鉴定、定级、登记、编号，并建立档案，设立标志。一级古树名木由省、自治区、直辖市人民政府确认，报国务院建设行政主管部门备案；二级古树名木由城市人民政府确认，直辖市以外的城市报省、自治区建设行政主管部门备案。城市人民政府园林绿化行政主管部门应当对城市古树名木，按实际情况分株制定养护、管理方案，落实养护责任单位、责任人，并进行检查指导。"

全国绿化委员会《关于印发全民义务植树尽责形式管理办法（试行）》中指出："义务植树尽责形式分为造林绿化、抚育管护、自然保护、认种认养、设施修建、捐资捐物、志愿服务、其他形式等8类……各级绿化委员会负责公民义务植树的组织协调、指导督促、宣传发动、调度统计等工作。"

6.2　规划思路

生态文化体系建设，一方面要掌握生态文化、生态文明及自然教育的内涵；另一方面要挖掘城市生态资源及民俗历史等文化特色，将两者有机结合，构建全面系统的城市特色生态文化体系。其规划内容结合相关政策指导和国家森林城市评价指标，依据系统性原则，分为生态科普教育基础设施建设、古树名木保护、生态文化保护与传播、生态文明示范单位建设4个工程，见图6-1。

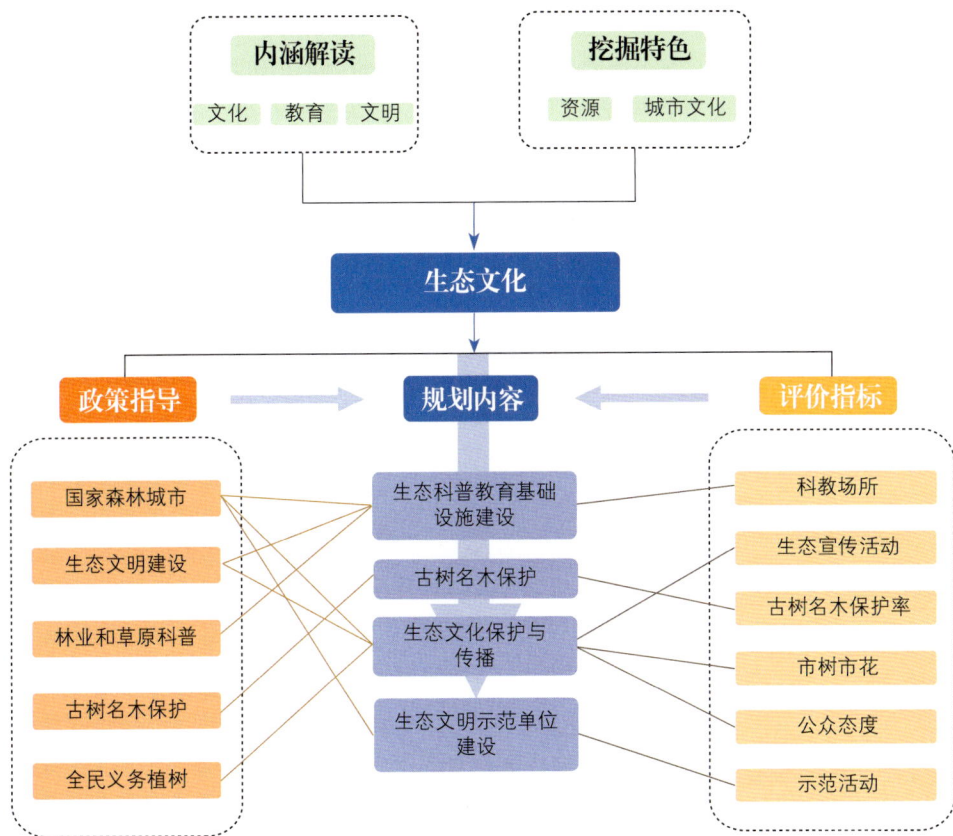

图6-1　生态文化体系规划思路

6.3　规划内容与实例

6.3.1　生态科普教育基础设施建设

生态科普教育基础设施是生态文化体系建设的物质基础。通过在自然保护区、森林公园、湿地公园、城区公共绿地等生态场所建设科普教育基地和生态标识体系，扩大科普宣教设施的服务范围，为开展自然教育、科普宣传活动提供便利，提升城市生态文化底蕴，奠定生态文明建设基础。

（1）规划内容

生态科普教育基地

生态科普教育基地是践行生态文明思想，展示生态环境保护科技成果与生态文明实践的重要场所，是向公众普及生态环境科技知识、宣传生态文明建设成就、提高全民生态与科学文化素质的重要阵地，在开展社会性、群众性、经常性的科普活动中具有示范性作用，是国家特色科普基地的重要组成部分。根据其功能、建设形式和受众群体不同，主要分为公共场所类科普教育基地和教育科研类科普教育基地。

①公共场所类科普教育基地

具有科普宣教功能的自然、历史、旅游、休憩等公共场所，其主要特点是建设地点丰富，开展形式多样，受众群体广泛。在市区内的城市公园、广场等居民活动较多的地方，建设一定的基础设施，包括标牌、广场、木栈道等为公众开展生态科普活动提供便利。在城郊的保护区、保护小区、森林公园、湿地公园、动物园、植物园、生态旅游景区、海洋公园、地质公园、矿山公园、地质遗迹等地建设科普教育基地，利用其典型的自然景观体系和资源优势建设植物展示园、农耕文化体验园、历史文化科普园等，用来展示生态文化及环境特色，也便于开展环境教育、自然体验等活动。

②教育科研类科普教育基地

指向社会和公众开放、具有特定科学传播与普及功能的场馆、设施或场所，如教育和科研机构中的博物馆、标本馆、陈列馆、林业技术推广中心、林业育种研究实验基地等。其主要受众是学生和科研人员，该类型的科普教育基地建设目的是专门面向公众普及科学知识，弘扬生态科技文化。应配备生态环境科普特色教材，传授的生态环境内容准确，科技含量高，信息量丰富，建有固定生态环境科普展厅，同时应拥有从事生态环境科普教育的专兼职教师，建有科普教育人员定期培训制度，且年开放天数不少于200天，可年培训学生1000人次以上。

生态标识系统

生态标识系统是进行生态文化保护、宣传教育和生态文化传播及生态旅游的重要载体，是通过文字、符号、图形等信息为大众提供与环境相配套的活动引导为大众提供引导指示、解释说明等相关功能的基础设施。生态标识体系是由多种解说设施和解说服务构成的，主要内容包括国家森林城市形象标识、生态文化科普标识及生态导向标识。

①国家森林城市形象标识

设计"森林城市"生态形象标识，并利用各类宣传平台和载体推广应用。见图6-2。

图6-2 北京市通州区国家森林城市形象标识图

②生态文化科普标识

以森林公园、湿地公园、植物园、动物园、城市公园、市民广场、景区的公众游憩地为依托，建设专门的森林城市生态标识，其设计应构思新颖、美观大方、寓意深刻，以生态标牌和数字二维码为主要形式介绍植物生物学特征、森林文化、湿地文化等内容，起到生态文化宣传教育的作用。见图6-3。

图6-3　生态文化科普标识图

③生态导向标识

以城市绿地、各类公园和城乡绿道等生态服务设施为节点，设计制作具有指示标志功能，方便广大人民群众亲近自然、接受生态教育的森林城市生态导向标识体系。见图6-4。

图6-4　生态导向标识图

（2）实例应用

甘肃省平凉市历史悠久，文化蕴积深厚，历史人文景观资源比较丰富，是中华文明的发祥地之一。主要有农耕文化、丝路文化、崆峒文化、红色文化和陇东民俗文化等多种文化资源。在森林城市建设前，平凉市科普场所数量较少，仅有平凉市博物馆、灵台县博物馆和崆峒山景区科普场所3处，主要以展现城市历史文化为主，缺少对生态文化的展示。平凉市国家森林城市建设总体规划工程通过挖掘平凉生态文化特色，建设科普宣教基地，极大加强了对平凉生态文化的展示和传播。

实例：甘肃省平凉市国家森林城市建设总体规划（2017—2026年）
——科普宣教基地建设

一、建设目标

1）达标期目标

建设森林生态文化科普基地1个、湿地生态文化科普基地1个、遗址生态文化科普基地1个。

2）巩固期目标

建设森林生态文化科普基地1个、湿地生态文化科普基地1个、遗址生态文化科普基地1个。

3）提升期目标

建设森林生态文化科普基地1个、遗址生态文化科普基地2个。

二、建设内容

（一）森林生态文化科普基地

六盘山山脉具有良好的自然环境条件，囊括了丰富的动植物资源、地质景观资源，以及底蕴深厚的人文资源。依托平凉所辖的六盘山范围及其陇山支脉，开展生态旅游活动，并在此基础上建设森林生态文化科普教育基地。规划达标期建成田家沟水土保持科普教育示范基地，巩固期建成崆峒山地质文化科普教育基地，提升期建成关山森林生态文化教育与体验基地。

1）田家沟水土保持科普教育基地

依托田家沟生态风景区，建成水土保持科普教育基地。在现有观景路线的基础上，系统性布置科教设施，将自然风光欣赏、水土保持示范、科普教育融为一体，集中展示田家沟水土保持生态地人文景观和陇东地区人文景观。基地以景观欣赏"线"与示范展示"点"为主体，形成点线结合的科教体系。

①景观游览线

以田家沟水土保持生态景观为核心视觉资源，在黄土地质及断层构造景观——亿年地质标本岩、黄土高原蚀余景观——千年土箭群、古崖居、水土保持林、特色风景林等基础上，建立观景节点，打造观景空间，使人们了解田家沟的整体地貌情况，知晓田家沟的总体植被现状。

②示范展示点

依托田家沟水土保持工程示范地段，建设水土保持科技展览馆、陇东风景展区和观望平台，集中展示田家沟水土保持生态建设历程、科技支撑和治理前景，剖析探索与推广适宜平凉气候环境、土壤环境等自然条件的水土保持的模式与途径，增强公众对本地生态环境的了解和对水土保持的专业性认知。

2）崆峒山地质文化科普教育基地

依托崆峒山丰富的自然资源与罕见的丹霞地貌，以地质主题为切入点，开拓地质景观观赏和地质科普教育，形成集自然观光与体验、科学研究与教育于一体的崆峒山地质文化科普教育基地。

①地质景观观赏

在现有崆峒山观景线路的基础上，一方面，点线结合提升现有地质景观观赏空间，通过对景观节点进行场地整理、服务设施完善，增强可达性，并提升观赏与服务功能，同时，对连接景观节点的步道设施与景观进行资源整理，从视觉、听觉、嗅觉等方面全方位提升游憩路线的舒适度与美景度。另一方面，通过对现有游憩路线进行景观节点的增减归并、景观展示方式的风格控制、标识方式的统一化处理，系统地构建以地质遗迹景观为导向的观景网络，充分展示黄土高原上独有的自然奇观，在地质变迁景观中领略与品读自然的神奇与美丽。

②地质科普教育

崆峒山丹霞地貌是我国丹霞地貌类型中形成时代较早的类型，其地质遗迹分布广、连片集中、保存完好、极富特色，为研究本区地质构造、古气候、古地理环境的演化变迁提供了重要的实物资料，对于揭示广大黄土高原区分布的岛状基岩山的形成发展规律具有重要意义。

依托崆峒山的这一优势，展开地质文化科普教育基地的建设，注重基地空间的细节塑造，将对地质变迁的感知和思索与专业知识探究和科普相结合，使研究者、学习者、参观者形成对于自然环境知其变、观其奇、爱其形、护其貌的内在心里认知。

根据地质教育的受众，基地可分为3个方面建设：针对从事地质研究的专业工作者与爱好者，建立科学考察与研究场所，展开对丹霞地貌的地质科考探索与研究；针对各类院校，建立地质学科实践教育与研究场所；针对大众，特别是青少年，开展地质户外大课堂活动，引导大众观察崆峒山地质地貌，普及地质知识并提供各种岩石标本，增加大众的直观认识与了解。

3）关山森林生态文化教育与体验基地

依托关山景区内的山地、水体、森林、草甸、野生动植物、文物古迹等自然资源与人文资源，以现有关山大景区规划为基础，根据森林生态文化教育的目标，在云崖寺、莲花台展开生态文化建设，建成关山森林生态文化教育与体验基地，培植生态文化氛围，增强生态文化对公众的内在影响力与引领力。

①森林植物观赏与教育场所

以裸子植物、被子植物、关山地区特色植物、药用植物、水生植物为主题，开展科普活动，展现姿态各异的植物景观和森林生态系统。

②森林鸟类与昆虫户外观赏与教育场所

针对青少年开辟森林鸟类与昆虫的观赏空间和以实地讲解为主的户外课堂，打造寓教于乐的户外教育场所。

③森林原生态游憩场所

通过景观整理和场所游憩路径的合理规划，塑造原生生态环境游憩感知空间，打造森林原生态游憩场所。

（二）湿地生态文化科普基地

湿地具有重要的生态价值、游憩价值、美学价值、文化价值，是生态文化的重要载体，依托平凉市域内的湿地资源，以朝那湫、泾河、汭河为核心建设地点，规划湿地生态文化科普教育基地。规划达标期建设朝那湫湿地文化观光基地，巩固期建设泾汭湿地生态文化教育基地。

1）朝那湫湿地文化观光基地

朝那湫湿地是黄土高原上罕见的天然湖泊，四面山体环抱，景色十分优美。规划以朝那湫森林公园建设为基础，布置鸟岛、观鸟空间，形成朝那湫湿地文化观光基地，开展形式多样的科普活动。

①鸟岛及观鸟空间建设

以鸟类的生活习性为根本立足点，通过科学的观测，规划设计鸟岛，种植鸟类喜欢筑巢、集聚、采食、栖息的植物，采用模拟森林的植物群落，形成鸣禽、游禽、涉禽三者有机组合的生态模式，同时在不干扰其繁衍生存的基础上，开辟具有体验、欣赏、教育功能的观鸟空间，实现人鸟的共乐、共存、共益。

②湿地户外课堂

依托朝那湫湿地生态系统的生物多样性，设计穿梭于湿地生境的观测步道，以朝那湫湿地拥有的鱼类、鸟类、昆虫等湿地生物资源为科普、教育、宣传对象，打造公众特别是青少年的湿地户外课堂。

2）泾汭湿地生态文化教育基地

依托泾河、汭河交汇处的湿地自然景观，在泾汭河湿地公园，设置生态文化解说标识，通过回山上观河流全貌、回山下看湿地景观，点线结合了解泾汭湿地生态文化。

生态文化解说标识主要包括3个方面的内容：一是选取具有代表性的地段，标识泾汭湿地的环境变迁，通过古今对比，激发公众对湿地资源的思索与行动意识；二是在湿地植物景观点与动物景观点设立解说标识，说明关于其栖息地、生活习性、存在价值等生态知识；三是在步道沿线选择合适的点，设立负氧离子浓度、空气颗粒物、空气微生物等与人体健康密切相关的环境指标的检测提示标识，增强人们对环境的关注。

（三）遗址生态文化科普基地

平凉历史悠久，文化深厚，历史的变迁在平凉的土地上留下了众多宝贵的物质与非物质的遗产，遗址对于平凉具有地域的标志性作用。依托平凉市遗址展开生态文化建设，打造遗址生态文化科普教育基地。规划达标期建设宝塔公园遗址生态文化基地，巩固期建设中国工农红军界石铺纪念园红色文化基地，提升期建设皇甫谧中医药生态文化基地、安口镇工业遗址生态文化基地。

1）宝塔公园遗址生态文化基地

依托宝塔公园内延恩寺塔、石牌坊等遗址，结合博物馆旧址，充分挖掘宝塔及城东丰厚的历史文化积淀，建成遗址生态文化传播基地。在基地上建设以生态文化为主题的地域传统戏剧戏曲与原创音乐剧、音乐会的表演空间，以及摄影、文学、书画作品的创作与展示空间，展现和传承不同历史时期，人与土地相互依存和谐共存的过程中所创造出的艺术文化。

2）中国工农红军界石铺纪念园红色文化基地

依托中国工农红军界石铺纪念园红色文化底蕴，在北侧面山开展义务植树活动，以纪念中国工农红军长征足印为主题，采用科学合理的造林设计方案建设纪念林，将红色文化与生态文化相结合，在宣扬红色文化的同时，强化人们的绿化造林意识。造林选用良种优壮苗，合理使用节水灌溉技术和生物防治技术进行管护，并设立挂牌、标语和石碑等标志性纪念物，记录纪念林建立的过程，宣扬纪念意义。

3）皇甫谧中医药生态文化基地

依托皇甫谧文化园，进一步加强皇甫谧生态文化的传播。通过中医药植物栽植，营造植物康体保健园、植物疗养区、植物康体慢步道等宜体空间，将植物保健与遗址观赏相结合，形成具有自然生态感知、康体理疗、历史遗址审美欣赏功能的遗址生态康体观赏空间，更好地传播中医药生态文化。

4）安口镇工业遗址生态文化基地

依托安口镇旅游产业开发，在煤炭复垦示范区工业遗址上，建设生态文化基地，体现废弃工业遗迹与森林融合共生的生态文化。基地主要展示新时代绿色煤矿的整体风貌，介绍采掘场、排土场、工业场的生态绿化方案，以图片、影视、文字、模型集中展现在生态复垦中的适宜性植物筛选、生态结构模式建立、农林业复垦技术、土壤改良技术及水土流失防治方面的内容。让大众亲身感受生态复垦的必要性与重要性，增强环境保护意识。

6.3.2　古树名木保护

古树名木是中华民族悠久历史与文化的象征，是绿色文物和活的化石，是自然界和前人留给我们的无价之宝。制定古树名木的保护措施和管理办法，是对森林资源保护的制度保障，有利于为做好古树名木的保护工作提供准确的依据，有利于让更多的人认识到古树名木保护的重要性，也有利于实现古树名木资源的永续发展。

（1）规划内容

1）信息档案

古树名木主管部门应当对本行政区域内的古树名木进行调查、鉴定、定级、登记、编号，并建立档案做到"一树一档"，建立古树名木信息档案，详尽记录树种、树龄、胸径、冠幅、生长势、生长环境等信息。

要按国家有关要求对古树名木进行调查登记、挂牌建卡，落实责任单位，签订责任状，制定养护、复壮措施，落实专人管护。每年应对古树名木的生长情况作调查，并做好记录，发现生长异常需分析原因，及时采取养护措施并采集标本存档。

建立古树名木资源数据库。为古树名木办理"电子身份证"，以此形成完整的古树名木的资源档案。同时也要建立古树名木的动态监测体系，定期对古树名木的生长环境、生长情况、保护现状等进行动态监测和跟踪管理。

2）管理制度

出台城市《古树名木保护管理办法》《古树名木管理技术规范》等，规范古树名木管理。

任何单位和个人不得以任何理由、任何方式砍伐和擅自移植古树名木。因特殊需要，确需移植二级古树名木的，应当经城市园林绿化行政主管部门和建设行政主管部门审查同意后，报省、自治区建设行政主管部门批准；移植一级古树名木的，应经省、自治区建设行政主管部门审核，报省、自治区人民政府批准。直辖市确需移植一、二级古树名木的，由城市园林绿化行政主管部门审核，报城市人民政府批准移植所需费用，由移植单位承担。

严禁下列损害城市古树名木的行为：在树上刻划、张贴或者悬挂物品；在施工等作业时借树木作为支撑物或者固定物；攀树、折枝、挖根摘采果实种子或者剥损树枝、树干、树皮；距树冠垂直投影5m的范围内堆放物料、挖坑取土、兴建临时设施建筑、倾倒有害污水、污物垃圾，动用明火或者排放烟气；擅自移植、砍伐、转让买卖；损毁古树名木保护标志、设施及其他损害；其他损害行为。

养护管理责任单位不得擅自处理死亡的古树名木。对死亡的古树名木，应经林业行政主管部门查明原因，明确责任，予以注销后，方可进行处理。古树名木养护管理责任单位因保护、整治措施不力，或者工作人员玩忽职守，致使古树名木死亡的，对有关责任人依法给予行政处分。

3）养护措施

对古树名木采取堵洞、支撑、复壮等措施，抢救濒危古树。应当在古树名木周围划出一定的建设控制地带，拆除古树名木周围的杂乱违章建筑物和构筑物，恢复古树良好的生长环境。对市域范围内（除自然保护区以外）古大珍稀树木，要规划安装避雷装置，并修复复壮，修建设置支撑围栏保护设施等。

根据不同树种对水分的不同要求进行浇水或排水。高温干旱季节，根据土壤含水量的测定，确系根系缺水的情况时浇透水或进行叶面喷淋。根系分布范围内需有良好的自然排水系统，不得长期积水。无法沟排的需增设盲沟与暗井。生长在坡地的古树可在其下方筑水池，扩大吸水和生长范围。

修剪古树名木的枯死枝、梢，由主管技术人员制定方案，报主管部门批准后实施。修剪要避开伤流盛期。小枯枝用手锯锯掉或铁钩钩掉。截大枝应做到锯口保持平整、做到不劈裂、不撕皮，过大的粗枝应采取分段截枝法。操作时应注意安全，锯口应涂防腐剂，防止水分蒸发及病虫害侵害。

定期检查古树名木的病虫害情况，采取综合防治措施，认真推广和采用安全、高效低毒的农药及防治新技术，严禁使用剧毒农药。化学农药应按有关安全操作规程进行作业。

4）后续资源培育

古树名木后续资源的培育和发展，以保持自然界生物多样性为原则，通过健全组织、激励机制、约束制度、技术支撑等措施，科学规划，统筹兼顾，精心管护，持续发展，从而确保树木健康成长、冲刺寿命极限，以满足后人对古树名木的需要。具体可以选择一部分树龄50～90年的珍贵树种、稀有植物作为后备资源，进行培育或对一部分濒危古树名木采用组织培养技术，对原古树名木进行复制，培育出新一代古树名木。同时，还要加强对古树名木和珍贵树种的宣传，增强人保护古树名木资源意识，实现珍稀古树资源的永续发展。

（2）实例应用

三亚市具有丰富的古树名木资源，市域内登记在册的古树名木共1182株，隶属20科30属35种，以酸豆为优势树种，保护率达到100%，不仅保护管理规范，档案齐全，同时还采用信息化技术，建立完善的古树名木多媒体信息资料库。三亚市国家森林城市建设总体规划在现有保护管理基础上，进一步规范加强对古树名木的管护措施，提升完善古树名木信息化和后备资源的利用水平。

实例：海南省三亚市国家森林城市建设总体规划（2019—2027年）
——古树名木保护工程

一、建设目标

1）前期目标

全部古树均落实保护措施，对长势较差的采取适当的复壮措施，实现古树名木管理工作基本规范化、专业化。

2）中期目标

提高广大群众的古树名木保护意识，建立有效的动态监测体系，完善三亚市古树名木管理信息化建设。

3）后期目标

建立古树培育、管护工作以及技术研究的长效机制。

二、建设内容

（一）加强宣传教育，提高群众保护意识

古树名木不仅是一种重要的自然资源，更是一种重要的环境要素和科学文化要素。只有人们自觉产生对古树名木的保护意识，并将这种意识转化为行动，古树名木才能真正得到保护，中华民族爱树护林的优良传统才能得以传承。三亚市可通过社会团体及个人集资、捐款、认养、冠名保护等，各级领导带头领养，唤起人们爱护古树名木，爱护自然环境，提高了全体市民的积极性，并充分利用各种传媒广泛地宣传保护古树名木的意义，如：定期向社会发放古树名木保护的宣传手册；在各街道、小区内设立宣传栏，告诉人们保护古树名木的方法和技术，将保护古树名木的意识深入人心；新闻媒体也应大力宣传保护古树名木的先进典型，及时曝光破坏古树名木的违法行为及事件，发挥好舆论监督作用，在全社会形成保护古树名木的良好氛围。

（二）完善古树名木保护法律法规

三亚市先后颁布了《加强森林资源保护管理办法》《三亚市古树名木保护管理办法》及《关于加强古树名木保护的决定》，这些办法和决定为古树名木保护工作的顺利开展提供了良好的制度保障，但这些保护法规和管理办法还不够全面具体，还需要结合三亚市古树名木保护的现状，制定切实可行的操作章程及相关配套办法。三亚市在制定保护条例时可从以下2个方面进行考虑：

①制定方案要有针对性

应充分考虑古树名木的树种、功能、生长习性、立地条件、生长位置与健康状况等要素。

②加大执法力度

采取有效措施，严厉打击盗挖、非法移栽、收购倒卖等破坏古树名木的违法活动，从而使古树名木保护和管理走上法制化、规范化轨道，确保古树名木这一宝贵资源的可持续发展，使其更好地服务于生态文明建设。

（三）提升古树名木的复壮措施

提升古树名木的复壮管理，加强古树名木保护的科研工作，主要内容包括古树名木的复壮、病虫害的防治、枯树枝处理、安装避雷设施等。完善三亚市古树名木管理技术规范，使其保护和养护管理工作走向规范化、科学化。主要包括以下5方面：

①地下部分的复壮

通过换土、增加土壤水分和肥力、设置排水沟、消除有害气体等改善根部周围的土壤

状况来提高根系吸收水分和营养物质的能力，促进根系的生长，达到延缓古树名木衰老的目的。

②地上部分的复壮

通过补洞治伤、改良土壤的结构、定期检查、运用新的科学技术和手段，使长势不好或是受到损伤的树木重新焕发生机。

③做好病虫害防治工作

大力加强对古树名木周围生长环境的清理工作，确保树干外表清洁，剪除各种枯枝、纤弱枝条，以减少病虫害，增强树木的生长能力。对于已患有病虫害的古树名木要认真检查，掌握病虫害的种类、数量、发生规律等，遵循"预防为主，科学防控，依法治理，促进健康"的方针，确定防治措施，选择高效、低毒、快速、经济的最佳方法。

④枯死树干树枝的处理

按规定履行报批手续申报修剪。修剪以去除枯死枝干、促进树势生长为原则，严禁对树冠进行大幅度修剪。修剪宜在休眠期进行，修剪后应对剪口及时进行消毒和防腐处理。

⑤适地安设避雷装置

对那些生长在高处、空旷地或高大的古树要安设避雷装置，避免造成人们生命财产的损失。如果树木遭受雷击，应立即将伤口刮平，涂上保护剂，并堵好树洞。

（四）注重古树名木后续资源的培育和发展

古树名木后续资源的培育和发展，以保持自然界生物多样性为原则，立足长远，科学规划，精心管护，持续发展，从而确保树木健康成长、冲刺寿命极限，以满足后人对古树名木的需要。三亚市古树名木资源丰富，但现有资源破坏严重，特别是后备资源十分匮乏。在保护好现有古树名木的同时，也要加强古树名木后续资源的培育，具体措施为：一是划定一部分树龄50年以上的珍贵树种、稀有植物，或树形奇特、有科学价值、纪念价值的大树或树群作为后备资源，有意识地进行培育；二是在古树名木资源贫乏的区域，选择在当地生长旺盛、寿命长、价值高的优良树木，通过发动全民义务植树运动等多种形式，鼓励群众栽植长生树；三是对一部分濒危古树名木采用组织培养技术，对原古树名木进行复制，培育出新一代古树名木；四是大力开展"造纪念林，植纪念树"的活动，并选择一部分具有历史意义的纪念林、纪念树进行重点培育，扩大古树名木资源总量。

（五）依靠科学技术，加强保护和管理

先进的科学技术是保护好古树名木的重要手段。三亚市应成立古树名木保护学会，开设古树名木保护科研课题，在全市范围内组织专家开展保护古树名木抗衰老、抗病虫、复壮及古树名木树龄测定等方面的科学研究，积极推广实用科学技术研究成果。加强现代管理技术手段的应用，完善三亚市古树名木管理信息系统软件，建立市、乡镇级古树名木保护管理体系和有效的动态监测体系，利用计算机信息处理技术定期对古树名木的生境、生长势及保护现状等项目进行动态监测、跟踪管理，为决策提供依据。

6.3.3 生态文化保护与传播

生态文化保护与传播是生态文化体系建设的精神支撑。其建设是以森林文化、湿地文化等为主要宣传内容，以科普生态文化知识，提升城市生态文明为目标，开展义务植树、市树市花宣传、生态科普及森林城市建设宣传活动，不断扩大生态文化的传播范围、提升市民生态保护意识，营造全民爱绿护绿的良好氛围。

（1）规划内容

义务植树活动

植树造林，绿化祖国，是造福子孙后代的伟大事业，是治理山河、维护和改善生态环境的一项重大战略措施。森林城市建设中，通过建设义务植树基地，丰富多样的义务植树活动，努力提升造林质量，储备优质林木资源。

①建设义务植树基地

每年制定合理的义务植树活动实施方案，义务植树基地建设要将落实管护责任、保证植树质量放到重要位置，确保种一棵、活一棵、成材一棵，切实提高成效，达到预期目的。

②创新活动机制，丰富尽责形式，提高义务植树尽责率

要充分运用各种宣传手段和形式，广泛宣传义务植树的公益性、义务性和法定性，勇于探索，不断创新义务植树管理模式，丰富尽责形式，拓宽公众履行植树义务渠道，提高义务植树尽责率。大力推行和发展以植树劳动为主，认种认建、认护认养、抚育管护、绿化宣传、技术服务、购买森林碳汇等相结合的多种实现形式，以更广泛充分地调动各方面积极性，开创义务植树的新局面。

③义务植树信息化

着力推进"互联网+全民义务植树"模式，将适宜的义务植树基地打造成为"网络植树实体化，实体植树基地化，尽责植树常态化，市民植树多样化"的样板，并将自然教育融入义务植树活动中，为青少年提供更多有趣的自然体验和自然观察活动。

市花市树宣传

市树市花既是城市形象的重要标志，也是城市文化的浓缩和城市繁荣富强的象征。通过评选市树市花、开展相关节庆活动，构建一个具有标志性的城市认同感的事物，不仅对于塑造城市形象和提高城市文化品位具有积极意义，也有利于激发广大市民热爱自然、爱绿护绿热情，增强群众种树栽花、保护环境的意识。

应在城市景观大道的绿化中广泛配植市树市花，形成特色景观风貌；利用新建的公园、广场推广栽植，打造市树市花主题园区，彰显城市特色生态景观与文化底蕴。

运用广播、电视、报纸、网络等媒体，举办以市树市花为主题的各类摄影节、画展等多种形式的宣传活动，全面宣传市树市花，还可向社会开展征集市树市花标志的全民活动，进一步增加市民对市树市花的了解和其文化内涵的认知，以市树市花的宣传应用为切入点，激发广大市民爱护花草、种树栽花的意识，传播全民爱绿护绿、热爱自然的生态文化。

生态科普活动

利用丰富多彩的特色森林文化节庆活动弘扬传统文化，让公众充分感受到森林的经济价值、文化价值和服务价值，引导公众养成自觉保护森林的意识，使生态意识内化于心、外化于行，转化为支持和参与森林城市建设的强大践行力。

①开展丰富的生态知识科普活动

积极开展生态科普宣传活动，统筹线上和线下、户内和户外等各种媒体资源，利用关注森林活动、绿色中国行、全国爱鸟周、保护野生动物宣传月等品牌活动，开展各类科普宣教体验活动。充分利用植树节、世界森林日、世界湿地日、世界防治荒漠化和干旱日、世界野生动植物日、文化和自然遗产日等，组织开展群众性、社会性、经常性系列科普宣传。

②举办各类森林文化节事

充分运用世园会、绿博会、森林旅游节、竹文化节等各类节会活动开展生态科普活动。利用各地的旅游资源与生态产业，举办种类节庆活动，举办桃花节、樱桃节、杨梅节等各种观赏和采摘节活动。

③组织科普教育和实践活动

鼓励学校开展青少年林草科学营、自然教育与森林康养等各类课外科普实践体验活动。鼓励综合类高校、涉林高校等教育机构，开展师生生态科普实践活动。联合有关自然教育、环境保护的公益组织，开展城市日常林草科普活动；林草事业单位，定期组织全国林草科技活动周，集中展示林草科技新技术、新产品、新服务。

森林城市建设宣传活动

国家森林城市建设，是一项为期十年的生态建设过程，尤其在前两年的建设攻坚阶段，需要得到广大市民的认同和支持，因此结合生态科普活动和生态文化节事，丰富森林城市建设的宣传内容，组织开展大型专题宣传活动，宣传生态文明建设、林业生态建设成果，宣传森林城市相关知识，是森林城市建设的重要组成部分。

①制定《国家森林城市建设宣传工作方案》

通过新闻媒体、公益广告、社会活动等方式，宣传森林城市建设进程，营造全民参与的氛围，使森林城市建设工作家喻户晓，深入人心。

②在重要路段安装大型户外广告牌

主要道路沿线设置森林城市建设宣传牌，重点公交车站安装灯箱广告、张贴森林城市建设标语、口号和宣传海报等。

③拍摄森林城市建设影集、专题片

记录建设工作的进度和成果，介绍林业发展的成功经验及做法。

④各级森林城市建设责任部门及时向上级单位报告

报告内容包括森林城市建设工作进展情况、动态信息和年度总结，确保工作方向正确。

⑤开展森林城市建设满意度、知晓率调查

（2）实例应用

吉林省临江市自古以来就是鸭绿江畔的边境重镇，珍稀动植物资源多样，文化底蕴深厚。但由于宣传力度不够，生态文化的宣传尚显不足。临江市国家森林城市建设总体规划深入挖掘渔猎文化、放排文化等特色文化，全面加大生态文化宣传力度，积极开展科普宣传教育活动和文化节事活动，弘扬城市生态文化，同时不断提升城市居民生态环境保护意识，提高国家森林城市建设知晓率、支持度和满意度。

实例：吉林省临江市国家森林城市建设总体规划（2017—2026年）
——生态文化保护与传播

一、节事活动

临江市文化资源丰富，民族特色浓郁，具有形式多样、丰富多彩的文化节事活动。森林城市建设进程中应充分利用"植树节""森林日""湿地日""生物多样性日""荒漠化日""爱鸟日""动植物日"节日，规划一系列有关森林生态、文化旅游、科普宣传等文化节事活动，将生态文明建设、森林资源保护的主题纳入其中，依托文化节日营造关爱自然、保护环境、尊重自然、崇拜森林的社会氛围。在特定节日组织开展生态文化主题活动，并形成以报刊和数字媒体相融合的全方位、立体化、多样化的宣传报道格局，吸引更多市民参与，详见例表6-1。

例表6-1 节事活动规划表

序号	节事名称	节事主题	时间
1	植树节	森林建设、森林保护	3～4月
2	世界湿地日	湿地保护	2月2日
3	国际爱鸟日	野生动物保护	4月1日
4	世界野生动植物日	野生动物保护	3月3日
5	世界森林日	森林保护	3月21日
6	枫叶节	枫韵临江·红动中国	9月22日
7	生态采摘节	生态旅游、乡村旅游	8～10月
8	鸭绿江文化旅游节	宣传生态旅游	7～10月
9	生态摄影展	生态环境保护	9～10月

二、市树市花

市树、市花是城市形象的重要标志，目前，国内已有很多城市拥有了自己的市树、市花。市树、市花的确立有利于提高城市品位和知名度，增强城市综合竞争力。因为它不仅能体现一个城市独具特色的人文景观、文化底蕴、精神风貌，体现人与自然的和谐统一，而且还可以表达市民的情感，寄托民族的理想，象征时代精神。对于推动城市的物质文明、精神文明和生态文明建设，提升城市形象具有重要意义。

目前，临江市已确定市树为白桦，市花为人参花，这不仅代表临江市独具特色的人文景观、文化底蕴和精神风貌，而且带动了城市相关绿色产业，优化了城市生态环境，提高临江市品位和知名度。

规划运用广播、电视、报纸、网络等媒体，举办摄影、画展，全面宣传市树市花，借助其文化内涵及影响力提升临江市整体形象和市民种树栽花、爱绿护绿的意识，并向社会开展征集市树市花标志的活动，形成爱护市树、市花的良好氛围。在进城口、城市景观大道绿化上配植市树市花，同时利用新建的公园、广场推广栽植，打造市树市花主题园区。并以生态旅游为载体宣传市树市花，彰显临江市生态文化特色。

三、纪念林

规划营造纪念林6处，面积120hm²。主要建设内容、规模及进度详见例表6-2。

例表6-2　纪念林建设规划表

序号	名称	建设规模（hm²）	建设地点	建设分期		
				近期（hm²）	中期（hm²）	远期（hm²）
1	三·八林	10	四道沟镇	3	3	4
2	青年林	20	六道沟林场	5	8	7
3	劳模林	10	苇沙河林场	2	4	4
4	生态和谐林	40	母树林林场	10	15	15
5	巾帼林	20	花山林场	5	7	8
6	军民共建林	20	闹枝林场	5	8	7
	合计	120		30	45	45

四、义务植树基地

继续推进各种义务植树活动，结合城区绿化工程建设，植树地点主要选择在机关单位、校园、医院、城市绿地等区域，建设全民义务植树基地。实施义务植树登记制度，发放登记卡；将农民房前屋后绿化折算为义务植树量，以增强农民的义务植树积极性。同时，鼓励绿地认捐认养，面向社会公开进行养护管理招标，由相关单位提供相应的日常养护资金。规划到2026年，新增义务植树基地10hm²，详见例表6-3。

例表6-3　义务植树基地规划

序号	名称	建设地点	建设分期		
			近期（hm²）	中期（hm²）	远期（hm²）
1	临江市卧虎山	卧虎山	0.5	0.5	0.5
2	四道沟镇青山绿水	四道沟镇	0.2	0.3	0.2
3	城区台兴村	台兴村	0.2	0.5	0.5
4	四道沟镇长川村	四道沟镇	0.5	0.5	0.5
5	临江市龙爪山	临江市龙爪山	0.4	0.5	0.3

序号	名称	建设地点	建设分期		
			近期（hm²）	中期（hm²）	远期（hm²）
6	六道沟镇神龟弯	六道沟镇	0.2	0.5	0.5
7	机关单位	扶贫包保村屯	0.2	0.3	0.2
8	校园周边	临江市高中小学	0.1	0.2	0.2
9	工业厂区	大栗子街道	0.2	0.2	0.2
10	城市绿地	城区各街道	0.3	0.3	0.3
	总计		2.8	3.8	3.4

五、宣传教育

制定《临江市创建国家森林城市宣传工作方案》，指定专人负责宣传工作，并在全市营造全社会共同参与的氛围，提高森林城市建设工作的支持率和满意度，使森林城市建设工作家喻户晓，深入人心。主要包括以下3个方面：

1）新闻媒体宣传

在中央及省级报刊、网络等媒体发表专门文章，介绍临江林业发展的成功经验及做法；市属各媒体要开辟专题、专栏和专版长期报道森林城市建设工作的进度和成果，加大宣传报道力度；各乡镇人民政府和市直各有关部门网站要设立森林城市建设专栏，及时发布和更新工作信息。

2）公益广告宣传

在重要路段安装大型户外广告牌，主要道路沿线设置宣传牌，重点公交车站安装灯箱广告；临江机场、火车站、长途客运站等窗口单位，临街单位及小区都要在显著位置悬挂、张贴森林城市建设的标语、口号和宣传海报。

3）社会活动宣传

建立绿色志愿服务队，发放森林城市建设宣传手册；组织开展森林城市建设主题征文、森林主题节事活动、创作森林城市主题歌曲等活动，详见例表6-4。

例表6-4　森林城市建设宣传教育活动规划表

序号	宣教内容	单位	数量	备注
1	森林城市建设专栏	版/次	2	市级刊物
2	森林城市宣传手册	册	1000	全市范围发放
3	森林城市建设电视专题报道	次/周	1	市级电视台
4	国家森林城市建设网络专题报道	次/周	1	主要网络媒体
5	公益广告	条/天	1	市级电视台
6	灯箱、广告、标语等	个	2	重要路段、小区

6.3.4 生态文明示范单位建设

通过建设典型性与代表性共融的森林乡镇、森林乡村、低碳生态社区及花园式单位，打造环境优美、清新舒适、宜人宜居的生态环境。同时以榜样示范与先进带动为主要路径，为城镇、乡村、社区的森林建设提供参照，不断培育生态环境保护的行为文化，不断提升全市森林生态文化建设水平，为推进生态文明建设树立行为典范。

（1）规划内容

在市域范围内开展"森林乡镇""森林村庄""低碳生态社区""花园式单位"等生态文明示范建设评选活动，并制定相应的实施方案。每年采用申报评估形式在全市开展评选，结果作为评估地方政府、单位参与森林城市建设的政绩考核指标。具体建设内容和评选要求如下。

1）森林城镇

建设森林城镇不仅可以优化发展环境、改善人居条件、提升城镇品位和形象，也可以推进乡镇绿色发展和生态文明建设。森林乡镇区域内森林覆盖率要求应在60%以上，且以林业主导产业特色明显，主要可以分为旅游服务型森林乡镇、工业开发型森林乡镇、综合发展型森林乡镇等类型。

①旅游服务型森林乡镇

需为旅游资源丰富的乡镇，并确定经济开发以发展旅游业为主。遵循园林绿化为改善人民环境和为经济发展服务的原则，园林绿化要突出生态和观赏功能，并与旅游资源特点相匹配。

②工业开发型森林乡镇

可作为工业基地、农副产品加工基地的乡镇，在绿化中重点搞好工业生产区防护绿地建设。

③综合发展型森林乡镇

属经济较发达且地处近郊或主要交通沿线的城镇。在绿化中，注重街道绿化美化和建设"花园式工厂"。街道绿化以行道树绿带建设为主，与街道两侧建筑风格相协调，营造一街一景。同时结合旅游资源特点，建好风景林。

2）森林乡村

森林乡村是指乡村自然生态风貌保存完好、乡土田园特色突出，森林氛围浓郁，森林功能效益显著，涉林产业发展良好，人居环境整洁，保护管理有效的生态宜居乡村。

①生态环境方面

树种选择和配置科学，森林景观优美，具有良好的视觉效果。全村森林覆盖率大于40%，村庄绿化中乔木树种株数比重达到70%以上，乡土树种和经济林树种占绿化树种比例80%以上。

②森林产业方面

村庄内开展森林游憩、森林康养、森林饮食为特色的生态旅游项目至少2项。村庄内建有特色经济林、花卉苗圃等种植基地不少于30hm²，积极发展林下种养殖。

③文化科普方面

定期向农村居民开展生态科普、森林城市和森林村庄建设主题活动。居民点内主要木本植物挂牌标识，设置不少于1个森林城市和森林村庄建设宣传栏，并定期更新。

④管理方面

有效保护森林资源和绿化成果，做到无滥垦、滥伐、滥采、滥挖现象，无捕杀、销售和食用珍稀野生动物现象。制定森林村庄管护规定或相应乡规民约，村内绿化配备专职管护人员，管护责任落实。

3）低碳生态社区

低碳生态社区应倡导循环发展、绿色发展、低碳发展的生态文明理念，通过建设进一步美化、绿化社区环境，建设低碳、生态家园，提升宜业宜居生活环境。

①绿化环境方面

绿化率应在35％以上，旧居住区改造，绿化面积不少于总用地面积的25％；社区树木必须以本土乔木为主，且乔木品种在3类（含3类）以上。乔木、灌木、花草皆有，水景要仿生自然化，保证四季均有花可观可赏，同时辟有休息活动园地。

②环保卫生方面

建立有环境卫生长效管理制度，保障社区容貌整洁、环境卫生优良，道路、灯饰、垃圾箱等基础设施完好，垃圾袋装，日产日清，垃圾分类收集设施得到有效利用。

③文化宣传方面

定期举办生态文明讲座和环保宣传活动，居民能够积极践行低碳环保的生活理念，节约用电，循环用水，主动选用绿色环保产品。通过固定、醒目、生动活泼的宣传形式，持续营造浓厚的生态文明和环保宣传氛围。

4）花园式单位

花园式单位应与基础设施建设相结合，与塑造单位特色相结合，与业务工作有机融合。通过建设工程促进各单位庭院绿化美化建设的发展。

①花园式单位绿化

覆盖率应达到40％以上，已绿化面积占应绿化面积的90％以上，同时还有一定面积可供休息、游览、活动的花园，形式新颖、美观。绿化环境要达到四季常青，三季有花，草坪盖地，确定无绿化条件的，可通过搞好垂直绿化和屋顶绿化来提升生态环境。

②企业单位

还要注重企业绿化隔离带、道路分车带和行道树的绿化建设，增加隔离带上乔木种植的比重，建设林荫道路；企业园区绿地的建设应根据规划重点突出企业文化与景观特点，做到"园园有看点，个个是精品"。

③校园

除建有良好的绿化环境，还应通过开设绿色讲堂，举办板报比赛、征文大赛等多种形式，宣传节能减排，生态环保等理念，使每一名学生的生态环保意识得到进一步增强，营造保护环境的良好氛围。

07支撑保障体系规划与实例应用

7.1 规划基础

支撑保障体系也可以称为森林城市组织管理体系，是保障国家森林城市建设目标实现的基础。随着国家森林城市建设工作的不断推进，生态建设力度的不断加大，对森林城市支撑保障体系建设提出更高的要求。森林城市的建设，需要森林防火和有害生物防治支撑，保障林木生长安全；需要城市森林科技支撑，充分发挥科学技术的支撑、引领、突破和带动作用，增加森林面积，提高森林质量；需要加强生态监测体系建设，掌握森林城市建设过程中的有关动态变化信息，达到森林城市各项建设目标。

7.1.1 基础概念

（1）森林防火

①森林火灾

森林火灾，是指失去人为控制，在林地内自由蔓延和扩展，对森林、森林生态系统和人类带来一定危害和损失的林火行为。一般分为地表火、林冠火和地下火三种。森林火灾是一种突发性强、破坏性大、处置救助较为困难的自然灾害，是森林最危险的敌人，也是林业最可怕的灾害，它会给森林带来最有害、最具有毁灭性的后果。森林火灾不但烧毁成片的森林，伤害林内的动物，而且还降低森林的繁殖能力，引起土壤的贫瘠并破坏森林涵养水源，甚至会导致生态环境失去平衡。

②森林防火

森林防火是为了防止森林火灾的发生和蔓延，即对森林火灾进行预防和扑救。森林防火工作是中国防灾减灾工作的重要组成部分，是国家公共应急体系建设的重要内容，是社会稳定和人民安居乐业的重要保障，是加快林业发展，加强生态建设的基础和前提，事关森林资源和生态安全，事关人民群众生命财产安全，事关改革发展稳定大局。

森林城市建设中需要建立森林预测预报系统和森林火灾扑救体系，不仅要了解森林火灾发生的规律，采取行政、法律、经济相结合的办法，运用科学技术手段，最大限度地减少火灾发生次数；还要建立严密的应急机制和强有力的指挥系统，组织训练有素的扑火队伍，运用有效、科学的方法和先进的扑火设备及时进行扑救，最大限度地减少火灾损失。同时完善森林防火的基础设施，加强森林防火知识的教育与宣传，提高森林防火能力。

（2）有害生物防治

①林业有害生物

林业有害生物是指危害森林、林木和林木种子正常生长并造成经济损失的病、虫、杂草等有害生物。林业有害生物被称作"无烟的森林火灾"，不仅具有水灾、火灾那样严重的危害性和毁灭性，还具有生物灾害的特殊性和治理上的长期性、艰巨性。

②林业有害生物防治

1989年国务院颁布的《森林病虫害防治条例》中森林病虫害防治的定义为："对森林、林木种苗及木材、竹材的病害和虫害的预防和除治"。广义的森林病虫害防治是森林资源保护的重要组成部分，它是指通过检疫、测报和防治等手段，减少森林病虫等有害生物对森林的危害，保护森林生态系统的稳定性和生物多样性，促进森林健康生长和提高林分质量的生产经营活动。它是随着人类文明和社会进步而产生并逐步发展起来的一门涉及自然科学和社会科学的森林保护学科。加强有害生物防治工作，对于巩固造林绿化成果，保护森林资源，促进生态建设和经济社会可持续发展具有十分重要的意义。

森林城市建设中应该建立健全病虫害防治机制，把森林病虫害的防治工作列为建设林业生态环境过程中的重要环节，加强各部门配合，对森林病虫害防治工作的各环节进行完善、详细的规定。一方面，掌握本地流行病发生情况，摸底区域内病虫害流行情况，能对此划定病虫害防治范围，明确防治的具体任务。另一方面，做好宣传教育工作，增强民众防治林业病虫害的积极性，带动全体民众能积极参与到林业病虫害防治工作中去。

（3）林业科技推广

林业科技推广是将新的林业科学技术，新技能，新信息，新的生产、生活方式传授给广大林业生产者和经营者，以改进林业生产手段，提高林业生产经营者素质。林业科技推广是连接林业科研与林业生产的桥梁，是促进林业科技潜在生产力转化为现实生产力的关键环节，具有普及林业科技知识、发展林业经济、改善林区生产和生活状况、提高林业劳动生产率、提高林业生产的科技水平、促进传统林业向现代林业转变的功能。

森林城市建设中，要从根本上改变林业生产经营方式和落后的生产技术水平，必须加大林业科技推广力度，充分利用广播、电视、互联网、报刊、杂志等媒介普及林业知识，采取各种形式，组织各类技术培训，不断提高林业生产者的文化技术水平，使他们掌握和运用更多、更新的技术和方法。

（4）林政资源管理

林政资源管理是指通过践行新时代生态环境保护价值理念，统筹协调林业资源，合理有序地开发、利用、补充现有林地，实现林业资源效益的最大化，构建具有连续性、系统性、持续性的林业生态。经济社会的快速发展，对林政资源管理的要求越来越高，其内涵与价值得以进一步凸显。长期以来，经济社会活动过度追求经济效益，以牺牲生态环境为代价发展经济，造成生态环境持续恶劣，各类生态环境问题频发，为人类社会造成了相当严重的影响。因此，改善现有生态环境，积极开展林业生态文明建设，具有极为深远的历史意义。林政资源管理事关林业生态文明建设质量，事关社会经济发展大计，事关人类未来社会发展效果，需要长期坚持。

在森林城市建设中，通过林政资源管理，可有效促进林业生态环境持续好转，为林业生态建设提供坚实可靠的组织保障；通过林政资源管理，可有效调控林业资源的开发利用节奏，充分挖掘林业资源潜力，达到文明有序的林业生态建设预期目标；通过林政资源管理，可实现高质量的林业生态修复，提高林业资源的培育效果，用更短的时间扭转林业资源相对匮乏，生态建设相对薄弱的窘境。

（5）智慧林业

智慧林业是指基于数字林业发展成果，结合物联网、大数据以及云计算等技术，以绿色发展为主体，以统筹发展思想为载体，站在绿色服务和产品的需求上，重点建设林区内的绿色产品，遵循创新发展原则，全面系统地提升林业管理水准，促进林业现代化发展。智慧林业的打造使各个地区的林业资源形成统一的整体，为资源的整合及合理利用提供了新的渠道。相对于传统林业的粗放性，智慧林业具有细致化、规范化、技术化的特点，是林业改革的发展方向。

森林城市建设中智慧林业的实施，可以使林业系统中的各个因素之间相互连接成为一个有机整体，利用遥感技术使林业现场和输出设备相连接，打破了时间及空间的局限，大大提高相关工作的便捷性。

7.1.2　政策指导

森林城市建设中生态环境的治理力度不断加大，对森林生态环境能力建设特别是林业基础设施建设的要求不断提高，只有采取综合有力的措施，加强森林城市支撑体系中林政资源管理、有害生物防控、森林防火、林业科技研究与应用推广、林政资源管理、林业信息化等方面的建设，才能支撑保障国家森林城市目标实现。本书按照时间顺序，梳理汇总收集了森林防火、林业有害生物防治、林业科技推广、林政资源管理、智慧林业等森林城市支撑保障建设的相关政策文件，以期更进一步的指导森林保障支撑体系规划与建设。

国务院办公厅《关于进一步加强森林防火工作的通知》指出："森林火灾是一种突发性强、破坏性大、处置救助较为困难的自然灾害。目前，由于受到全球气候异常的影响，我国许多地区高温、干旱、大风和极端低温冻害天气增多，致使火险等级持续居高不下，特别是2003年夏季以来，我国南方地区发生了四季连旱，北方地区暖冬特点十分明显，森林火灾发生数量、受害面积、因灾死亡人数都比2002年同期增多，森林防火形势非常严峻。森林防火事关森林资源和生态安全，事关人民群众生命财产安全，事关改革发展稳定大局。地方各级人民政府和有关部门必须以对党和人民高度负责的态度，增强森林防火的紧迫感和责任感，把做好森林防火工作作为践行'三个代表'重要思想和'立党为公、执政为民'的一项重要内容，摆上议事日程，以求真务实的精神切实抓好，为加强生态建设和全面建设小康社会提供有力保障。"

国家林业局《关于进一步加强林业科技工作的决定》（2005）指出："加强自主创新是新时期林业发展对科技工作的迫切要求。加快林业发展，巩固并扩大生态建设成果，保障国土生态安全，建设人与自然和谐相处的生态文明社会，对林业科技工作提出了新的更高的要求。特别是打好相持阶段生态建设攻坚战，必须使整个林业工作的基点牢牢建立在依靠科技进步和加强自主创新的基础之上。但是，目前我国林业科技发展的总体水平还不适应林业加快发展的需要，突出表现在：创新能力薄弱，技术储备不足，核心技术缺乏竞争力；科技成果转化率和高新技术产业化水平较低；科技资源分散，配置严重重复，利用效率不高，资源共享机制尚未真正形成；科技队伍整体素质有待进一步提高，优秀拔尖人才尤其是中青年科技帅才、将才偏少；科技投入严重不足，条件能力建设滞后；科技管理体制和运行机制还不太适应社会主义市场经济的要求，广泛吸引社会力量参与林业科技工作的潜力还有待进一步挖掘等。尤其是在林业投资大幅度增加、林业六大重点工程建设全面推进的情况下，科技储备不足的问题，已经成为制约林业跨越式发展的主要因素之一。为此，必须采取切实有效措施，进一步加强林业科技工作，努力提高林业科技发展的整体水平。"

国务院办公厅《关于进一步加强林业有害生物防治工作的意见》指出："林业主管部门要加强对林业有害生物防治的技术指导、生产服务和监督管理，组织编制林业有害生物防治发展规划。完善监测预警机制，科学布局监测站（点），不断拓展监测网络平台，每5年组织开展一次普查。重点加强对自然保护区、重点生态区有害生物的监测预警、灾情评估。切实提高灾害监测和预测预报准确性，及时发布预报预警信息，科学确定林业检疫性和危害性有害生物名单，实行国家和地方分级管理。强化抗性种苗培育、森林经营、生物调控等治本措施的运用，并优先安排有害生物危害林木采伐指标和更新改造任务。切实加强有害生物传播扩散源头管理，抓好产地检疫和监管，重点做好种苗产地检疫，推进应施检疫的林业植物及其产品全过程追溯监管平台建设。进一步优化检疫审批程序，强化事中和事后监管，严格风险评估、产地检疫、隔离除害、种植地监管等制度，注重发挥市场机制和行业协会的作用，促进林业经营者自律和规范经营。"

国家林业局《关于进一步加强森林资源监督工作的意见》指出："加强森林资源监督工作，是国家林业局各派驻森林资源监督机构依法履行职责、提高监管能力的基本要求，是践行'三严三实'、促进党风和政风建设的重要内容，对维护森林资源和生态安全、保障林业可持续发展、促进生态文明建设和坚持绿色发展具有重要意义。"

国务院办公厅《关于积极推进"互联网+"行动的指导意见》指出："'互联网+'是把互联网的创新成果与经济社会各领域深度融合，推动技术进步、效率提升和组织变革，提升实体经济创新力和生产力，形成更广泛的以互联网为基础设施和创新要素的经济社会发展新形态。在全球新一轮科技革命和产业变革中，互联网与各领域的融合发展具有广阔前景和无限潜力，已成为不可阻挡的时代潮流，正对各国经济社会发展产生着战略性和全局性的影响。积极发挥我国互联网已经形成的比较优势，把握机遇，增强信心，加快推进'互联网+'发展，有利于重塑创新体系、激发创新活力、培育新兴业态和创新公共服务模式，对打造大众创业、万众创新和增加公共产品、公共服务'双引擎'，主动适应和引领经济发展新常态，形成经济发展新动能，实现中国经济提质增效升级具有重要意义。"

7.2 规划思路

支撑保障体系规划是建立在森林防火、有害生物防治、林业科技推广、林政资源管理、智慧林业相关概念基础上，结合森林城市建设现状分析，明确完成森林城市建设需要保障的内容，之后按照相关政策要求和国家森林城市评价指标，确定支撑保障体系规划内容，包括森林防火能力建设、有害生物防治体系建设、林业科技支撑体系建设、林政资源管理体系建设、智慧林业体系建设五大类工程，全面准确的建立符合国家政策要求、满足森林城市评价指标，并具有当地特色的森林城市支撑保障体系，见图7-1。

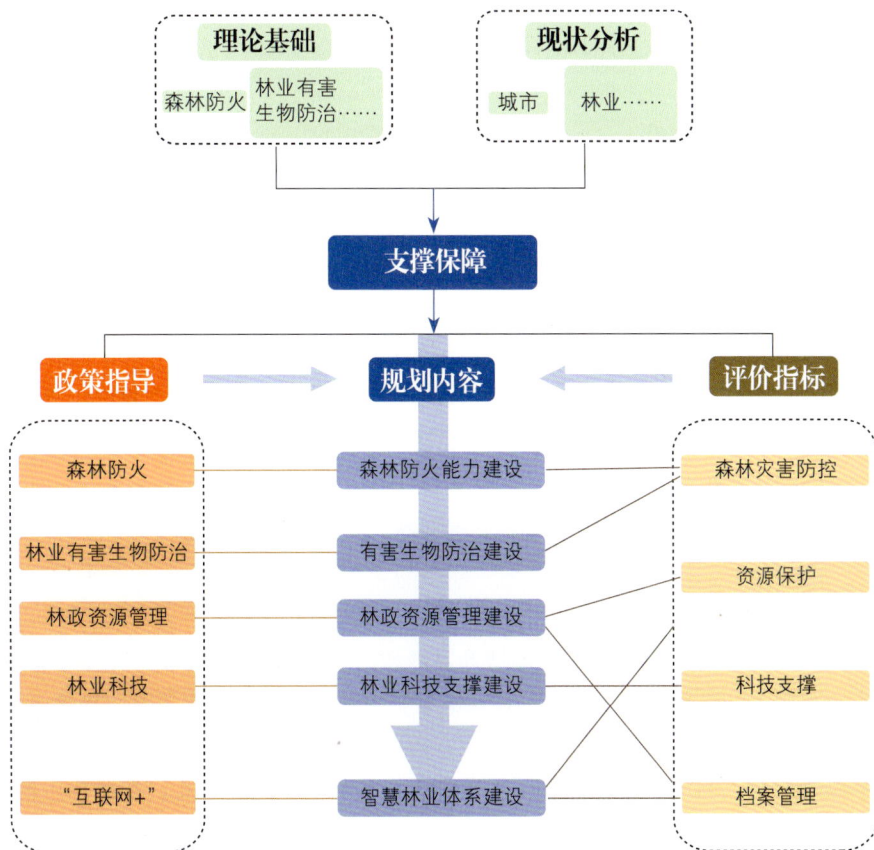

图7-1　支撑保障体系规划思路

7.3 规划内容与实例

支撑保障体系在于采取综合有力的措施加强林业基础设施建设，不仅要从加大治理资金投入入手，而且还要从培育林业科技能力建设的技术支撑体系入手；不仅从法律、政策等制度体系的建设和健全入手，而且还要从加大法律政策制度的执行力度着手，不断提高林业基础设施建设能力。规划内容主要分3个方面：一是灾害防护方面，包含森林防火能力建设和有害生物防治体系建设；二是森林资源管护方面，主要包括林政资源管理体系建设；三是林业科技方面，主要包括林业科技支撑建设和智慧林业建设。

7.3.1 森林防火能力建设

森林防火能力建设是保障森林城市建设的基础工程，在森林城市建设过程中需要积极推进森林防火的科学化进程，增加森林防火的科技含量，充分利用现代科技提高防御森林火灾的能力，加强森林防火监督，强化林火监测管理系统建设；拓宽森林防火建设经费渠道，不断增加投入；加强预防和扑救设施建设，购置现代化的工作设施设备。

（1）规划内容

①火源管理系统的建设

加强火源管理，是防止城市森林火灾最有效、最经济的办法。近年来，森林火灾绝大部分是人为因素造成的，控制人为火源是森林防火的关键。

加强森林防火宣传教育，增强市民防火意识；进行防火安全检查，禁止市民将易燃易爆危险品带上山。

与森林周围各乡村订立和完善护林防火公约，建立护林员队伍。

利用广播、电视、标牌等多种形式进行森林防火的宣传。市级各广播电视台每天要在黄金时间最少播出30秒的护林防火公益广告，在各旅游点、旅游线路、居民点、重要路口和交通要道新增永久性宣传标牌。

建立护林防火责任制，签订护林防火责任状，并层层落实，最终落实到各家各户和个人。

②指挥扑救系统的建设

健全和完善森林防火指挥系统，加快开发地理信息系统和林火决策支持系统；在现有防火体系的基础上，市级林业主管部门建设具有林火通讯联络、林火监测、地理信息系统、林火指挥决策、预测预报等功能的森林防火指挥室，实现林火预测预报、报警接转、扑火指挥等手段现代化。县级林业主管部门要分别设立森林防火指挥中心，配备相应的防火扑救指挥设备。各个县（市、区）均需建立一支专业森林消防队。

③林火预测预报网络的建设

完善市域森林防火预测预报中心站的建设，中心站需负责汇集市域观测站测定的火险气象和其他火险因子资料，作出火险预测，并以广播、电视、报纸为媒介作出火险预报，及时向省总站提供观测数据和信息。

增设基地观测站数量，观测站负责对本区气象和其他火险因子进行定项、定时、定量观测，及时向中心站提供数据和信息。当发生森林火灾时，还应在火场附近设立流动观测站，进行火场气象和火行为观测。

④林火监测网络的建设

地面巡护：地面巡护由森林公安人员和护林员实施，主要负责森林防火宣传，监督检查，制止人员非法入山，依法检查监督防火法律法规的执行情况，发现火情，立即报告，并及时组织扑救。要充分调动巡护人员的积极性，发挥他们的护林作用。

瞭望台观测：瞭望台观测是各林区林火监测的重要手段。建设要求瞭望覆盖率达70%。

卫星监测：气象卫星林火监测具有监测范围广、时间频率高、准确度高等优点，既可用于林火的早期发现，也可用于对重大火灾的发展蔓延情况进行跟踪监测、制作林火报表和林火态势图等，是林火监测的发展方向。

⑤森林防火地理信息系统

运用地理信息系统，可提高本区的林火监测与防火指挥的现代化水平。

林火阻隔网络的建设：林火阻隔网包括自然阻隔带、工程阻隔带和生物防火林带。要充分利用自然阻隔带和公路、林道等工程阻隔带，适量新建防火线，大力营造生物防火林带。

⑥林火信息网络的建设

林火信息系统是森林防火的神经中枢，必须建立畅通无阻的通讯网络。

有线通讯：所有的森林防火办公室、瞭望台、专业森林消防队都要安装程控电话。

无线通讯：规划新购车载台、基地台、对讲机、GPS、海事卫星电话等无线通讯设备。

网络通信：各防火办公室要配备计算机，并与互联网连接。

⑦基础设施的建设

购置灭火水枪、灭火机、油锯、水泵、扑火服装等若干。要规划森林消防物资储备库、防火检查站、森林消防专业队营房等。

（2）实例分析

云南省曲靖市在全国森林火险等级中属于一级火险区，在全国森林防火建设分区中属于森林火灾高危区，市域范围内多个地区属于森林火灾高风险区，森林防火工作需要高标准、严要求。曲靖市国家森林城市建设总体规划不仅规划了森林火险预警监测系统、森林防火通信系统建设、林火阻隔系统、森林防火扑救体系建设、森林防火宣传教育工程建设、森林公安"三基"建设，还规划了森林防火科技研究，为曲靖采取行之有效的防火体系做出研究指引，构建了一套完整的森林防火保障能力建设体系，达到统一指挥、结构合理、反应机敏、运转高效、保障有力的森林火灾应急体系目标。

实例：云南省曲靖市国家森林城市建设总体规划（2017—2026年）
——森林防火

一、森林防火现状

曲靖市十分重视森林火灾预防工作，瞭望台、物资储备库、林业阻隔系统、扑火队伍及装备能力、森林防火信息指挥网、林火预测预报系统、防火通信体系建设取得明显成效。"十二五"期间，全市总计发生森林火灾38次，直接受灾森林面积6023.9亩，与"十一五"对比，森林火灾发生的次数和受灾面积均得到了下降，森林防火工作目标责任制连续5年被云南省政府考核为一等奖。曲靖市森林防火工作虽取得较好成绩，但与其他防火工作优秀的城市相比仍然存在差距，信息化建设刚刚起步、森林防火科学技术支撑较弱、林区基础设施建设较弱、防火经费投入不足、林火管理机制有待完善、森林消防专业扑火队伍建设专业化水平较低等一系列问题仍然制约着森林防火工作发展。

二、建设目标

根据《全国森林防火规划（2016—2025年）》的火险等级分级，曲靖市在全国森林火险等级中属于一级火险区。在全国森林防火建设分区中属于森林火灾高危区，其中富源县、会泽县、陆良县、罗平县、麒麟区、师宗县、宣威市、沾益区属于森林火灾高风险区。在森林防火建设工程中，争取各项建设内容达到国家森林防火规划的总体要求。至规划期末，形成完备的森林火灾预防、扑救、保障三大体系，预警响应规范化、火源管理法治化、火灾扑救科学化、队伍建设专业化、装备建设机械化、基础工作信息化建设取得突破性进展，人力灭火和机械化灭火、风力灭火和以水灭火、传统防火和科学防火有机结合，森林防火长效机制基本形成，森林火灾防控能力显著提高，实现森林防火治理体系和治理能力现代化，详见例表7-1。

例表7-1　曲靖市森林防火防控目标

目标	2019年	2022年	2026年
森林火灾损失率（%）	≤0.001	≤0.001	≤0.001
瞭望覆盖率（%）	90	95	100
阻隔系统建设重点火险区（%）	100	100	100
语音通讯覆盖率（%）	90	95	100
宣传教育覆盖率（%）	100	100	100
队伍专业化建设水平（%）	≥30	≥60	80
当日火灾扑救效率（%）	98	100	100

注：森林火灾受害率、瞭望覆盖率、阻隔系统建设重点火险区、当日火灾扑救效率指面积百分率、宣传教育覆盖率指人口百分率。

三、建设内容

（一）森林火险预警监测系统

采用地面巡护、瞭望塔监测和卫星遥感的方法对曲靖森林火灾进行监测。

地面巡护，通过宣传群众，控制人为火源，深入瞭望塔观测的死角进行巡逻。规划建设地面巡护点200个，对来往人员及车辆，野外生产和生活用火进行检查和监督。

瞭望塔监测：通过瞭望塔来观测林火的发生，确定火灾发生的地点，报告火情，按照我国《森林防火工程技术标准》（LY/J 127-91），两座瞭望塔之间20～40km距离的要求，并使曲靖市瞭望塔林火观测覆盖率达到90%以上，规划新增瞭望塔16座。新增视频监控系统4套，检查站8处，检查站人员在重点时期，必须做到24小时不断岗、不空岗，林火高发期可增设临时检查站50处，严格检查控入山人员。为曲靖市8个森林火灾高风险区的检测人员分别配备高倍望远镜、卫星电话和红外探测仪，实现全天候探火，提高监测技术含量，扩大瞭望监测范围。

智能监测系统：由视频监控及应急指挥信息网络平台两部分组成，通过运用现代化科技手段建设森林防火视频监控、智能预警、辅助决策及应急指挥系统，实现曲靖市森林防火工作的科学化、标准化、信息化和专业化，从而有效提高全市森林火灾的综合防控能力，为实现森林火灾的"打早、打小、打了"打下坚实的基础。

根据曲靖市现有和新建的瞭望塔，结合对重点防治区域森林防火要求，对曲靖市现有瞭望塔和新建瞭望塔共70座进行改造，使曲靖市森林防火工作逐步形成全市范围的监控体系。

通过综合利用"天基、空基、陆基"监测手段，共享卫星图像资源和信息，建成集卫星遥感、高山瞭望、视频监控、飞机巡航和地面巡护的立体林火预警监测系统，提升森林火险预警、火情实时监测能力。

（二）森林防火通信系统建设

1）火场通信网络

针对曲靖市森林防火通信网络覆盖不全、存在盲区和森林防火信息化程度不高、基础数据不完善、信息共享能力不强、网络信息安全形势严峻的现状，重点加强满足森林防火需求的信息感知、传送、处理、应用系统，充分引接共享相关单位的数据资源和协调使用社会通信资源，构建综合通信系统、综合管控系统、综合指挥系统、综合保障系统的森林防火信息化体系，全面提高基于信息系统的森林防火指挥管理能力。

2）机动通信系统建设

为满足扑救重特大森林火灾和重要敏感区域森林火灾的需要，建设集超短波、短波、卫星等多种通信手段为一体的机动通信系统，提升火场区域组网能力，搭建与各级指挥中心建立语音、数据和图像等信息传输通道，保障信息畅通，满足扑火前指挥调度的需要。根据现状及县级行政单位所在地区公网薄弱的实际，配置大型、中型及小型综合通信车数辆。

（三）林火阻隔系统

1）生物防火林带

主要用以打破曲靖市高度易燃的针叶纯林林分如云南松、华山松等的连片性，并与林区路网形成一体的林火阻隔体系。为使曲靖市生物防火林带组成封闭系统，保证一定的密度，占有足够的面积，彻底打破被保护林分的连片性，有效防止林火蔓延。规划将曲靖市生物防火林带划分为三级网络，并选择木荷、火力楠、青冈栎、早冬瓜、柑橘、杨梅、女贞、圣诞树、油茶、冬青、马桑、野桐等植物作为主要防火林带树种。

2）物理防火林带

物理防火林带既是林火的阻隔带，又可作为林区的交通线，对于保证迅速输送灭火人员、灭火工具到达火灾现场，迅速扑灭森林火灾具有重要的意义。物理防火林带主要以连接林区断头路为主，新建为辅。

（四）森林防火扑救体系建设

1）森林防火信息指挥系统

森林防火信息指挥系统是配合视频监控系统，进行信息传递与交流的平台。根据曲靖重点森林防火区域布局，县（市、区）林业局和大型林场应建立应急防火信息指挥系统，以配合视频监控系统充分发挥全市森林防火监控、应急处理能力，提高全市森林防火科技水平，实现森林火灾的打早、打小。森林防火信息指挥系统分成三个级别，第一个级别为曲靖市森林防火监控指挥中心，第二个级别为森林火灾重点防治区域所在的县（市、区）林业局防火监控指挥中心，第三个级别为大型林场监控中心和林区前端监测设备。通过网络连结，组成一个有机的整体。森林防火信息指挥系统组成框架结构见例图7-1。

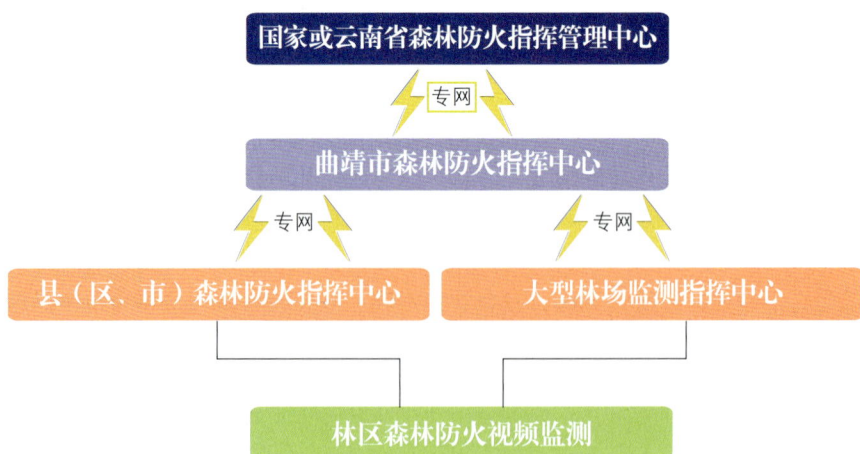

例图7-1　应急防火信息指挥系统组成结构图

2）森林防火队伍及装备建设

深入贯彻"预防为主、积极消灭"的方针，立足于防大火，救大灾，实现森林火灾"打早、打小、打了"的目标，进一步做好全市森林防火专业扑火队伍、半专业扑火队伍、群众义务扑火队伍的组织完善工作。

3）专业扑火队伍

各县（市、区）组建的地方专业扑火队伍，作为常年从事森林防火工作的森林防火队伍，在防火期从事林火预防、巡护、检查，扑救火。规划建设专业扑火队伍6支。依据国家《森林防火物资储备库工程建设项目标准》，结合现有的物资储备库建设情况，按照"突出重点、辐射周边、就近增援、分级保障"的原则，合理布局各级物资储备库。规划建设消防水池（50～100m³）8处，消防水车16辆，每支队伍配备运兵车2辆，指挥车1辆，配备接力水泵灭火系统等以水灭火装备。消防扑火机具若干。每个队员配备 2套扑火阻燃服、作训服、登山鞋以及挎包、水壶、头盔等扑火装备。

4）半专业扑火队

全市各个乡镇1支，每支30人，主要在乡镇机关、林业站等人员中组建。每个乡镇的半专业扑火队，应配备一定数量的扑火机具。

5）群众义务扑火队

全市各乡镇村委会建设1支，每支10～15人，主要由各村民小组中的青壮年村民组成。应配备风力灭火机、油锯、二号扑火工具和砍刀等。

（五）森林防火宣传教育工程建设

深入广泛的进行宣传，依法治火。通过各种渠道、各种手段、各种形式进行广泛宣传。通过签订防火责任制的形式，加强防火法律法规和防火常识教育，强化依法治火，增强全社会防火意识，使全社会都知道森林防火是每个公民的责任，加大对森林防火案件的查处力度。建设防火宣传栏10个，森林防火宣传牌300个。用多种形式对市民进行森林防火科普知识、火灾扑救和安全避险知识的教育，开展先进单位和个人事迹的宣传与森林火灾的警示教育，结合普法教育，组织开展森林防火法律法规的培训。

（六）森林公安"三基"建设

森林公安处在林业、公安行业的交汇点，身份特殊。要加快基础设施步伐，截至2026年，新建森林公安指挥中心300m²，增配警用设施设备80套，警用车8辆，刑侦器材30套。

（七）森林防火科技研究

逐步建立森林防火研究机制，世界上没有一次相同的森林火灾，要坚持本地各种行之有效的防火技术研究，还要研究生物防火技术和防火林带及天然防火阻隔体系有机配套工程。除了掌握和推广先进的扑火技术外，同时还要有的放矢，研究符合本地情况的森林火灾发生的时间、地区、气象、地形、危险人群年龄比等各种规律及各种地形的扑火技术的应用，使森林防火的每项举措都要有丰富的科学内涵，详见例表7-2。

例表7-2 曲靖市森林防火提升建设规划表

建设内容	建设性质	规划时间		
		2017—2019年	2020—2022年	2023—2026年
（一）森林火险预警监测系统				
1. 森林火险预警系统				
火险要素监测站（套）	新增	2	3	2
可燃物因子采集站（套）	新增	2	3	2
手持气象站（台）	新增	2	3	2
2. 瞭望监测系统				
视频监控系统（套）	新增	1	2	1
瞭望塔（座）	新建	4	7	5
检查站（项）	新增	2	3	3
高倍望远镜（台）	新增	2	3	3
卫星电话（台）	新增	2	3	3
红外探测仪（台）	新增	2	3	3
3. 地面巡护系统				
防火通道（km）	开设、泥结路面	25	35	20
防火公路（km）	加宽、硬化路面	60	85	20
（二）防火阻隔系统建设				
防火道路（km）	新建	40	60	35
防火道路（km）	修复改造	30	40	25
防火林带（km）	新增	60	100	34
防火隔离带（km）	新增	60	70	45
（三）森林防火信息化建设				
1. 森林防火通信系统				
超短波车载台（台）	新增	2	3	1
基地台（座）	新增	2	3	3
手持台（座）	新增	2	3	3
视频图传系统（套）	新增	2	3	3
小型通信车（辆）	新增	2	3	3
2. 森林防火信息指挥系统				
大屏幕显示系统（套）	新增	2	3	3
投影系统（套）	新增	2	3	3
电视（台）	新增	2	3	3

建设内容	建设性质	规划时间		
		2017—2019年	2020—2022年	2023—2026年
MCU（套）	新增	2	3	3
视频终端（套）	新增	2	3	3
综合调度台（座）	新增	2	3	3
防火墙（套）	新增		1	
防病毒软件（套）	新增		1	
防火业务软件（套）	新增		1	
指挥中心面积（m²）	新增	80	60	
会议音响系统（套）	新增	2	3	3
中央控制系统（套）	新增		1	
（四）森林消防队伍及装备能力建设				
1. 标准化专业森林防火队伍				
专业防火队（支）	新增	2	3	1
专业防火人数（人）	新增	50	75	25
2. 队伍装备				
消防水车（辆）	新增	8	4	4
运兵车（辆）	新增	3	5	4
工具车（辆）	新增	2	4	2
油锯（台）	新增	30	40	
以水灭火机具装备车辆（辆）	新增	2	4	2
水龙带（套）	新增	30	40	20
移动水池（座）	新增	2	4	2
细水雾灭火机（台）	新增	2	4	2
接力水泵灭火系统（台）	新增	2	4	2
割灌机（台）	新增	2	4	2
消防水池建设（座）	新增	2	4	2
移动水泵（台）	新增	2	4	2
风力（水）灭火机（台）	新增	2	4	2
野外炊具（套）	新增	2	4	2
防潮褥垫（套）	新增	50	50	
急救包（个）	新增	2	4	2
便携帐篷（支）	新增	50	50	

建设内容	建设性质	规划时间		
		2017—2019年	2020—2022年	2023—2026年
3. 基础保障				
营房（座）	新增	2	4	2
训练场（座）	新增		3	
扑救演练基地（个）	新增		2	
物资储备库（个）	新增	2	4	2
（五）森林防火宣传教育工程建设				
宣传车（辆）	新增	1	1	
宣教设备（套）	新增	1	1	
防火宣传专栏（专辑、公益广告）数量（个）	新增	3	4	3
森林防火宣传牌（个）	新增	100	150	50
（六）森林公安"三基"建设				
森林公安指挥中心（座）	新建	300		
警用设施设备（套）	新增	40	20	20
警用车（辆）	新增	3	4	1
刑侦器财（套）	新增	10	10	10

7.3.2 有害生物防治建设

林业有害生物防治对维持生态平衡，提高森林生态系统的生物多样性和稳定性具有重要意义。森林城市建设中需要全面加强林业有害生物的监测预警体系、检疫御灾体系、防灾应急反应体系的建设，不断提高林业有害生物防治队伍的创新能力、依法行政能力、科学防治能力、应对突发性林业有害生物能力，进一步实现林业有害生物防治的无公害化、标准化、规范化、科学化、信息化，防止外来林业有害生物的入侵，控制林业有害生物发生范围，使危害程度大幅度下降，促进森林健康生长，保障城市生态安全。

（1）规划内容

①监测预警体系

以市域现有森防检疫机构为依托，进一步完善监测预报机构，加强基础设施建设，构建林业有害生物发生动态信息的地面和空中相结合的立体监测系统，及时准确掌握林业有害生物的发生与发展状况，为启动重大生物灾害应急预案、发布预警信息，及时有效地控灾御灾，保障生态安全，提供准确的信息来源。

项目建设内容主要包括：完善市域林业有害生物预测预报中心的建设；国家标准站建

设工作；完善和新建市域基层测报点建设；建设固定监测样地，将市域主要森林树种的主要病虫害纳入监测范围；添置相关仪器设备。

②检疫御灾体系

完善市域的林业有害生物检疫御灾体系建设，加强基础设施建设，提高项目区对外来林业有害生物的防范和御灾能力，实现对林业有害生物的有效封锁和科学除治，防止外来林业有害生物的入侵和本地林业有害生物的传出，实现对林业有害生物的可持续控制，保护林业生态安全，促进社会经济永续发展。

检疫御灾体系建设内容包括：森林病虫害检疫检验室建设；检疫检查站建设；检疫除害处理基地建设；无检疫对象苗圃建设；添置相关仪器设备。

③灾害应急防控体系

从根本上转变市域以往防治救灾工作中存在的一些预防工作不到位、防治基础设施落后、防治能力不足、防治工作处在被动救灾、防治效率低下的局面。应急救灾体系的建立，就是要全面提升市域林业有害生物防治基础设施，运用现代化的防治手段，提高防治能力、防治效率，治早、治小，把灾害损失降低到最低，实现灾害的可持续控制。

通过为区域性有害生物的防治工作提前提供必要的药剂药械准备和地勤保障体系、为组织专业队伍防治提供物质保障、为市域处置重大生物灾害应急事件提供机动灵活的物质保障、定期检验和维护药剂药械，从而保证应急方案的正常、快速启动。

灾害应急防控体系建设主要包括完善林业有害生物防治应急救灾物质与设施保障体系建设（市级的药剂药械库建设）、技术支撑体系建设、快速反应基础设施建设、应急救灾指挥决策系统建设、地面应急救灾队伍建设等。

④宣教体系

成立市域林业有害生物防治专家咨询委员会；组建市域林业有害生物防治科技支撑单位；开展市域林业有害生物普查和风险评估；举办基层科技培训班，培训基层专业技术人员；开展宣传教育，提高全民预防意识。

（2）实例分析

北京市延庆区地处首都西北方向，与河北省怀来县、赤城县接壤，是国家提出的京津冀一体化建设重要实践区，生态区位十分重要。延庆区在有害生物防治方面有着良好的基础，国家级、市级、区级、临时虫情监测点覆盖全区范围，延庆区国家森林城市建设总体规划着重于推进监测预警的智能化、检疫御灾的信息化、防治减灾的社会化、应急救灾的机动化，构建监测预警、检疫御灾、防控减灾、支撑保障相结合的有害生物防治建设工程。

实例：北京市延庆区国家森林城市建设总体规划（2017—2026年）
——有害生物防治体系建设

一、建设现状

目前，延庆区建有国家级中心测报点1个、市级测报点40个、区级测报点80个、临时虫情监测点110个，监测范围覆盖全区。有市级监测站2个，分别位于四海镇和张山营镇，药械库房5间，标本室1间，高程喷药防治车辆4台。

据近5年预测预报的结果，延庆区林业有害生物年发生面积约为6500hm²。其中：常发性林业有害生物年发生面积3000hm²，隐发性林业有害生物年发生面积3500hm²。林业有害生物发生种类主要有美国白蛾、白蜡窄吉丁、红脂大小蠹、延庆腮扁叶蜂、油松纵坑切梢小蠹、蚜虫、杨小舟蛾、梨卷叶象、杨树炭疽病等近40种。其中，平原地区白蜡窄吉丁危害较为严重，危害面积达133.33hm²。蚜虫、木虱、杨小舟蛾等常发性林业有害生物年发生面积1333.33hm²；山区主要有红脂大小蠹、延庆腮扁叶蜂、油松纵坑切梢小蠹等危害，防治面积1533.33hm²。无公害防治率达95%以上。

二、建设思路与目标

根据国家林业局关于"十三五"林业有害生物防治工作"四率"指标任务，同时结合本地实际，认真研究和科学分解"四率"指标。要围绕确定的"四率"指标，逐级细化工作任务，明确任务要求，落实主体责任，增强各项任务措施的可操作性和可考核性。将推进监测预警的智能化、检疫御灾的信息化、防治减灾的社会化、应急救灾的机动化进程作为完成"四率"指标的重要手段，确保"四率"指标的如期实现。延庆区林业有害生物成灾率控制在0.1%以下，无公害防治率达到95%以上，测报准确率达到95%以上，种苗产地检疫率达到100%。

三、建设内容

1）监测预警体系建设

林业有害生物监测预警体系建设是林业有害生物防控工作的重要组成部分，也是搞好林业有害生物灾害监测预报工作的前提和基础。加强区、乡镇、村三级监测预警体系建设，突出1个国家级中心测报点核心作用，以提高乡镇、村两级监测预警能力为重点，加大临时测报点建设力度。

强化森林资源保护联防联控机制，完善延庆区与河北省怀来县、赤城县森林防火、林木有害生物防治、野生动物疫源疫病监测等信息共享和联防联控机制；重点加强世园会、冬奥会园区内外林业有害生物的监测预警、预防控制，在园区周边增加测报点。

规划建设市级测报点15个，区级测报点100个。

2）检疫御灾体系建设

贯彻落实《植物检疫条例》《植物检疫条例实施细则（林业部分）》的有关规定，要进一步加大检疫执法力度，加强产地检疫、调运检疫和复检工作。在规划期内对全区林业及其产品生产单位和个人加大执法力度，做好产地检疫和工程苗木复检工作，严防检疫性、危险性林业有害生物传播、蔓延；做好林业检疫执法模拟演练和林业植物检疫追溯工作。规划为检疫检查站新增检疫设备20套。

3）防控减灾体系建设

继续加大防治力度，山区加强对红脂大小蠹、延庆腮扁叶蜂、黑胫叶蜂等林业有害生物的防治，川区重点抓好美国白蛾、白蜡窄吉丁等林业有害生物的防治，避免发生检疫性、危险性等重大林业有害生物灾害。

加强林业有害生物防治检疫组织建设，引进和培养防治专业技术人才。强化技术能力培训，组织实战演练，提高基层技术人员、乡村兼职测报员监测水平和林农的防治技能。

加强药品、器械应急储备设施库建设；加强与北京阔野田源生物技术有限公司合作，依托其生物天敌培育基地，共享资源为生物防治提供保障；不断提升监控的技术指标，全力阻止危险性林业有害生物的传入，为实现林业有害生物防控工作的标准化、规范化、科学化、法制化、信息化提供坚实的物质基础。

规划防治器械储备库新增大型机动喷雾机2台、小型机动喷雾机3台、防治作业防护服50套。

4）服务保障体系建设

进一步加强林业有害生物防治宣传教育，通过广播、电视、报纸、会议、板报、不定期刊物、宣传册等方式向群众宣传。每年在集贸市场、绿化工程工地、建材城等地点集中开展林业有害生物防治知识、法律法规宣传活动，活动中发放林业有害生物图鉴、防治材料、知识问答等宣传品，通过宣传教育，提高了社会公众对林业有害生物防控工作的了解，有效推动林业有害生物防控工作的开展。

不定期组织有关专家，下到基层，与造林大户和林农面对面接触，现场解决他们对防治技术的迫切需求。定期对兼职检疫员、测报公司和防治公司技术人员进行专业知识和技能培训。培训内容包括：林业有害生物基础知识、有害生物识别及防治技术、检疫和测报技能。通过培训，有效提升检疫、测报和防治人员素质和能力，防控工作得到有效提升，详见例表7-3。

例表7-3 延庆区有害生物防治体系建设规划

序号	建设内容	建设性质	建设规模	规划时间		
				近期	中期	远期
（一）监测预警体系建设						
1	市级测报点（个）	新增	15	5	5	5

序号	建设内容	建设性质	建设规模	规划时间		
				近期	中期	远期
2	区级测报点（个）	新增	100	30	30	40
（二）检疫御灾体系建设						
1	检疫设备（套）	新建	20	10	10	
（三）防控减灾体系建设						
1	大型机动喷雾机（台）	新增	2	1	1	
2	小型机动喷雾机（台）	新增	3	1	1	1
3	防治作业防护服（套）	新建	50	20	20	10
（四）服务保障体系建设						
1	开展培训活动		50	15	10	25
2	开展宣传活动		50	15	10	25

7.3.3　林业科技支撑建设

科学技术是第一生产力，搞好生态建设，加快林业发展，最根本的还要靠科技进步。森林城市建设中需要把提高林业科技持续创新能力和为重大林业工程建设提供技术支撑的能力作为市域国家森林城市科技能力建设的目标，建立稳定的投入机制，完善人才机制，探索新型的管理机制，使林业科技工作贯穿于规划、设计、施工、管理、验收的全过程，充分调动广大林业科研单位和科研人员的积极性，促进林业科技成果转化，将林业发展的科技贡献率逐步提高。

（1）规划内容

①人才培养机制

要进一步完善职业教育、成人教育和普通教育相结合的人才教育培养体系，推进教育培训的社会化、终身化、网络化、开放化和自主化，建立林业人才终身教育制度。

人才教育培训要具有针对性，要根据各级各类林业管理人员和技术人员的不同要求，开展不同形式和内容的培训教育。要以岗位培训、继续教育和知识更新为主要教育内容，并结合科研、推广示范和生产实践，以此达到提高林业人才的文化素质和专业水平的目的。

突出本单位林业人才培训主体地位。要把人才教育培训活动纳入发展规划和年度计划，根据林业发展的现状和趋势，与相关院校和科研机构加强联系和合作，制定行之有效的培训规划，并列支专项培训经费。

②人才选用机制

首先要健全林业人才的评价体系，对于专业技术人员的评价应重在社会和业内认可，价值标准要突出实绩，弱化学历、年龄和资历等因素。其次要推进事业单位人事制度改革，突出职称评聘和高职低聘，突出职称评聘分离重点；允许低职高聘和高职低聘，在技术职位的聘任上应不受名额限制或由本部门根据自身的工作量大小来确定适量的名额人数，有利于人尽其才，调动工作积极性。

③人才激励机制

要尊重人才，要坚持以人为本的原则，把促进人才全面发展放在首位。要深化分配制度改革，以效率优先、兼顾公平的原则，逐步建立起体现岗位的绩效薪酬制度，实现收入向重点岗位、优秀人才倾斜。要健全评选奖励制度，定期评选优秀人才，并给予相应的精神鼓励和物质奖励，使优秀人才起到良好的示范和激励促进作用。

④人才发展保障机制

要坚持党管人才的原则，加强人才工作的组织领导，充分发挥党的思想政治优势、组织优势和群众优势。

要突出"三个优先"，即在谋划发展时优先考虑人才开发，部署工作时优先考虑人才支持，安排预算时优先考虑人才投入。

将人才发展内容纳入林业发展战略规划。

保证资金投入，要按照国家政策规定从育林基金中拿出3%～5%作为林业科技支撑经费，为市域项目建设期内的重点科技项目提供资金保证。

改善人才发展环境，鼓励各类人才更新知识，接受再教育，在工作上和生活中给予帮助和支持，如对学成归来者全额报销学费。

加大工作环境和设施建设力度，构建市域林业科技进步网络体系。

充分发挥林学会作用，积极组织各类专题学术交流活动，为林业人才创造良好的学术交流环境，使人才的创造能力、创新能力、创业能力不断得到全面提升。

（2）实例分析

重庆市涪陵区林业科技基础薄弱，建设潜力充分。在国家森林城市建设总体规划中，对涪陵区林业科技的硬基础和软环境两方面进行规划，通过建立和完善有利于促进林业科技人员自主创新和成果转化的激励政策、机制；加强科技考核、科技合作，加强涉林知识产权工作；加强基层林业科学技术推广队伍和林学会、林业协会建设，发挥学会、协会的积极作用；逐步建成与现代林业相适应的林业科技创新体系、技术推广体系。

实例：重庆市涪陵区国家森林城市建设总体规划（2018—2027年）
——林业科技支撑体系建设

一、建设现状

涪陵区积极大力发展林业科技技术，目前，全区获得林业科技成果2项，审认定林木良种1个，转化林业科技成果5项，初步建成与现代林业相适应的林业科技创新体系、技术推广体系，林业科技贡献率达50.00%以上，科技成果转化率达到50.00%以上，解决了2个现代林业发展技术难题，推广应用5个林木优良品种和林业先进实用技术，全区林业先进技术推广率达到55.00%，林木良种使用率达到60.00%。建设核桃种植、南方早熟梨生产2个科技示范基地和1个林业科技示范企业。下派科技特派员到乡镇15人次，开展林业实用技术、新技术培训1200人次，发表科技论文30余篇。

涪陵区还与各级科研院校合作，与中国林业科学研究院亚热带林业研究所、重庆市林业科学研究院开展院地合作，重点推广应用库区消落带生态治理与恢复关键技术、林业有害生物防控技术、林业"3S"技术、森林火灾预防与控制关键技术、石漠化生态治理与恢复关键技术、麻竹绿竹繁育丰产栽培等先进成果；与中国林业科学研究院木材工业研究院合作开展竹材加工利用，拟引进重组竹生产线；依托长江示范学院建成武陵山区特色植物资源保护与利用重庆市重点实验室。

近年来，涪陵区还积极引进培养林业人才。通过退耕还林、三峡后续植被恢复、林业科技推广等项目和工程建设，全区培训和锻炼了一大批林业技术人员和管理人员。涪陵区近五年来，全区共引进林业硕士人才9名，新晋林业专业技术人员12名，目前，涪陵区林业专业技术人员总数达到115名。

二、建设思路与目标

建立和完善有利于促进林业科技人员自主创新和成果转化的激励政策、机制，加强科技考核、科技合作，加强涉林知识产权工作，加强基层林业科学技术推广队伍和林学会、林业协会建设，发挥学会、协会的积极作用，建立涪陵区林业科技推广中心。

至规划期末，初步建成与现代林业相适应的林业科技创新体系、技术推广体系，林业科技贡献率60.00%以上，科技成果转化率达到70.00%以上，解决2个以上的现代林业发展技术难题，推广应用5个以上林木优良品种和林业先进实用技术，建成2个万亩以上的林业科技示范林基地和1个林业科技示范企业。

三、建设内容

1）推进科技创新工程

利用科技示范园、专家服务团、涉林信息服务平台等推广载体和手段，结合中央财政林业科技成果推广项目，提高科技对林业产业发展的贡献率。以大型科普活动为契机，结合病虫害防治、森林防火等知识普及，以林农技术需求为中心，强化宣传，普及推广，深化科技支撑促进林业产业发展。

2）建设产学研合作平台

积极与重庆林业科学研究院、长江师范学院等科研院所建立技术合作关系，充分利用生态科技资金，强化技术交流与合作，建立科研示范基地，在生态修复、生物多样性保护、科研监测等方面加大科技攻关，大力研发节约资源技术、生态环境保护技术、生物技术、

"互联网+"信息技术和生态农业技术等一批先进生态技术。

3）大力开展实用技术推广

规划发展适合涪陵区实际的林业实用技术，促进涪陵林业建设向集约化经营、科学化管理的高起点、高成效、高水平方向发展。重点推广生态旅游与森林康养的涪陵模式、珍稀濒危树种资源调查收集评价与利用木本油料、笋用竹、柑橘类果品等经济林优良品种标准化栽培、厚朴等森林药材仿野生种植技术。

4）加强人才队伍建设

重点培养引进森林资源培育与保护，生态多样性保护、林业产权交易、林业投融资、木竹精深加工、林业生物质产业及森林碳汇等方面的林业专业人才；加大林业教育培训投入，建立完善现代林业教育培训体系，盘活现有林业人才，储备林业后备人才。大力开展送科技下乡、技术培训、科学技术普及等工作，推进实行林业科技推广员制度，加大林农技术培训教育，实施科技帮扶工程，有效发挥林业科技示范辐射作用。

初步建成与现代林业相适应的林业科技创新体系、技术推广体系，林业科技贡献率60.00%以上，科技成果转化率达到70.00%以上，解决2个以上的现代林业发展技术难题，推广应用5个以上林木优良品种和林业先进实用技术，建成2个万亩以上的林业科技示范林基地和1个林业科技示范企业，详见例表7-4。

例表7-4　林业科技支撑规划表

序号	项目类型	指标	建设时间		
			近期	中期	远期
1	林业科技贡献率	60.00%以上	√	√	√
2	科技成果转化率	70.00%以上	√	√	√
3	解决现代林业发展技术难题	2个	√	√	√
4	推广林木优良品种	5个	√	√	√
5	推广林业先进实用技术	5个	√	√	√
6	林业科技示范林基地	2个	√	√	√
7	林业科技示范企业	1个	√	√	√

7.3.4　林政资源管理建设

林业资源管理是实现林业效益最大化，构建具有连续性、系统性、持续性林业生态的基础。森林城市建设中，加强城市森林资源管护能力包括林政管理基础设施和林业公安基础设施建设等方面。规划建立森林资源林政管理信息系统，加强森林公安队伍及基础设施，综合提高森林资源管护能力，实现森林城市建设成果科学有效的管护。

（1）规划内容

1）林政资源管理

①队伍建设

森林城市建设中需要加强森林资源林政管理队伍建设，采用先进技术，改善执法条件，全面提高资源林政管理的能力和水平。除了保持森林资源林政管理和执法队伍的稳定、全面提高森林资源林政管理和执法人员的素质外，还将积极采用新技术加强森林资源和林政管理，并进一步加大对森林资源林政管理的投入，以改善执法条件。

②信息管理

要建立森林资源林政管理信息系统，对林木采伐及采伐限额管理、林地林权管理、木材运输和木材经营（加工）管理、林业行政执法、林政案件稽查等实行全面监控，逐步实现森林资源林政管理的监管网络化、政务信息化、手段现代化、程序规范化。

③林业执法

加强林政执法、案件稽查装备和基础设施建设；努力实现森林资源管护能力持续高效发展的建设目标。

2）林权改革

①完善林业产权制度

深化林业产权制度改革，完善林业产权制度，调动社会各方面造林积极性，促进市域城市森林建设更好更快发展。以建立"产权归属清晰、经营主体到位、责权划分明确、利益保障严格、流转顺畅规范、监管服务有效"的林业产权制度为目标，稳步推行林业产权制度改革。改革重点是城市建成区内的集体林，进一步明晰林地使用权和林木所有权，放活经营权，落实处置权，保障收益权；对产权虚置、经营主体不明确的，要把产权明确到户，依法保障经营者的合法权益。

建立起规范的森林与林木所有权或使用权、林地使用权的流转制度，依法保护当事人的合法权益；加快林业社会化服务机构的建立，发挥各行业协会、各中介组织在城市森林建设中的作用。

②完善城市森林分类经营管理体制

在充分发挥城市森林多方面功能的前提下，按照主要用途的不同，将市域城市森林分为公益林和商品林两大类，分别采取不同的管理体制、经营机制和政策措施。公益林要按照公益事业进行管理，以政府投资为主，吸引社会力量共同建设。加快建立公益林认证体系，在经营者自愿的原则下，对于生态区位极为重要或生态状况极为脆弱地区的非国有林，政府可以采取收购、置换等多种方式将其纳入生态公益林管理。

对商品林要按照基础产业进行经营管理，主要通过市场配置资源和筹集资金，政府给予必要扶持和政策引导，自主经营，自负盈亏，最大限度挖掘生产经营潜力，增强自身发展活力。

（2）实例分析

海南省三亚市林政资源管理长期处于保护与发展的矛盾中，但三亚市一直坚持以生态保护为主，加快林业改革，强化依法治林，完善林业制度体系，加快推进林业治理体系和治理能力现代化。三亚市国家森林城市建设总体规划在推进侵占公益林清退工作、深化林权制度改革、推进落实林长制实施、加强森林资源督察、深化林业行政执法体制改革、加强林政资源管理队伍建设、加强野生动物保护和管理、加强林业法制教育与宣传，提高公众法制意识等8个方面做出要求，确保三亚林业生态安全，推进海南生态文明试验区建设。

实例：海南省三亚市国家森林城市建设总体规划（2019—2030年）
——林政资源管理体系建设

一、建设现状

三亚市近年不断完善林权制度改革，强化林业执法，持续加大对林业违法犯罪行为的打击力度，打击非法占用征收林地行为，开展森林执法专项活动，组织森林法律法规和生态知识的宣传活动，维护生物多样性，确保资源安全，有效保护了森林资源，有力震慑了破坏森林资源违法行为。

在林权改革方面，三亚市持续深化林权改革，惠林政策有效落实。认真落实林地、林木确权发证，认真落实处置权，强化林权动态管理，完善林业自然资源登记管理办法，加强林权登记、变更、注销和抵押登记，初步建成林业自然资源资产档案体系。

在公益林监管方面，三亚市林业局已聘请监测单位对全市公益林变化情况进行监测，每季度提交公益林变化图斑下发各区，对全市公益林变化情况实施有效监管，切实保护好全市公益林；同时推广使用护林员巡护系统和奥维地图软件，增强管护人员巡山的时效性，对破坏森林资源行为及时发现、及时制止、及时上报，并积极使用无人机用于管护工作。

在森林督查方面，三亚市严格控制征占用森林，中央环保督查组于2019年7月10日至8月10日进驻三亚市，配合处理案件20宗、牵头主办案件1宗；2019年度省林业局下发三亚市的森林督查图斑共726个，违法违规图斑共329个。全市各区林业主管部门正对违法违规图斑开展整改工作，推进森林资源"一张图"年度更新工作结合森林督查工作同步开展。依法做好行政复议诉讼工作。2019年，林业局代表市政府出庭林权纠纷案件6宗，积极参与法庭质证、辩论及陈述等庭审活动。

在林业执法方面，三亚市全面贯彻相关法规文件，严厉打击涉林违法犯罪行为。2019年，开展了三亚市"绿卫2019"森林执法专项行动，通过清理、打击和整治，完成整改22宗，行政案件11宗，刑事案件11宗，查处人数14人，恢复林地面积约为15.1830hm²。在全市范围内组织开展破坏森林资源专项整治行动，严厉打击盗伐滥伐、非法收售、运输木材等破坏森林资源行为，森林公安对酒店、餐馆、市场开展野生动物执法检查，有力震慑了破坏森林资源违法行为。

在林政法律法规宣传方面，各区通过发放传单、张贴海报、微信公众号推送等方式广泛宣传保护珍贵树木和野生植物，通过广播、电视、报纸、互联网等各种宣传方式，深入宣传《森林法》《海南经济特区林地管理条例》等林业法律法规。积极推动林业"七五"普法规划贯彻实施，开展法治宣传教育活动，同时积极组织开展行政执法培训考核，组织全市林业系统相关人员参加全省行政执法资格的培训考试及办理执法证和换证等事宜。有效宣传了林业法律法规，使生态保护意识深入人心。

二、建设目标

坚持以生态建设为主，加快林业改革，强化依法治林，完善林业制度体系，加快推进林业治理体系和治理能力现代化。认真学习贯彻习近平总书记关于全面深化集体林权制度改革重要批示精神，不断提升集体林业发展水平，构建管理高效、运行有序、充满活力、适应生产力发展要求的现代产权制度。继续推进落实全市林业行政综合执法改革，持续推进侵占公益林清退工作，严格遵守生态保护红线，强化林地保护管理。深化林权制度改革，推进林长制实践，落实森林保护责任。加强森林资源督察加大林政执法力度，坚决打击偷砍乱伐、非法占用林地，捕杀、贩卖野生保护动物等违法行为。逐步完善林政资源管理各项规章制度和法律法规，建立新型科学的森林管护体系，由经验型管护向科学化管护转变。加大森林法律法规宣传，推进"七五"林业普法规划落实。推进森林公安装备现代化建设，配套完善刑侦技术设备，继续开展专项行动。确保三亚林业生态安全，推进海南生态文明试验区建设。

至规划期末，实现林地"一张图"经营管理目标，确保"森林城市建设"期间每年涉林案件查处率达到100.00%，各种建设征占用征收林地审核率达到100.00%，逐步提升执法人员的能力与水平。

三、建设内容

1）推进侵占公益林清退工作

加大力度对历年侵占公益林种植芒果等经济林地块依法清退，修改完善公益林区划落界成果。继续对全市公益林变化情况进行监测，对全市公益林变化情况实施有效监管，对全市国家和省重点生态公益林区划落界成果进行修整完善，并编制公益林管护实施方案，为切实加强公益林保护管理提供依据。

2）深化林权制度改革

对重点生态区位的现有商品林分步骤、分阶段开展商品林赎买试点，规范流转集体林地。在国家级、省级自然保护区依法合规探索开展森林经营先行先试，依法稳定集体林地承包权、放活经营权、保障收益权，拓展经营权能，推行林权抵押贷款，有效盘活林木林地资源，惠及广大林农和林区职工。

成立林权交易中心，深化区域集体林权制度改革，为三亚林业产业发展提供市场化综合交易服务。完善林权管理信息子系统，加强林权登记管理，建设全市集体林权信息数据库，建立林业产权交易信息平台和各地林权交易服务中心，搭建一个规范化、市场化、专业化、涵盖林权交易、林产品大宗交易、林业融资等服务的林业产权流转综合交易平台，也为森林碳汇交易做好前提工作。

3）推进落实林长制实施

全面实施林长制，落实森林资源保护管理主体、责任、内容和经费保障。各区林业主管部门将辖区内一般林地划分管护地块分配给护林员落实管护职责，落实一般林地保护责任。使"林长制"与"河长制""湾长制"共同构建三亚市自然资源资产负债表核算指标体系，开展领导干部自然资源资产离任审计制度，促进三亚生态文明发展，推进生态文明试验区建设。

4）加强森林资源督察

进一步完善案件督查督办机制，持续高压打击破坏森林资源违法行为，加强森林督查违法图斑整改工作。完善森林资源监测，将森林资源"一张图"年度更新工作结合森林督查工作同步开展。对涉林违法案件依法从严查处，构成犯罪的依法移送森林公安查处，对毁林开垦以及违法占用林地行为，要限期恢复林业生产条件和森林植被。对重大基础设施、民生工程的违法用地，要督促按照党政领导干部破坏生态环境追责的有关要求依法问责。

5）深化林业行政执法体制改革

依法治林，完善现有的林业法律法规制度，建立科学化、民主化、规范化的林业行政决策机制和制度，逐步提高依法行政水平；健全林业执法机构建设，不断深化林业行政执法体制改革。加强林政、森林公安、森林检疫队伍、森林巡护队伍建设，提高依法行政水平。完善林业法律法规和规章，深入开展普法教育，健全林业执法队伍，增强林业执法力量，提高林业行政执法和行政管理能力，加强执法监督，依法治林，为加快林业发展提供保障。

6）加强林政资源管理队伍建设

加强对各森林资源管护单位的指导，使用巡护系统加强对管护人员日常工作的监督检查，打造一支作风优良、纪律严明、业务精通、管护到位、执行有力、团结奋进的护林队伍。积极开展林业基层岗位技能和关键岗位培训，重点抓好各区林业负责人、林政执法人员、林业检疫执法人员、森林病虫害防治（检疫）站站长等关键岗位的上岗人员培训和鉴定工作。大力开展"送知识下乡"活动，重点加强乡村生态护林员、林木种苗专业户、农村造林专业户、种植户和林业有害生物防治专业公司（专业队）等培训。积极开展岗位技能培训，特别是抓好管理人员、林业执法人员、检疫人员等岗位培训，不断提高林业队伍的整体素质，以适应新时代林业工作的要求。

7）加强野生动物保护和管理

以市林业局和森林公安局为依托，推进野生动物管理执法队伍建设，以加强对野生动物资源的保护，继续做好野生动物保护管理，开展打击乱捕、滥猎和非法经营野生动物的违法犯罪行为。加强野生动物疫源疫病和非洲猪瘟监测防控以及监测人员培训工作。指导和规范全市陆生野生动物饲养管理和陆生野生动物及其产品经营管理工作。积极申请设立和建设三亚市野生动物救护中心，做好野生动物救护和放生工作。

8）加强林业法制教育与宣传，提高公众法制意识

通过广播、电视、报纸、互联网等各种宣传方式，进一步宣传林业法律法规，达到以案普法、震慑毁林违法犯罪、教育群众的目的。进一步推进全市林业"七五"普法规划贯彻实施。开展法治宣传教育活动，结合"植树节""爱鸟周""世界环境日"等开展多形式宣传活动。积极组织开展行政执法培训考核，继续组织全市林业系统相关人员参加全省行政执法资格的培训考试及办理执法证和换证等。

7.3.5 智慧林业体系建设

充分运用现代信息科技手段，实现国家城市森林管理的网络化、科学化和数字化，逐步推行办公自动化，为国家森林城市管理提供动态信息和决策依据，为全面提高国家森林城市建设的管理水平提供科技保障。森林城市建设按"用现代信息手段管理林业，加强数字化建设进程"的发展思路，以市域国家森林城市管理结构建立完善的电子政务平台，加大信息管理技术的推广和应用，提高信息化水平，逐步建立全市综合信息管理系统，实现无纸化、网络化、精确化、数字化和科学化。

（1）规划内容

①电子政务建设

全面推进电子政务应用与推广，加强信息资源共享，加快林业信息平台建设和市林业网络建设。加强网络与系统的日常维护与管理工作，推进各系统的广泛应用；全面启动和逐步完善市域国家森林城市管理电子政务平台和数据库建设，实现各业务系统的平台信息交互；建设与拓展办公自动化、多媒体宣传、专题数据库、病毒防护与防火墙系统、软件资产管理等应用系统；加快推进国家森林城市管理网络建设和业务系统建设，实现国家森林城市建设单位的系统文件交流电子化和网络化。加大投入，加强指导，完善配套措施，重视技术支持和服务，抓好技术培训，确保国家森林城市数字林业建设目标的完成。

②建立林业管理信息系统

建设国家森林城市综合管理信息系统，推进数字林业管理水平。建立国家森林城市重点工程管理信息系统、森林资源林政管理信息系统、野生动植物保护管理信息系统、生态公益林管理信息系统、林业产业管理信息系统和林权管理信息系统等，实现林业信息资源和数据的共享，提高管理水平和决策能力。

③"互联网+"林业

"互联网+"林业要求互联网跨界融合创新模式进入林业领域，利用云计算、物联网、移动互联网、大数据等新一代信息技术推动信息化与林业深度融合，建立智慧化发展长效机制，形成林业高效高质发展新模式。

（2）实例分析

三亚市目前已经基本构建起完整的智慧城市体系框架，数据应用成果实现城市精细化管理的效果初步显现。三亚市国家森林城市建设总体规划的重点在于"互联网+"，通过拓宽"互联网+"应用领域，提高三亚市林业治理体系和治理能力现代化，形成互联互通、协同高效、安全可靠的"互联网+"林业发展新模式，提高林业信息化水平与能力。

实例：海南省三亚市国家森林城市建设总体规划（2019—2030年）
——智慧林业体系建设

一、建设目标

大力推进大数据服务三亚市生态建设，建成林业信息化管理平台，建成一体化生态环境监测监控平台，开展森林资源监测和保护，林业信息化率达到85%以上。

二、建设内容

（一）智慧化林政管理体系建设

建设林政管理综合平台，整合森林资源管理业务类、应急与灾害防治业务类、营造林业务类、产业与经济生态运行业务类等林业管理网站为平台应用模块，形成综合性的管理体系。并搭建平台应用支撑系统，使平台各应用模块实现数据共享，保障各模块信息交换、业务访问、流程控制、安全控制和应用管理等功能运行。为林业生产者、管理人员和科技人员提供网络化、智能化、最优化的智慧化林业管理体系，使政务管理更加科学高效。

（二）林业大数据信息化管理平台建设

对接"多规合一"改革，推进市域空间规划"一张图"管理，建设三亚市地理空间大数据、林业生态大数据、林业产业大数据等3大类林业数据。市林业数据中心包括公共资源数据库（基础地理数据库、遥感数据库、水文数据库、气象数据库等）、林业基础数据库（森林资源数据库、湿地数据库、生物多样性数据库等）、林业业务数据库（各项工程造林、森林防火、有害生物防治、森林经营、社会综合服务等）。森林城市建设期间，打破部门层级和地域界限构建"智慧林业"发展新模式，重点开展林业基础数据库和林业业务数据库建设，将林业大数据对接三亚市"多规合一"信息管理平台，基本实现三亚市与海南省及省内其他森林城市林业数据资源的共享和交换，实现各级业务应用的联动，全省林业一张图管理、一站式服务，推进海南省智慧林业发展。

（三）一体化保护地生态环境监测监控平台建设

摸清三亚资源本底，加强三亚市保护地环境监督管理，逐步建立空天地一体化、智能化的自然保护地监测和预警体系。积极推动遥感技术、卫星定位、移动互联网、物联网等各类信息技术在林业的应用。对保护地的森林资源、湿地资源、草原资源及生物多样性的动态变化实时监测，实行森林、湿地资源总量管控，建立重要监测评价预警机制，提高三亚自然保护地的科学管理、隐患预警和风险防控，维护生态安全。

（四）林业民生服务及监督体系建设

围绕全面建设民生林业的要求，深化信息技术应用，构建面向企业、林农及新型林区建设的综合公共服务平台，努力提升公共服务水平。完善智慧生态旅游服务，加强相关信息技术和管理模式的推广应用，促进三亚生态旅游的大发展、大繁荣。探索建设智慧林业商务拓展工程，打造一批有影响力的林业电子商务平台，为林企和林农提供智能、便捷的服务，促进林业产业的快速健康发展。借助公共服务网站、微信公众号等建立林业监督平台，提供在线服务、自助上报、在线查询、信息发布等功能和服务，很好的保障了公众参与和社会监督。

（五）"互联网+"应用

综合运用云计算、物联网、移动互联网、大数据、智慧城市等现代信息技术应用于林业建设，拓宽互联网+"应用领域，提高三亚市林业治理体系和治理能力现代化。

1）"互联网+"林业资源监管

采集全区森林、湿地、野生动植物等生态红线数据，建设生态红线监测与保护信息化监管系统，实现三亚市生态红线保护和监管。

2）"互联网+"造林绿化

对三亚市实施的重点工程营造林的规划、作业设计、进度控制、检查验收和统计上报等各环节实行一体化管理。

3）"互联网+"林业产业

建立三亚市林业产业数据库和林业经济运行信息系统，对林业重点企业、林产品市场等实行动态监控，实时发布林产品市场信息，提高林业产业发展预测和预警能力。

4）"互联网+"生态文化

利用"互联网+"创新生态文化传播方式，充分运用微信、微博等各种新媒体加强林业宣传，普及生态文化知识，提升生态文化素养，引领生态文化时尚。

5）"互联网+"林权改革

林权所有者了解周边宗地信息，林权交易者了解意向宗地的资源和潜力，以降低投资风险；银行和保险部门能直观地浏览各林权宗地的抵押现状、采伐档案、树种和树龄等信息。

6）"互联网+"碳汇林业

建立基于网络的森林碳汇服务系统，满足森林碳汇各类参与者的需要，全方位支持森林碳汇贸易的整个过程。同时，向外界提供一个学习碳汇知识、碳汇政策的窗口，让更多人能够了解森林碳汇。

08典型森林城市建设经验

8.1 | 百色市建设森林城市的主要经验与建设成就

为打造宜业宜居生态百色，2014年2月，百色市委、市政府决定开展国家森林城市建设。同时委托国家林业局林产工业规划设计院高标准编制了《广西壮族自治区百色市国家森林城市建设总体规划（2014—2025年）》，2015年7月通过专家评审并由市人民政府发布实施。2017年授牌"国家森林城市"。2010年至今，百色市连续6年位列广西造林面积首位，年度造林面积在50万亩以上。全市现有森林面积244万hm²，森林覆盖率67.40%，城区绿化覆盖率达40.13%，城市人均公园绿地面积12.17m²，水岸绿化率达90%以上，道路林木绿化率达88.34%；义务植树尽责率达99%，市民对森林城市建设的支持率93.1%，满意度99.37%。

8.1.1 百色市建设森林城市的主要经验

（1）建设基于百色市特有资源及文化

①基于丰富的森林资源基础上进行建设

百色是广西森林资源大市，也是全国南方用材林重要基地及我国西南边陲重要的生态屏障，位于滇黔桂石漠化片区腹地和珠江水系上游重要保护体系区域，生态区位特殊，优势明显，潜力巨大。全市现有林地面积283万hm²，占国土面积78%；森林面积244万hm²，其中用材林面积82.12万hm²、经济林面积38.58万hm²，自治区级以上生态公益林面积100.87万hm²。森林活立木蓄积量达1.23亿m³，森林覆盖率67.40%，森林面积和森林蓄积量均居广西第一位。

野生动植物种类繁多，共有野生植物230科、955属、2567种，有重要的野生动物100多种，是世界级珍稀濒危野生动物东黑冠长臂猿的主要分布地。物种及珍稀种类均居全国前列，是国家重要的物种基因库，素有"野生动植物王国""天然中草药库"等美誉。现有林业自然保护区18个，其中，国家级4个、自治区8个、市县级6个，总面积39.27万hm²，占全市国土总面积的10.8%；有国家级湿地公园4个，面积1373hm²；有国家森林公园1个，自治区级以下森林公园5个，总面积3.8万hm²。全市现有国有林场24个，其中，市直林场2个，县级林场22个，经营面积14.9万hm²。有1所林业科研单位，即百色市林业科学研究

百色杉木林（百色市林业局提供）

"百色起义"纪念公园（百色市林业局提供）

所。建设时主要基于上述资源进行森林网络、森林健康方面的规划及自查。

②基于丰厚的人文底蕴文化上进行建设

百色古为百越之地，是闻名中外的百色旧石器遗址。百色属我国西南边陲典型喀斯特地貌地区，自然地貌独特、风光秀丽，民族风情多姿多彩、源远流长，各族同胞和睦相处、民族团结。百色是全国12个重点红色旅游区之一，被誉为"英雄的城市"，邓小平等老一辈无产阶级革命家曾在此领导发动了著名的"百色起义"；是广西重点布局的桂西养老长寿产业示范区，是全世界著名巴马长寿养生国际旅游区重要组成部分；百色的靖西市素有"山水小桂林，气候小昆明"之美誉，乐业县是"世界长寿之乡"，乐业天坑群被称为"天坑博物馆"，是世界最大的天坑群景区，凌云县是"中国长寿之乡"、中国最佳养生休闲旅游名县，田阳敢壮山是壮族人文始祖"布罗陀"的发源地，那坡县黑衣壮是壮民族发展的"活化石"，隆林各族自治县是"活的少数民族博物馆"。百色民族节庆活动丰富，壮族三月三歌圩、汉族端午龙舟、苗族跳坡节、彝族火把节、仫佬族尝新节、瑶族盘王节等等在全区甚至全国均有较大影响力。建设时基于以上文化特色进行生态文化方面的规划。

③基于政策机遇及经济社会发展特色进行建设

"十二五"期间，百色紧紧抓住国家实施西部大开发战略、"一带一路"建设重大机遇，结合《广西边境地区开放开发规划（2015—2020年）》，立足实际，着眼长远，深入实施"再造一个工业百色""再造一个百色新城""弘扬百色起义精神，构筑百色精神高地"等战略，着力打好改革、扶贫、工业化、城镇化"四大攻坚战"，创新突破，砥砺前行，财政收

百色市隆林县仫佬族人欢度拜树节（百色市林业局提供）

入突破百亿元大关，工业总产值突破千亿元大关，逐步实现了从传统农业地区向工业城市、从交通末梢向区域性交通枢纽、从边陲地区向开发合作前沿的重大历史性转变。2016年是"十三五"规划开局之年，也是全市决战贫困决胜小康的起步之年，面对错综复杂的宏观环境和持续加大的经济下滑压力，百色市坚决贯彻党中央、自治区的决策部署，牢固树立和践行新发展理念，全市地区生产总值达1114.31亿元，增长88%；财政收入123.22亿元，增长7.6%；规模以上工业增加值482.91亿元，增长36.4%。地区生产总值首次突破1000亿元，成为广西第6个GDP跻身于"千亿元俱乐部"的地级市，增速分别位于全国、全区2.1个百分点和1.5个百分点。外贸进出口总额138亿元，增长36.4%，外贸进出口总额增速排全区第2位，排全区口岸城市第1位，经济繁荣促进了边疆的稳定安宁。基于以上特色进行了生态福利及组织管理方面的规划建设。

（2）组织管理上高位推进，合力共建，强化责任

①统一思想，提高认识，高位推进建设活动

成立了由市委、市政府主要领导为组长、分管领导为副组长、市林业局等市直部门、各县（市、区）人民政府主要领导为成员的领导小组，从思想上统一了认识，切实加强了森林城市建设的组织领导。市委、市政府将相关工作列入每年市委常委会工作要点和政府工作报告，作为市委、市政府的工作重点高位推进。同时，召开了全市森林城市建设工作动员会，研究出台了《百色市创建国家森林城市实施方案》，明确了总体目标、主要任务、实施步骤等工作。方案把工作主要任务分解到综合、山地乡村、城市绿化、路网绿化、水网绿化、宣传、资金筹集、督查和材料等9个工作小组，把国家森林城市五大体系40个评价指标细化分解到20个部门单位予以落实，明确了工作责任。

②创新机制，合力共建，全力抓好建设工作

开展国家森林城市建设工作的同时，正值百色市创建国家卫生城市的冲刺阶段，市委市政府审时度势，果断决策，创新性地把国家卫生城市建设和国家森林城市建设两项工作结合起来，通过实施城市中心美化绿化工程，建设各类公园绿地工程，加快百色森林城市建设工作步伐，也为百色"创卫"工作做出了贡献。与此同时，"创卫"活动带来的环境卫生状况的改善、爱绿护绿意识的提高，为森林城市建设活动丰富了内涵，促进了森林城市建设的开展。

③强化责任，狠抓落实，争当建设活动排头兵

开展森林城市建设工作以来，林业部门利用自身优势，敢于担当，主动作为，充分发挥建设活动排头兵的作用。在全市大力开展植树造林，实施"美丽百色·生态乡村""千万珍贵树种送农家"工程，积极推进林业"五个百万亩"林产基地建设，开展"林业十大扶贫"工程，依托丰富林业资源优势，做大做强林业产业，加强森林资源保护。

（3）开展科学规划，加大资金投入，确保大力宣传

①科学规划，精心组织，扎实开展建设工作

根据建设工作总体部署，百色市高标准编制了《广西壮族自治区百色市国家森林城市

建设总体规划（2014—2025年）》，规划包括近期（2014—2016年）和远期（2017—2015年）规划，并于2015年7月通过专家评审，经市委、市政府批准在全市实施。认真按照总体规划的要求，精心组织、扎实开展各项工作，全面深入实施城市森林建设、森林健康、林业经济、生态文化、森林管理等五大体系，保证各项重点工程建设项目投入使用，完成近期规划建设的目标任务。

②整合资金，加大投入，确保建设活动成效

百色市在森林城市建设中，积极争取上级项目资金补助，将森林城市建设资金纳入政府公共财政预算，整合林业、市政、交通、发改、扶贫等各部门项目资金，建立以政府投入为主导，社会资本、民间资本为补充的合作多赢的投入机制。森林城市建设以来，全市累计投入建设活动资金达30多亿元。

③大力宣传，强化意识，加快生态文化建设

树立生态环境是资源、资本的价值观，保护生态环境就是保护生产力，弘扬生态文化就是发展生产力的理念，强化"绿水青山就是金山银山"生态意识。通过加强生态科学知识的教育普及、宣传推广，使生态建设和环境保护成为政府决策、企业行为以及广大人民群众习惯的自觉行动。

8.1.2　百色市森林城市的建设成就

（1）森林资源得到有效保护

①植树造林活动效果显著

自开展森林城市建设以来，全市上下凝心聚力大力开展植树造林活动，共完成植树造林12.03万hm^2，年造林面积已连续多年排在广西首位，共434万人参加义务植树，完成义务植树共2592.8万株，森林覆盖率提高0.38个百分点。

各届劳模参加植树活动（百色市林业局提供）

民族团结林（百色市林业局提供）

林业工人巡山护林（百色市林业局提供）

广西金钟山黑颈长尾雉国家级自然保护区晨曦
（百色市林业局提供）

广西邦亮长臂猿国家级自然保护区东黑冠长臂猿
（百色市林业局提供）

②森林资源保护力度大力提升

认真贯彻执行《森林法》《森林法实施条例》，不断健全完善林业"三防"体系建设，依法依规严厉打击破坏森林资源违法犯罪行为。

③重点生态功能区域保护成效显著

通过健全重点生态区管理制度，优化保护措施，生态保护建设取得显著成效。百色市已建立了4个国家级、10个自治区级和5个市级、县级自然保护区，全市共19个自然保护区。保护区总面积达44.57万hm²，占全市总面积12.3%。2014年5月，国家林业局在百色市德保县召开德保苏铁回归自然项目成果总结宣传会议，拥有植物"活化石"之称的德保苏铁成功回归自然，标志着我国首个由政府部门主导的珍稀濒危植物物种回归自然项目的实施取得重大成功。2014年12月在广西靖西市召开的东黑冠长臂猿保护行动计划研讨会上，野生动植物保护国际中国项目部充分肯定了靖西邦亮自然保护区的成绩，为保护世界上25种最濒危的灵长目类动物——东黑冠长臂猿做出了贡献。此外，百色市切实加强对本地特有国家重点保护植物兰花、桫椤等保护工作，积极申报保护项目，先后有凌云、乐业、那坡和西林等县分别获得"中国兰花之乡""中国桫椤之乡"称号，有效地保护了森林资源。

（2）城乡宜居环境明显改善

国家森林城市建设，让百色市生态布局更加科学合理，自然生态系统功能更加稳定，"山水林田湖草"生命共同体理念进一步加强，林茂、山绿、水清、景美的壮乡风情逐步实现，"醉美山城""醉美水城"初步显现。

①城区绿化美化起点高、上档次

森林城市建设过程中，百色中心城区绿化美化步伐加快，先后建成百色园博园、沙滩公园、半岛公园3座综合性公园，以及30多个社区公园，城区道路、右江两岸实施提升改造，百东新区同步建设绿化工程。截止2016年底，城区绿化覆盖率达到40.13%，城区人均公园绿地面积达到12.17m²，水岸绿化率达90%以上，道路林木绿化率达88.34%；义务植树尽责率达99%。县城区加快实施绿化工程，加强工程质量管理，提高城区绿化美化水平，宜居环境进一步改善。山环水绕，绿树葱茏，花团锦簇，姹紫嫣红，"千姿百色·绿满红城"美誉名不虚传。

②村屯绿化有特点、成规模

建设国家森林城市，打造城乡一体化，实施"美丽百色·生态乡村""千万珍贵树种送农家"工程。森林城市建设前3年里全市累计种植苗木303.34万株，种植面积2.93万亩，共

百色城东大道绿化美化（百色市林业局提供）

两广青年友谊园（百色市林业局提供）

百色半岛公园一角（百色市林业局提供）

山水如画新农村——百色市西林县新丰村（百色市林业局提供）

有15191个自然屯实现绿化美化。美丽乡村、特色小镇、名村名镇建设成效显著，2014年12月，百色市被广西壮族自治区绿化委员会授予"广西森林城市"，田阳县百育镇、右江区永乐乡南乐村赖浩屯、百色市中山路、百色市国税局、平果县果化初中等20个单位分别被授予广西"森林乡镇""森林村庄""森林街道""森林园区""森林校园"等荣誉称号。如今，百色城乡生态更加优美，宜居宜业，面貌焕然一新，生态宜居森林城市初步建成。

（3）林业经济发展迈入快车道

把发展林业经济作为森林城市建设工作的主要抓手，积极推进了林业供给侧结构性改革，林业产业迅猛发展。

①全力推进"五个百万亩"林产基地建设

建设以油茶产业为主的"五个百万亩"特色林业基地，以国家林业重点项目工程为载体，大力推进良种松杉、油茶、核桃板栗、乡土珍贵树种以及林下经济等建设，目前共完成良种松杉用材林基地700万亩，油茶基地161.58万亩，核桃板栗基地67万亩，乡土珍贵树种60万亩以及林下经济189.43万亩。

百色市凌云县的凌云茶山金字塔风景区（百色市林业局提供）

②**大力发展特色林业产业**

依托丰富林业资源优势，做大做强林业产业，加快产业提质增效。2016年4月百色市人民政府印发《百色市油茶产业发展规划（2016—2020年）》，根据发展规划，制定了油茶产业年度发展实施方案，结合精准扶贫工作，大力推动百色油茶产业发展，打造全国油茶产业精准扶贫示范区。2016年，全市油茶籽产量达5.3万吨，产业总产值达29.73亿元。

③**高效推进百色现代特色林业示范区建设**

逐步做大做强做优木材精深加工、林浆纸、林产化工等生态产业。2016年，全市木材加工企业达623家，规上企业45家，木材加工和造纸产值达59.62亿元。

④**积极推进森林旅游、森林康养等"森林+"生态产业**

充分挖掘森林公园、湿地公园、自然保护区等资源潜力以及"美丽百色·生态乡村"建设成果。截止2016年底，已建有靖西龙潭、右江区福禄河、凌云浩坤湖、平果芦仙湖4个国家级湿地公园，湿地公园总面积为2912.53hm²，湿地面积1387.58hm²，湿地率平均47.64%。大力发展森林生态旅游、乡村休闲旅游等森林生态旅游，全力助推旅游经济的发展。以田林岑王老山原始森林、乐业大石围天坑、右江区大王岭森林漂流、靖西古龙山峡谷等为代表的森林生态旅游产业以及一大批特色小镇、名村名镇生态休闲旅游产业基本形成。2016年，全市森林旅游收入达13.86亿元。

广西百色德保红叶森林公园美丽秋景（百色市林业局提供）

人与自然和谐的靖西龙潭国家级湿地公园（百色市林业局提供）

（4）公民生态意识得到显著提高

①广泛开展建设活动宣传

3年多来，全市共开展各类森林城市建设知识普及宣传活动累计近400场（次），参与人数25000人（次），编印森林城市建设工作简报13期、300多份，制作活动宣传标语120多幅，专题图片征稿作品1000多幅，森林城市建设已深入人心，市民的支持率达到93.1%，满意度达到99.37%。

②提倡发展绿色循环经济

百色市严格落实国家和自治区主体功能区规划，完成生态保护红线划定，立足资源优势，坚持绿色发展，重点推进百色铝产业循环经济、有机生态农业、生态旅游康养休闲产业，逐步形成以循环经济、低碳经济为特色，新兴产业、环保产业长远发展的生态产业体系。

③倡导生态文明理念

注重培养公民生态科学、生态道德、生态审美、生态消费意识。让公民理性审视自然、指导生活实践，自觉承担起对生态环境的道德义务，杜绝浪费自然资源，优化消费环境，提倡节俭，反对浪费，弘扬生态文化，夯实生态意识基础。生态文明宣传教育得到加强，生态文化更加繁荣，全社会绿色发展理念和生态文明理念显著提高，生态价值观、生态道德观、生态消费观得到体现。

山环水绕的百色城新貌（百色市林业局提供）

8.2 巴中市建设森林城市的主要经验与建设成就

为进一步提升城市品位，推动巴中统筹城乡、追赶跨越、脱贫攻坚、全面小康，2011年7月，巴中市委、市政府作出了建设四川省森林城市和国家森林城市的决定。7年的森林城市建设时间里，巴中按照山水田林路综合治理，乔灌草花合理配置，生态林、产业林、文化林协调发展的总体思路，坚持"现代与传统相映、人文与自然相衬、城市与农村相融、生态与产业相生"的原则，奋力实施"城市增绿、城郊休闲、水系绿化、绿色通道、乡村产业、生态文化、巴山新居绿化"等七大森林工程，着力将巴中建成"有山皆园、有房皆荫、有土皆绿、有河皆景、有路皆林"的"现代森林公园城市"。建设期间国家林业和草原局林产工业规划设计院协助完成了核查及后续跟踪工作。2017年，巴中市成功获得"国家森林城市"称号。

8.2.1 巴中市建设森林城市的主要经验

（1）顶层推动聚合力，把森林城市建设工作做实

巴中市委将森林城市建设工作纳入市党代会安排部署，市政府将森林城市建设工作写入《政府工作报告》。成立市长任组长，分管副市长任副组长，市林业局、市住房城乡建设局、市规划局等30余个市级部门负责人、各县（区）人民政府和巴中经济开发区管委会主要领导为成员的森林城市建设领导小组。市委常委会、市政府常务会、市党政联席会和森林城市建设专题会议定期研究相关建设工作进展。各地各部门全部成立森林城市建设领导小组及办公室，落实了"一把手"主体责任，配备专职人员，落实专项经费。全市上下形成"纵向到底、横向到边、一层抓一层、一级抓一级"的齐抓共创工作格局。

（2）高位规划布蓝图，实施七大工程

按照"现代与传统相映、人文与自然相衬、城市与农村相融、生态与产业相生"的建设思路，编制了具有地域特色的《巴中市国家森林城市建设总体规划（2012–2021年）》（以下简称《总规》），2014年6月，获国家林业局批准建设。《总规》以城市增绿、城郊休闲、绿色通道、水系绿化、乡村产业、新居绿化、生态文明"七大森林工程"为着力点，以森林资源管护、森林防火、林业有害生物防治"三防"体系为支撑，描绘出"一环一圈

2011年"五创联动"动员大会，全面启动部署国家森林城市建设工作（巴中市林业局提供）

三楔七带多点"的现代森林公园城市蓝图（一环，绕城防护林带生态绿环；一圈，城市外围森林圈；三楔，望王山、南龛山、西龛山三处楔形绿地串联城内外森林生态系统；七带，境内7条主要河岸绿色景观带；多点，新建和改造城市绿地，满足市民出门500m见绿），书写下"有山皆园、有房皆荫、有土皆绿、有河皆景、有路皆林"的森林城市篇章。

巴中经开区招商中心（巴中市林业局提供）

（3）创新投入突破瓶颈，提升绿量，整合产业发展

①"四个一点"巧筹资金

采取项目整合一点、财政预算一点、业主投资一点和社会筹集一点的投融资机制，有效破除资金瓶颈。通过PPP等模式融资，实施城市大型绿化工程；整合涉农项目资金建设绿色通道；培育林业企业、专业合作社等现代经营主体建设产业基地；通过财政预算、以奖代补等方式打造森林城市建设点位。

②"疏解腾退"盘活土地

通过拆墙透绿、见缝插绿、屋顶植绿、墙壁挂绿、桶箱装绿等方式补充老城区绿量，新城区严格执行33%的绿化用地"底线"标准。通过政府提供种苗、林地确权颁证等措施，鼓励农民在公路沿线造林；通过土地流转、租赁等形式，整合发展乡村产业。

③"对口帮扶"协同推进

创新建立"1+1"帮扶机制，市、区两级156个责任部门，对口帮扶巴中城区24个社区和89个居民小组开展森林城市建设工作。责任部门在资金筹集、方案编制、宣传引导等方面帮助联系社区（居民小组），市委、市政府对责任部门和联系社区"捆绑考核"、同步验收，确保全市建设工作协调开展。

（4）宣传引领带动作用强，覆盖范围广

①宣传覆盖全域

巴中新闻、巴中日报、巴中晚报等媒体实时报道森林城市建设动态，各级各部门网站开设森林城市专栏、办公区设置宣传橱窗和标语，户外LED荧屏滚动播报相关信息，大型立柱广告牌、建筑墙体、工程区围栏设置宣传标语，市创森办动态制发《工作简报》。全市制发森林城市建设简报109期，在国家级报刊和网站刊登森林城市建设信息90余条、省级140余条、市级390余条。2016年7月，中国绿色时报以"巴中，一颗璀璨的生态明珠"为题，头版头条报道了巴中市森林城市建设工作。

②活动丰富出彩

积极开展森林城市建设知识培训、摄影比赛、小学生征文比赛等群众喜闻乐见、热衷参与的宣传活动，出版《创森小学生文集》《创森摄影展画册》2本书，举办森林城市主题摄影展5场次、知识培训会7场次，制作专题宣传片2部。

③工作深入人心

大力开展森林城市建设"六进三问"宣传活动（六进：进机关、进企业、进学校、进医院、进小区、进农村，三问：问知晓率、问参与率、问满意度），印发宣传手册5万册、"八问八答"问卷资料10万份、支持倡议书30万份，形成全民支持、全民动员、全民参与的良好氛围。森林城市建设的群众支持率达到98%、知晓率达到92%、满意度达到97%。

（5）压力传导保质量，刚性考核促成效

将《总体规划》建设目标和年度目标任务分解到各县（区）、巴中经济开发区和87个市级部门，明确责任单位和责任人，纳入市委、市政府对各地各部门的年度综合目标考核。

市委目督办、市政府目督办、市五创办、市创森办和媒体单位组建6个森林城市建设专项督查组，实行"每月一督查、每旬一通报、半年一总结、年度一考核"，严格执行"完成任务满分、通报批评扣分、完不成任务零分"的刚性考核标准，有力推动各地各部门主动思谋、主动作为，加快建设进度，保障建设质量。

8.2.2　巴中市森林城市的建设成就

（1）城市增绿，人居环境优化

以"一城两翼"为中心（一城，巴州区城区；两翼，恩阳区、巴中经济开发区），以城区道路、水系、山体为载体，大力建设森林公园、森林街道、森林广场、森林社区、森林庭院等城市绿景，形成多点绿化空间布局，构建"宜居、宜业、宜商、宜游"的巴中特色森林城市体系。建成南龛公园、晏阳初文化公园、望王山公园等城市森林公园16座，巴人广场、新天地广场、人民广场等广场绿地11处，打造江北大道、秦巴大道、巴恩快速通道等城市景观道路20余条，建设生产绿地62hm^2、防护绿地137hm^2、优化庭院附属绿地117hm^2，市民出门500m可见绿地。中心城区绿地面积达到2375hm^2、绿化覆盖率47.05%，公园绿地面积达888hm^2、人均公园绿地面积12.2m^2，乔木使用率达到72.5%、乡土树种使用率达到84.5%、街道树冠覆盖率达到29.8%、新建停车场乔木树冠覆盖率达到37.6%。

南龛山公园（巴中市林业局提供）

晏阳初文化公园（巴中市林业局提供）

巴中东出口绿地（巴中市林业局提供）

（2）城郊休闲，品质生活提升

按照"保护城市生态、完善城市功能、提高生活质量"的建设思路，结合巴城周边自然形成的"点状分布、环绕全城"的森林圈层，着力打造集生态保护、休闲娱乐、运动健身、观光旅游于一体的城郊大型生态休闲区。建成北龛山、鹿台山、九寨山城郊休闲森林公园3座，化湖、天星湖湿地公园2座；在公园内建设休闲绿道30余千米。延绵的绿色山体构筑起巴城的生态屏障，市民休闲娱乐、运动养生有了好去处。

列宁公园运动健身（巴中市林业局提供）

（3）绿色通道，实现产景交融

以国省道路、乡村道路、高速公路和铁路为脉络，大力实施"森林廊道和经济林带共建"战略，重点建设"1431"森林走廊工程，即高速公路、铁路两侧100m，国道、省道两侧40m，县道两侧30m，乡村公路两侧10m范围内，全部栽植楠木、银杏、核桃等产业林带。完成干环线公路绿化3817km，县、乡、村道路绿化19945.4km，"千里绿色大通道""万里产业大长廊"道路绿化格局已经成型。

国道524巴中段（巴中市林业局提供）

陇桥互通（巴中市林业局提供）

（4）水系绿化，碧水林荫显著

按照"三段"（城区水景段、城郊游憩段、自然生态段）布局，在尽量保留河岸原有植被的基础上，努力构建近自然河岸带，营造林水相依的滨水生态体。重点打造了巴河、恩阳河等水系城区段滨河绿廊50余km，实施饮用水水源保护区森林密植工程68.5km，建成驷马河湿地公园、玉湖公园。全市完成河、湖、库、堰等水系绿化330km，绿化率超过92.4%。一条条绿带滨水而立、迎风舒展，形成一幅动人的画卷。

巴河上游段（巴中县城—南江县城）（巴中市林业局提供）

玉堂水库（巴中市林业局提供）

（5）乡村产业，助力全面小康

坚持把森林城市建设、绿色产业发展和精准扶贫紧密结合，实现了"绿水青山"向"金山银山"的转化。2013年，全市与林业厅签署了战略合作协议，相继出台《关于加快建设林业经济强市的意见》和《关于大力发展森林康养产业的意见》，全力推进核桃、茶叶、林木、林下+森林康养的"4+1"现代林业产业综合体建设。建成核桃基地125万亩、茶叶基地74万亩、用材林基地220万亩、木本药材基地25万亩，培育林下经济104万亩；印发全国首个市级森林康养发展规划，完成康养投资近10亿元。2016年，全市林业总产值达149.5亿元，农民人均林业收入2300余元，蓬勃发展的生态产业已经成为全市跨越发展、全面小康的重要支撑。

元顶子茶场（巴中市林业局提供）

（6）新居绿化，实现美丽乡村

按照"打破城乡界限，同步规划建设"的思路，统筹推进城乡绿化一体。重点结合"巴山新居聚居点"建设，采取"林产+田产+房产"的复合模式，在进村道路、房前屋后、闲置土地等区域栽植经济林、彩叶林1.2万亩；在自然景色秀丽、文化底蕴深厚的村落进行景观营造，打造玉湖青杠村、七彩长滩村等乡村旅游精品村138个；村屯绿化率达30%以上，实现"美了乡村、富了乡亲"的建设目的。

（7）生态文化，厚植巴中内涵

将绿色文化与红色文化、巴人文化、蜀道文化深度融合，建立了具有地域特色的森林生态文化体系。建成秦巴森林科技园、秦巴亚高山植物园、通江银耳博物馆、巴山珍稀林木示范园等森林文化科普基地9处，将帅碑林、王坪烈士陵园、巴山游击队纪念馆等红色文化教育基地3处；挂牌保护名木古树7609株、保护率达100%；社会投票选定市树榕树、市花杜鹃，广泛用于造林绿化；积极开展"我为巴城植棵树"和"百万植树"活动，每年约230万人次通过现地植树、认建认养等多种形式参加义务植树，适龄公民尽责率达96.33%。

（8）森林资源严格管控，森林覆盖率稳定上升

落实林木经营准入制度，严格执行限额采伐，全面运行《全国林木采伐管理系统》，市与县（区）签订了《保护发展森林资源目标责任书》，并纳入市委、市政府年度目标考核。深入开展"林地行动""守护绿川行动"，始终保持涉林案件查处高压态势，开展森林城市建设以来，全市未发生涉林重特大案件，每年森林覆盖率增幅达0.5%以上。积极开展"爱鸟周"和"野生动物保护宣传月"活动，加大生物多样性保护和恢复，巩固林业自然

王坪村（巴中市林业局提供）

驷马水乡（巴中市林业局提供）

川陕革命根据地红军烈士陵园（巴中市林业局提供）

保护区面积46994hm^2。常年管护国有林114.7万亩、集体和个人公益林361.9万亩，管护率达到100%。南江县大坝林场被评为"全国十佳林场"。

（9）建立健全森林火灾联防联控制

抓好"宣传教育、隐患排查、火灾扑救"三大环节，认真落实森林防火责任制、森林防火信息员、专职护林员巡山和村民轮流挂牌值班制度，积极开展森林防火百日大宣传和森林火灾隐患排查、火案查处等专项行动。巴中市"三进六有"（进林区、校园、社区，有队伍、经费、制度、预案、装备、措施）森林防火机制，被写入《四川省森林防火条例》。开展森林城市建设以来，全市未发生重、特大森林火灾，每年森林火灾损失率低于0.01%。

（10）控好有害生物，降低成灾率

市、县（区）成立林业有害生物防控指挥部，深入开展"绿盾"林业植物检疫执法行动，实施无公害防治108万亩、飞机防治49万亩，无公害防治率达97.7%，种苗产地检疫率99%，林业有害生物成灾率低于0.3%——全面开展林业有害生物普查，调查寄主种类160种、有害生物种类441种，设置标准地28个，采集标本299套。《华山松大小蠹无公害防治技术》研究课题荣获四川省人民政府科技进步三等奖。

8.3　湘潭市建设森林城市的主要经验与建设成就

为进一步强化生态文明建设，切实改善城乡生态环境，深入推动"伟人故里，大美湘潭"建设，湘潭市委、市人民政府于2016年开始，用3年的时间，全力开展国家森林城市建设工作。经过3年的努力，湘西全州累计投入建设资金41.13亿元，森林覆盖率由68.86%提高到70.24%，城区绿化覆盖率由35.33%提高到41.87%，城区人均公园绿地面积由11.22m^{2}提高到12.46m^2，通道绿化率由80.65%提高到83.08%，水岸绿化率由67%提高到86.11%，有4条高速公路获评"湖南省最美绿色通道"。森林城市建设期间国家林业和草原局林产工业规划设计院均协助完成了核查及后续跟踪工作。2019年，湘潭市成功获得"国家森林城市"称号。

8.3.1　湘潭市建设森林城市的主要经验

（1）基于湘潭城市生态及历史特色进行

①基于湘潭山川秀美，资源丰富，生态宜人特色进行建设

湘潭市位于湖南中部，地处华中和华南的过渡地带，林地面积222970.5hm^2，陆生野

生动物244种，野生植物1078种，100年以上的古树2128棵。拥有国家级湿地公园1处，国家森林公园1处，省级森林公园2处，县级自然保护区4处。建成了以韶峰、乌石峰、昭山、褒忠山等名山为主体，湘江、涟水、涓水等水系为纽带，高速、铁路、国省道、城市干道等为轴线，东台山国家森林公园、水府庙国家湿地公园为点缀的生态屏障，是长江中下游城市群中的生态要市。境内旅游资源丰富，全市拥有AAAAA级旅游景区1家（韶山旅游景区），AAAA级旅游景区6家，2017年生态旅游总产值30亿元。近年来，湘潭市先后获得了"国家优秀旅游城市""国家园林城市""中国十大宜居城市"等荣誉。

②基于湘潭历史悠久，人文荟萃，英才辈出特色进行建设

从南朝开始建县，至今已有1500多年历史，是湖湘文化的重要发祥地。走出了一代伟人毛泽东、文化巨匠齐白石、开国元帅彭德怀等一大批历史文化名人。目前全市共有非物质文化遗产89项，其中国家级1项，省级10项，市、县级78项。

褒忠山国有林场（周铁东提供）

韶峰（周铁东提供）

彭德怀元帅于隐山东南麓之小镇黄荆坪种下的"元帅树"（周铁东提供）

（2）开展"精美湘潭"绿化美化行动
①实施中心城区绿化美化工程

以园林绿化扩容提质为主线，广植乔木树种，重点建设公园绿地、小区绿地、防护绿地、附属绿地及其他绿地。逐步拆除小区及机关企事业单位的围墙，还绿于民，对现有城市公园进行提质升级，满足市民的休闲需求，提升居民生态幸福指数。重点建设12个公园项目、5个桥头综合整治项目。

湘江风光带（周铁东提供）

②实施交通干线绿化美化工程

在巩固现有绿化成果的基础上，着力打造长株潭城铁湘潭段、沪昆高铁、武广高铁、沪昆高速韶山支线、长韶娄、益娄高速湘乡段6条道路两侧可视300m区域森林景观；努力提升G107、G320和省县道两边绿化水平。城区重点对莲城大道等11条城市主干道进行提质改造，建设高档次有特色的城市"景观大道"。

湘潭大道绿化（周铁东提供）

③实施水岸绿化美化工程

在原有绿化的基础上，对辖区内河道和重要水源地进行补植补造，加大乔木种植。重点对湘江风光带河西和河东段45m宽、约20km长、韶山灌渠三湘分流至韶山银河段沿线两侧可视100m区域、约11km及重要水源地进行绿化美化。

水府庙（周铁东提供）

④实施乡村绿化美化工程

持续开展造林绿化,加大对市域内裸露山地、火烧迹地、宜林荒山荒地的造林力度,做到见缝插绿,实现2018年全面复绿。大力开展"三边"造林,以优良乡土树种和经济林为主、乔灌草搭配,建设多色彩、多层次、多功能的近自然林分,打造集绿化美化和经济效益于一体的美丽乡村。3年内建设岳塘区荷塘乡等6个美丽乡村示范片、湘潭县花石镇等10个美丽乡镇示范镇、湘乡市龙洞镇等20个美丽乡村示范村、韶山市狮山村等400个美丽屋场。

(3)注重健康森林保护提质行动

①实施绿心区生态保护与建设工程

以严格保护绿心区的植被为基础,以资源保护和生态修复为重点,以构建复合生态系统为目标,将其建设成为"百鸟啼鸣、清溪流淌、空气清新、森林美景"的都市绿心。主要建设绿心区万亩生态公益林示范片,辐射全市提高生态公益林保护水平;建设高标准生态监测站;完善绿心区森林防火基础设施,配备先进的扑火机和防火装备,建设森林消防应急大队,营造生物防火林带50km。

②实施森林经营工程

对现有国家级、省级、县级生态公益林,天然林,对高速、高铁、国省道、主要河流、大中水库第一层山脊可视范围内,森林公园、风景名胜区、旅游点景区、自然村房前屋后等重点区域,全面实行封山育林,禁伐森林。通过透光伐、疏伐、生长伐、卫生伐、补植等森林抚育方式,改善林木生长发育的生态条件,缩短森林培育期,提高森林质量,发挥森林多种功能,构建林相好、品质高的森林体系。

韶山市银田镇银田寺内的千年古银杏(周铁东提供)

③实施森林资源保护工程

加强对全市165万亩生态公益林的保护，重点建设了湘潭县中路铺—射埠、湘乡市棋梓—谭市、韶山市韶山—杨林、雨湖区鹤岭—姜畲、岳塘区昭山—荷塘5个万亩生态公益林示范片以及5个生态公益林监测站。加大复层异龄混交森林群落培育力度，引领全市森林向着常绿叶林顶级群落演替。通过加强"三大一落实"，力促森林群防群治工作。在全市推行护林员GPS管理系统，加强护林员队伍建设，加大对涉火案件的查处力度。精心组织国家森林防火第三期项目实施，全面提升森林火灾综合防控能力。加强对野生动物疫源疫病的监测和防控。强化候鸟及野生动植物保护，完善野生动物救助站的管理，建立全覆盖的野生动物救护网络。严厉打击非法收购、运输、出售珍贵、濒危野生动植物的行为。完善古树名木资源档案，公布古树名木保护名录，设立保护标牌和石碑，严禁非法移植或破坏古树名木。建设了野生动植物资源查询系统。

（4）进行绿色产业转型升级
①实施特色产业基地建设工程

建设射埠—谭家山、潭市—虞塘—棋梓、金薮—月山3个万亩油茶示范片和茶恩寺—花石、中路铺—白石2个万亩楠竹示范片，以点带面建设30万亩丰产油茶基地、20万亩丰产楠竹基地。建设标准化育苗示范基地，以盘龙生态示范园、昭山花卉博览园等为重点发展花卉苗木产业，积极培育珍贵树种基地建设，形成湘潭市苗木种植、交易产业链。充分利用林下资源，发展以林药、林油、林果、林花等林下种植2000hm²；发展林禽、林畜等林下养殖1500hm²，使农民林业综合收入实现稳定增长。

紫荆楠竹示范林（周铁东提供）

②实施林业产业链延伸工程

重点培育油茶、楠竹加工龙头企业3～5家，加快推进一批在建项目，建设湘潭县茶恩竹木加工等一批省级产业园，打造林业品牌。大力扶持家庭农场、种植大户、合作社等新型林业经营主体的发展。探索"企业+基地+农户"的发展模式，建设林业发展产供销一条龙服务产业链。

③实施生态旅游建设工程

利用森林资源服务湘潭市全域旅游3年行动。实施湿地保护与恢复以及水鸟栖息的生态修复工程，建设保护与管理、科研监测、科普宣教基础设施，进一步提升水府庙国家湿地公园的生态服务功能和旅游休闲能力。以湘潭市林业科学研究所为基础建设韶山植物园，将其建设成融科研、科普、观赏、游览、休憩等为一体，具有科学内涵和特色景观的公益性和综合性植物园。加快东台山国家森林公园、昭山省级森林公园和齐白石省级森林公园建设，在保证其生态功能基础上，打造一批集观光、旅游、康复、疗养、休闲于一体的森林康养基地。对褒忠山国有林场等植被良好、生态区位重要的地区，加强森林资源管理，逐步建成森林公园或植物园。进行盘龙生态示范园建设，打造杜鹃园、荷花园、兰花园、樱花园、茶花园、盆景园等十大主题花卉精品园，建设中国杜鹃花博物馆，举办了第十四届中国杜鹃花展。

（5）组织管理高位推进，整合资金，强化责任

①统一思想，提高认识，高位推进森林城市建设

成立了高规格的森林城市建设工作领导小组，由市委书记任顾问，市长任组长，分管副市长任副组长，林业、城管等单位主要领导任小组成员，全面指挥、调度全市森林城市

2018年湘潭市深化全国文明城市建设暨创森工作推进大会（湘潭市创森办提供）

建设的日常工作。出台了《中共湘潭市委 市人民政府关于创建国家森林城市的决定》《湘潭市创建国家森林城市工作实施方案》《创森督查工作方案》等文件，建立了完善的建设工作制度体系。从2017年起，将森林城市建设工作纳入了对县市区和市直单位绩效考核。2016年以来，市委书记、市长组织召开全市森林城市建设工作推进会共4次，市委常委会议、市政府常务会议研究部署建设相关工作4次。书记、市长每年均带头参与植树造林活动，并在媒体上联合发表署名文章，倡导全市干部群众广泛参与到森林城市建设工作中来。

②整合资金，创新机制，全力抓好森林城市建设

森林城市建设工作纳入湘潭市"十三五"经济社会发展总体规划，2016年起，每年《政府工作报告》均将其作为年度重点工作部署，从人、财、物方面重点给予保障。市财政按照每年2000万元标准连续安排3年专项工作经费，各县市区每年预算专项经费不少于1000万元。同时积极引导社会、民间资本投入。2016—2018年湘潭市森林城市建设共投入100.27亿元，其中重点建设工程投资94.94亿元、林业重点工程投资3.35亿元、园林绿化养护工程投资1.55亿元、宣传工程投资0.42亿元。

③强化责任，狠抓落实，确保建设任务落到实处

出台了《湘潭市创建国家森林城市工作年度目标任务考核暂行办法》，建立自然资源审计制度。市长每年与森林城市建设领导小组各成员单位负责人签订《创建国家森林城市责任状》，并将森林城市建设工作纳入对各级领导班子的年度绩效考核指标。市委督查室、市政府督查室、市创森办等单位采取定期和不定期的方式联合开展工作督查，对发现的问题及时下发整改通知，跟踪问效，对工作落实不力的单位主要负责人进行约谈，造成严重后果的严格实行"一票否决"。

（6）加大宣传，营造氛围，让绿色理念深入人心

①广泛开展义务植树活动

制定完善义务植树管理办法，大力开展村旁、路旁、水旁、宅旁"四旁"植树，鼓励认捐、认建、认养、认管林木和绿地，倡导种植各类活动林、纪念林、冠名林等。切实组织好每年"3·12全民义务植树节"活动，各级各部门及其工作人员带头参加义务植树活动，提高全市人民爱绿、植绿、护绿意识。

②积极开展自然科普宣传活动

将国家森林城市建设纳入生态文明建设的重要学习内容，要求各级各部门组织党员干部认真学习森林城市相关知识。各高等院校、中小学也组织了相关学习宣传。采取传统媒介和新媒体结合的宣传方式，开设《湘潭市创建国家森林城市》网站，在纸媒、电媒阵地开辟专栏，在城乡主要道路、广场设置宣传栏，开通森林城市微信公众号，形成立体宣传矩阵。建设湘潭市中小学林业科普教育基地，利用植树节、爱鸟周、妇女节、儿童节、森林防火期等重要节日开展多形式的林业科普和活动宣传，引导广大市民争做森林城市建设的宣传者和践行者。

湘潭市"创新森活非你莫淑"森林旗袍节
（湘潭市创森办提供）

湘潭市"庆六一筝舞蓝天、放飞梦想"创建国家
森林城市进校园活动（湘潭市创森办提供）

8.3.2　湘潭市森林城市的建设成就

（1）森林资源保护全面加强

①筑牢了森林防火墙

编制印发了《湘潭市森林防火规划（2017—2025年）》，在装备配置、经费投入上重点保障森林防火需求，建成12119森林火警报警平台，组建武警森林消防应急大队，建成县级以上救援队伍14支，共480人。3年来，无重特大森林火灾发生。

②提升了森林资源管护水平

强化森林有害生物防控和野生动物疫情监控，林业有害生物成灾率严格控制在0.04%以内。生态公益林面积管护到位率和补偿资金拨付到位率每年均达到100%，新建6个生态公益林监测站、5个万亩生态公益林保护与建设示范片。

③遏制了涉林犯罪态势

先后组织开展"打击非法占用林地""2017利剑行动""春雷2018"等专项行动。有效地遏制了涉林违法犯罪行为的发生。市森林公安局2017年被国家森林公安局授予集体二等功。

④强化了湿地的恢复和保护

出台《湘潭市湿地保护管理办法》，重点开展了水府庙国家湿地公园开展退耕还林还湿试点以及湘江一级支流寻笔港退耕还湿试点等重点项目，其中寻笔港治理经验在全省推广。

（2）城乡宜居环境明显好转

①全面提升绿化水平

森林城市建设3年间完成造林绿化8760hm²，封山育林12800hm²，退化林修复3600hm²，森林抚育29720hm²。通过中小河流治理工程等项目建设，完成了28.5km河岸沿线绿化任务。目前全市森林覆盖率提高到46.31%，森林蓄积量超过990万m³，城市建成区绿化覆盖面积3445.56hm²，绿化覆盖率达43.05%，城区人均公园绿地面积达到11.02m²，水岸绿化率达到85.37%，道路林木绿化率达到87.75%，全民义务植树尽责率最高达96%。

市中心锦源广场（周铁东提供）

②大力推进美丽乡村建设

完成梅林桥等6个美丽乡村示范片、乌石镇乌石村等20个美丽乡村示范村、300个美丽屋场建设，乡村林木绿化率达到41.86%。2017年，韶山市银田村等获全国环境治理示范村，黄田村等获中国美丽乡村百佳村。

湘潭市昭山示范区七星村（周铁东提供）

③城区森林网络提质改造

重点实施了河东大道、芙蓉大道、韶山路等城市主干道综合提质改造景观绿化，完成街道绿化建设面积55.41hm²，建成了贯穿城市的几条绿轴。新建和改造公园绿地32处，增加公园面积311.64hm²，完成40余处拆墙透绿和50余个社区公园、老旧小区绿化亮化改造。结合城市"双修双改"，大力实施城区增绿补绿工程和社区公园建设工程，新建绿荫停车场26处，完成16个社区公园建设，让市民推窗见绿成为常态。

湖湘公园（周铁东提供）

岳塘社区公园（周铁东提供）

④着力构建城郊森林体系

全面贯彻实施《长株潭绿心保护条例》，始终将保护放在第一位，坚定不移推进绿心地区违规项目退出，从2018年起每年安排1000万元用于绿心地区山水林田湖草全方位生态补偿。启动生态绿心森林步道、韶山灌区绿道等森林廊道建设。完成矿山修复绿化面积

齐白石森林公园（周铁东提供）

349.28hm²，建成绿色矿山6处，继续实施湘潭锰矿国家矿山公园建设。经过三年的不懈努力，形成了以山体绿化为背景，以滨河园林景观为亮点，沿着河流与景观道路向外渗透，以社区绿地为补充的点、线、面结合的城市森林系统格局。

（3）林业经济发展提质增效

①大力发展园区经济

2016年来，采取"政府投入+社会资本"的模式，建设遍布全市的林业经济园区，其中建设苗木花卉基地360hm²，专业交易市场5个；建设用材林基地877.9hm²，专业交易市场2个；建设特色林果基地150hm²，专业交易市场2个。重点打造了"湘潭县天子山油茶现代林业特色产业园"等省级现代林业特色产业园区7个。

②做大做强特色产业

做好了油茶、楠竹、板栗、杨梅等的特色文章。重点打造集生产加工、产品陈列和批发交易于一体的湘潭县茶恩竹木工业园，形成了完整的"前店后厂"模式。支持企业发展油茶精深加工，湘潭康奕达公司水酶法提取的油茶获第八届EOE中国国际食用油产业博览会优质产品金奖。3年来，成功创建"天子山""百里醇""唐臣粮油""仙女"等省著名商标。

③新兴业态得到积极推进

积极推进了"森林+旅游""森林+康养"等新兴林业经济业态发展。建成以昭山途居汽车露营基地为代表的精品休闲生态旅游线路，建成以仙女山生态旅游小镇等森林康养基地10个，建成27家五星级休闲农业庄园和森林人家。大力扶持和发展花卉及珍稀苗木等新兴产业，建成3家省级珍稀树种示范基地，成功打造湘潭杜鹃花品牌，2017年成功举办了第十四届中国杜鹃花展览。

（4）生态文化意识深入人心

①重点推进平台建设

全市完成6处森林城市科普场所建设，为科普宣教和科研交流搭建平台。在中央、省、市各级媒体发表相关稿件、信息文章400余篇，拍摄生态公益广告、记录片等视频14个，

万亩油茶（周铁东提供）

2018年湘潭市创建全国森林城市户外拓展毅行活动暨"我要上省运"登山选拔赛（湘潭市创森办提供）

2018湘江马拉松赛暨健康欢乐跑（湘潭市创森办提供）

创森万人签名活动（湘潭市创森办提供）

设置生态宣传标识标牌64258幅，其中包括公园、绿道标识标牌14874幅，工地宣传围挡14896幅，全市主干道设立交通标识牌66个，全市1700多辆出租车顶灯、600余个公交站台LED显示屏播放森林城市宣传标语，重点生态功能区设立永久性宣传牌2000余个，发布森林城市建设简报、纪要共计33期。

②广泛开展建设活动

向全社会公开征集森林城市建设宣传标语和主题LOGO，收集参赛作品2544件。举办了森林城市达人赛、宣传流动大舞台、主题马拉松、登山比赛等文体活动。万余森林城市建设志愿者参与到了活动中来，开展了义务植树、古树名木贴标签、清理河道垃圾等生态公益活动。开展生态文化十创百点行动，两年来共评选"森林乡镇、生态文化示范村、绿化先进单位、绿色示范社区、生态文明教育基地"65个。通过示范引领作用，切实提升了市民生态文明意识，据国家统计局湘潭调查队调查显示，公众对森林城市建设的知晓率达到95.3%，满意度达到97.6%。

③积极发展绿色循环经济

坚守生态红线，加快新旧动能转换，严格限制和淘汰落后产能，坚持走低碳化、节能化、可循环的发展道路。倡导绿色健康生活方式，培养公民科学的生态道德观、消费观。

8.4 曲靖市建设森林城市的主要经验与建设成就

2016年6月，曲靖市委、市政府正式提出建设国家森林城市，同时委托西南林业大学编制了《曲靖市国家森林城市建设总体规划（2017—2026年）》，2017年9月通过专家评审并由市人民政府批复实施。3年的建设时间里，曲靖市坚持高位推进、科学规划、狠抓落实、全民动手，先后组织实施了"三年城乡绿化攻坚行动""曲靖市农村增绿行动""造林绿化三大工程"，全市基本构建起了科学合理、景观优美、多样性丰富、人与自然和谐相处的森林城市新格局，森林城市建设工作取得了阶段性成效。2017年至今，年度造林面积在35万亩以上。目前，城区绿化覆盖率达40.47%，城市人均公园绿地面积12.99m^2，水岸林木绿化率达86.46%，道路林木绿化率达85.19%；义务植树尽责率达93%，集中居住型村庄林木绿化率达32.22%，分散居住型村庄林木绿化率达16.61%，市民对森林城市建设的支持率达98.6%、满意度达96.5%。建设期间国家林业和草原局林产工业规划设计院协助完成了核查及后续跟踪工作。2019年，曲靖市已成功获得"国家森林城市"称号。

8.4.1 曲靖市建设森林城市的主要经验

（1）高位推动，在形成建设合力上下功夫

①锁定目标，高标准编制总体规划

编制了《曲靖市国家森林城市建设总体规划（2017—2026年）》，秉承全域森林建设的理念，围绕"一核、四区、九心、百片、千廊、万家"建设布局，大力开展公园建设、游园建设、送苗活动、高铁沿线绿化、道路绿化、水系绿化，发展林业产业等。

②强化组织领导，建立强有力的指挥领导体系

成立了以书记、市长任组长，四班子分管领导任副组长，市财政、发改、林业等23个部门主要领导和各县（市、区）书记、县（市、区）长为成员的领导小组，并下设由曲靖市常务副市长兼主任，林业局长和住建局长兼副主任的办公室，作为全市森林城市建设的指挥、决策、组织领导、监督管理、综合协调机构，形成了各级党委、政府主要领导负总责，分管领导具体抓，各级各部门协调推进的领导机制和工作格局。

③明确任务，压实责任

市委、市政府出台《关于创建国家森林城市的实施意见》等文件，明确森林城市建设工作的目标和保障措施等内容，按照总规要求分年度制定了《2017—2019曲靖市创建国家森林城市工作台账》。

④强化督查考核，确保建设任务落到实处

市委、市政府把国家森林城市建设工作纳入《曲靖市年度县（市、区）综合考评》及《曲靖市年度市直单位综合考评》，国家森林城市建设工作同绩效考评挂钩，有效调动了各级各部门工作积极性和主动性。

⑤整合资金，强化保障

市级财政2017—2019年共安排了6151万元建设经费，同时要求每年各县（市、区）安排配套经费不少于1000万元。实行专账专户，确保专款专用。2016—2019年曲靖市森林城市建设共投入59.92亿元，有力地保障了建设工作顺利推进。

（2）工程带动，在提升增量上作文章

①实施森林进城

采取规划建绿、腾地兴绿、拆迁见绿、见缝插绿、建园享绿等措施，新建城市公园、森林公园、湿地公园20个；改造了30个综合公园；新建、提升小游园、街旁绿地50个，新建郊野公园5个，森林公园6个，建成花园式景观大道7条共36km，改造提升地面停车场32个，建设森林城镇10个、森林社区20个、森林学校32个、森林单位50个，累计新增各类绿地1456.49hm²，开展市县同创，所辖4个县区（麒麟区、马龙区、沾益区、师宗县），成功获得省级森林城市（县城）称号。

②实施森林围城

两年来，全市新造林面积累计65.17万亩，完成城镇面山植被恢复1.6万亩，面山景观改造1.3万亩，森林覆盖率提高了0.94个百分点。着力开展生态修复工程，对东面山等废弃破损山体实施造林绿化，全市新建义务植树基地134个，义务植树1333.64万株，全民义务植树尽责率93%。

曲靖市国家森林城市建设总体规划（曲靖市林业局提供）

师宗文笔公园（曲靖市林业局提供）

③实施乡村绿化

实施三年城乡绿化攻坚、村庄绿化十百千工程和绿满乡村送苗下乡行动，着力做好村庄庭院绿化、道路绿化和村旁绿化。发放苗木191万株，建成森林村庄33个、森林人家34个。新增乡村绿化面积6796.34hm²。

④实施路网、水网绿化

实施四好农村路，南盘江综合治理等重点工程，新增道路绿化5713.54km，新增水系绿化1981.51km，在改善路网、水网沿线自然景观的同时将散落在全市各个角落的森林斑块、公园绿地、生态景区无缝串联，构建了覆盖广泛的森林景观廊道网络。

（3）产业撬动，在发展城市绿色经济上求突破

①大力发展林下经济

依托林地资源和森林生态环境，引导和组织企业、合作社、农民参与林下经济开发，实现森林资源的保值增值，全市累计发展林下经济39.1万亩。

党政军义务植树（曲靖市林业局提供）

曲靖寥廓北路（曲靖市林业局提供）

沾益西河湿地公园（曲靖市林业局提供）

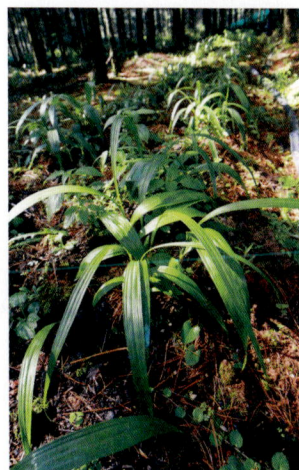

林下草本种植（曲靖市林业局提供）

②加快发展新型经营主体

通过政策引领、资金扶持、典型带动等措施，积极引导林农组建林业专业合作社，发展林业专业合作社128个，入社成员2890户，合作经营面积16.5万亩，其中12个林业专业合作社被评为省级示范社。发展省级龙头企业49家，其中，林木种苗培育企业21家、特色经济林培育8家、森林食品加工企业6家、林下经济种养殖企业11家、木材加工企业3家。

③培育壮大森林旅游

抓住全市发展全域旅游和推动旅游转型升级新时机，发展林业新业态，依托全市森林、湿地、自然保护区，秉承在保护中利用、在利用中保护的原则，打造出一批上规模、上档次的"森林人家"、生态庄园、林家乐等，真正实现"山增绿、林增效、人增收"的目标。

罗平群众文化公园（曲靖市林业局提供）

④实施好林业贴息贷款增效项目

把林业贴息贷款工作与发展木本油料产业和培育林业龙头企业有机结合起来，用项目推动林业贴息贷款的发放，确保林业企业和林农得到资金扶持。

⑤有序推进苗木产业发展

全市已发展苗木生产经营企业523家，生产经营总面积达3.34万亩，育苗面积3621.8亩，年可生产云南松、华山松、杉木、香樟、红叶石楠、油茶等造林绿化和经济林苗木2.06亿株。

⑥做大以核桃为主的木本油料产业

坚持市场导向，突出区域特色，在全市发展核桃406万亩，投产126.5万亩，产量达

7149.16万公斤，产值达15亿元；发展花椒产业16.7万亩，产值1.3亿元。同时，引进企业规划发展油茶、油橄榄产业，已初见成效。林业产业迈入"生态建设产业化、产业发展生态化"的良性发展轨道，绿水青山就是金山银山的发展成果惠及珠源大地。

（4）保护驱动，在打造绿色生态屏障上强措施

①筑牢了森林防火墙

切实将"三线"森林防火责任制和"四个责任人"层层落实到位。实现了无重大森林火灾、无人员伤亡事故和森林火灾受害率控制在1‰以下的工作目标，森林防火工作取得较好成绩。

②提升森林资源管护水平

强化森林有害生物防控，林业有害生物成灾率控制在0.025%以内。严格征占用林地项目审批，切实保障好国家、省、市重大建设项目用地需求。不断加强对天然林和公益林的管护，对公益林实施生态补偿，各级补助资金兑现率100%。进一步规范林木采伐作业规程，严格执行采伐限额，确保林木资源得到永续利用。

③遏制了涉林犯罪态势

先后组织开展"打击非法占用林地""2017行动""2018行动""2019行动"等专项行动。有效地遏制了涉林违法犯罪行为的发生。

沾益西河国家湿地公园（曲靖市林业局提供）

陆良八老（曲靖市林业局提供）

学校森林城市建设宣传（曲靖市林业局提供）

雌雄银杏古树（曲靖市林业局提供）

④强化了湿地的恢复和保护

加强保护区、湿地的保护与开发利用管理工作，最大限度地遏制人为导致保护区、湿地不合理开发和生物多样性受损。

⑤开展平安林区建设活动

健全和完善平安林区建设工作考核机制，积极整合基层护林力量，构建出林区治安防控体系。进一步加大涉林案件查处力度，严厉打击各类涉林违法犯罪、乱砍滥伐林木、非法征占用林地、乱捕滥猎、非法运输木材、非法经营加工野生动植物及制品等突出问题。

（5）文化拉动，在传播弘扬生态文明上增内涵

在建设过程中，全市以"陆良八佬"为引领，着力提升公众生态意识、弘扬传播生态文明。举办市县级生态科普活动200余次，发放宣传资料280万份，"掌上曲靖"APP宣传栏目刊出近1000余篇森林城市建设宣传材料，印发简报120期，以森林城市进学校、进课堂为宣传重点，制作专题课件和科普教育片发放到全市所有大、中、小学中，组织每个班级上一节森林城市专题课，在中心城区重要路口或醒目位置安装森林城市主题的大型户外广告牌，人民群众"植绿""护绿""爱绿"的生态文明意识得到加强。社会各界踊跃捐资建绿，广泛开展树木认养活动，全市4881棵古树名木建档立卡，挂牌标识，均得到了良好的保护。创建富源补掌村等5个全国生态文化村，建成陆良花木山等5个云南省生态文明教育基地。

8.4.2　曲靖市森林城市的建设成就

（1）森林资源总量不断提升

每年新造林面积占市域面积的0.75%以上，全市森林覆盖率由建设初期的43.33%增加到44.27%，实现了森林面积、森林蓄积、森林质量"两增长一提升"。

（2）城区绿化覆盖面积大幅增加

全市城区绿化覆盖面积达9163.36hm^2，较建设初期增加了1456.49hm^2。平均绿化覆盖率由36.6%提高到40.47%。城区街道树冠覆盖率由27.36%增加到36.84%。人均公园绿

绿荫停车场（曲靖市林业局提供）

地面积由8.76m²增加到12.99m²，净增4.23m²，实现了市民推窗见绿、开门享绿、随处是休闲绿地的目标。

（3）通道和水岸绿化日臻完善

实现了高速公路、国道、省道及城际快速通道绿化全覆盖，全市道路平均林木绿化率由建设初期的55.01%提高到85.19%。水岸林木绿化率由66.22%提高到86.46%。

麒麟区子午路（曲靖市林业局提供）

毛家村水库（曲靖市林业局提供）

（4）乡村绿化全面达标

完成村屯绿化面积为6796.34hm²，做到乡（镇）、村全覆盖。全市集中居住型村庄林木绿化率由19.92%提高到32.22%，分散居住型村庄林木绿化率由13.23%提高到17%。

（5）森林树种结构不断优化

形成多样性、组团状的植物群落，绿化树种搭配合理。城区乔木种植比例由建设初期80.7%提高到82.07%，乡土树种使用率83.17%以上。滇朴、杜鹃作为市树、市花成为城市绿化美化的主角，为绿化美化城市环境、减缓城市热岛效应发挥了重要作用。

（6）生物多样性保护能力稳步提升

建成了以自然保护区为核心，森林公园、湿地公园、地质公园、生态公益林等不同类型的生物多样性保护网络，国家、省、市、县级自然保护区达23个，总面积达

会泽大海草山（曲靖市林业局提供）

会泽县大桥黑颈鹤国家级自然保护区（曲靖市林业局提供）

303408.46hm²。全市有黑颈鹤、黑鹳等国家一级保护动物，有穿山甲、猕猴、灰鹤、岩羊、大灵猫、水獭、林麝等国家二级保护动物；有桫椤、贵州苏铁等国家一级保护植物，有黄杉、松茸、红椿、金毛狗、海菜花等国家二级保护植物，野生动、植物得到有效保护。

（7）森林资源安全保护体系基本建成

近年来曲靖全市没有发生严重非法侵占林地（湿地）、滥捕乱猎野生动物等破坏森林资源重大案件；森林火灾发生率呈逐年降低趋势，未发生重特大森林火灾和人员伤亡事故，古树名木全部建档挂牌，保护率100%。

（8）林业经济发展升级提速

2018年全市林业总产值87.4亿元，林下经济产值达22.91亿元。全市各类林业产业基地规模857.8万亩，占全市林业用地面积35.5%，其中木本油料林基地406万亩，速生丰产林基地230余万亩，经济林果基地210万亩，规模连片种植药用林红豆杉7万多亩、银杏4万余亩、元宝枫5000余亩、杜仲林3000亩，积极引导各类企业进入林业领域，全市共培育苗木企业523家、野生动物驯养繁殖企业208家、省级林业龙头企业51家、林农专业合作社130个。林业企业与农户之间构建了紧密的利益联结机制，通过流转林地、劳务用工、合同订单、入股分红等方式，带动农户实现了增收致富。结合城市周边绿化景观林建设，整合全市生态文化旅游资源，通过举办罗平油菜花节、师宗菌子山千花节、马龙樱花节等活动，打造出具有曲靖特色的森林生态旅游产业。

会泽娜姑盐水石榴（曲靖市林业局提供）

参考文献

[1] 毕研平. 加大力度进一步提高森林资源保护管理工作[J]. 民营科技, 2014,（002）:260-260.

[2] 陈彩虹. 城市林业生态圈建设研究[M]. 北京: 中国林业出版社, 2009.

[3] 陈冠男. 陕西陇县核桃产业化发展战略与对策研究[D]. 杨凌: 西北农林科技大学, 2018.

[4] 陈进. 城市森林保健功能研究进展—抑菌功能和负离子效应[C]// 第二届中国林业学术大会——S13 城市森林建设理论与技术论文集, 2009.

[5] 陈科东. 园林工程技术[M]. 北京: 高等教育出版社, 2012.

[6] 陈依妮. 城在林中梦正圆——湘西州创建国家森林城市纪实[J]. 林业与生态, 2018,（009）:13-18.

[7] 陈云彪, 黎江. 基于三大体系的国家森林城市核心指标分析[J]. 江苏科技信息, 2019, 036（034）:73-77.

[8] 何兴元, 刘常富, 陈强, 等. 城市森林分类探讨[J]. 生态学杂志, 2004（05）:176-179, 186.

[9] 程红. 试论基于生态文明建设的国家森林城市创建[J]. 北京林业大学学报（社会科学版）, 2015, 14（002）:17-20.

[10] 但新球, 程红, 但维宇, 等. 中国国家森林城市的发展历程[J]. 中南林业调查规划, 2017, 036（001）:65-70.

[11] 但新球, 但维宇, 巫柳兰. 森林生态精神文化:层次·内涵·建设——以国家森林城市创建中生态精神文化建设为例[J]. 中南林业调查规划, 2009（04）:49-52, 55.

[12] 但新球, 但维宇. 森林城市建设:理论,方法与关键技术[M]// 森林城市建设:理论、方法与关键技术. 北京: 中国林业出版社, 2011.

[13] 但新球, 舒勇. 广州国家森林城市建设中的生态文化内涵分析[J]. 中南林业调查规划, 2008.

[14] 但新球, 熊智平. 国家森林城市创建中的生态文化体系与建设内容探讨[C]// 2008年森林可持续经营与生态文明学术研讨会.

[15] 但新球, 熊智平. 国家森林城市创建中的生态文化体系与建设内容探讨——以广州市国家森林城市创建为例[C]// 第十届中国科协年会论文集（二）, 2008.

[16] 但新球. 文化设计理念在森林与湿地公园规划中的应用[J]. 中南林业调查规划, 2007, 26（002）:31-36.

[17] 翟尚丽. 林火综合预防措施探讨[J]. 黑龙江科技信息, 2013（35）:280.

[18] 丁向阳. 城市森林建设规划理论与实例研究[M]. 长沙: 湖南大学出版社, 2007.

[19] 费世民, 徐嘉, 孟长来,等. 城市森林的兴起及其概念[J]. 四川林业科技, 2010, 31（003）:37-42.

[20] 冯彩云. 近自然园林的研究及其植物群落评价指标体系的构建[D]. 北京: 中国林业科学研究院, 2014.

[21] 冯洁. 促进福建林业经济创新模式发展的对策思考[J]. 时代金融, 2018, 717（35）:405-406.

[22] 高晨, 王聪. 试论我国森林城市建设的特点与重点[J]. 建筑工程技术与设计, 2018,（036）:3541.

[23] 高娜, 李智勇, 樊宝敏. 北京市绿化隔离带近自然景观规划[J]. 中国城市林业, 2009, 07（002）:36-39.

[24] 耿国彪. 林业现代化·林业梦·中国梦——访国家林业局局长张建龙[J]. 绿色中国, 2016（5）:8-13.

[25] 宫静文. 森林城市指标体系的评价与优化[D]. 合肥: 安徽农业大学, 2018.

[26] 郭聪聪. 河北省城市森林综合评价体系的构建[D]. 保定: 河北农业大学, 2010.

[27] 国家林业局. 国家森林城市评价指标[J]. 中国城市林业, 2007, 5（003）:57-59.

[28] 国家林业局关于加快特色经济林产业发展的意见[J]. 云南林业, 2015（1）:53-56.

[29] 国家林业和草原局民政部国家卫生健康委员会国家中医药管理局关于促进森林康养产业发展的意见[J]. 自然资源通讯, 2019,（005）:35-36.

[30] 韩笑. 浅析城市园林绿化管理信息系统的应用[J]. 中国市场, 2017,（019）:269-270.

[31] 何家众. 义乌市国家森林城市规划建设植物群落配置研究[D]. 杭州: 浙江农林大学, 2014.

[32] 何兴元. 城市森林生态研究进展[M]. 北京: 中国林业出版社, 2002.

[33] 何一格, 于兴楼. 国家森林城市生态标识系统研究[D]. 北京: 中国林业科学研究院, 2018.

[34] 黄蓓. 森林城市的构建方法研究——以安徽省砀山市森林城市为例[D]. 合肥: 安徽农业大学, 2018.

[35] 贾宝全, 徐程扬, 乌志颜,等. 赤峰市森林城市建设理念[J]. 中国城市林业, 2010.

[36] 贾思博. 森林城市建设的经验与启示[J]. 现代经济信息, 2017（07）:8-8.

[37] 贾治邦. 在全国林业厅局长座谈会上的讲话[J]. 中国林业, 2010（15）:4-13.

[38] 姜建成, 黄伟. 城市森林与森林城市的概念与建设实践[J]. 建筑工程技术与设计, 2017（5）.

[39] 姜泉, 黄振, 姜忠利,等. 浅议城市森林的定义及其类型[J]. 中小企业管理与科技, 2013.

[40] 蒋岳新. 应用气象卫星进行森林火灾监测[C]// 中国林学会林业计算机应用分会第五次学术讨论会, 1994.

[41] 孔庆子. 试析森林资源开发利用[J]. 科技展望, 2015（09）:76.

[42] 李慧. 改善城市森林生态系统是治本之策——专访中国林科院森林经理及统计研究室主任、首席专家陆元昌[J]. 中国林业产业, 2017（6）:70-71.

[43] 李建华. 古树名木的保护与复壮措施[J]. 绿色科技, 2010（10）:14-15.

[44] 李建民, 任士福. 基于科学发展观的河北林业科技创新系统研究[J]. 绿色中国, 2006（5）:30.

[45] 李景. 加快森林城市建设 提升居民生态福祉[J]. 中国林业产业, 2017（3）:23-24.

[46] 李森. 发展特色经济林,促进民生改善——以乌兰察布市经济林建设为例[J]. 内蒙古林业调查设计, 2018, 176（02）:85-87.

[47] 李琨. 安徽省林业信息化建设综述[J]. 安徽农学通报, 2011.

[48] 厉燕. 基于缓解热岛效应的森林城市规划研究[D]. 杭州: 浙江农林大学, 2012.

[49] 刘春亮, 路紫. 城市规划核心理念的转变[J]. 中学地理教学参考, 2006（8）:7-8.

[50] 刘德良. 中外城市林业对比研究[D]. 北京: 北京林业大学, 2006.

[51] 刘宏明. 国家森林城市创建重点工作研究[J]. 林业经济, 2018（3）:77-79.

[52] 刘宏明. 试论我国森林城市建设的特点与重点[J]. 北京林业大学学报（社会科学版）, 2018, 17（002）:32-37.

[53] 刘宏明. 我国森林城市建设的对策分析[J]. 中国城市林业, 2017（15）:54.

[54] 刘荣杰. 基于创建国家森林城市的生态文化建设研究[D]. 长沙: 中南林业科技大学, 2014.

[55] 刘慎元, 范鲁安, 刘萌.《全国森林防火规划（2016—2025年）》出台[J]. 中南林业科技大学学报, 2017（03）:2, 135.

[56] 刘扬晶, 熊嘉武, 欧智,等. 茂名国家森林城市建设规划与城市特色探讨[J]. 中南林业调查规划, 2018, 037（004）:26-31.

[57] 刘志武. 广东城市森林公园工程综合集成设计研究[M]. 北京: 中国林业出版社, 2011.

[58] 刘倩玮. 水韵林城 美丽西安——西安市创建国家森林城市纪实[J]. 绿色中国, 2016（15）:36-39.

[59] 绿文. 全国绿化委员会,国家林业和草原局出台意见积极推进大规模国土绿化行动[J]. 国土绿化, 2018, 297（12）:20-21.

[60] 马福. 全面开创新世纪森林资源林政管理工作新局面[J]. 中国林业, 2000,（004）:5-9.

[61] 马兰. 广西百色森林城市规划理念及建设布局研究[J]. 林产工业, 2015（09）:68-70.

[62] 马志敏, 黄林涛. 论我国森林保护的现状及对策[J]. 黑龙江科技信息, 2013,（010）:242.

[63] 聂法良. 我国城市森林多主体协同治理问题研究[D]. 哈尔滨: 东北林业大学, 2015.

[64] 彭镇华. 城市森林建设理论与实践[M]. 北京: 中国林业出版社, 2006.

[65] 彭镇华. 加快城市森林建设 走生态城市发展道路[J]. 园林科技, 2004,（001）:4-8.

[66] 彭镇华. 中国城市森林[M]. 北京: 中国林业出版社, 2003.

[67] 乔磊, 谭俊鸿. 城市道路绿化改造提升项目原则与方略探析[J]. 绿色科技, 2019（9）.

[68] 丘佐旺. 城市林业发展问题初探[J]. 中国林业, 2002,（08B）:31.

[69] 屈燕. 昆明市森林防火监测系统建设构想[J]. 现代农业科技, 578（12）:163-164.

[70] 全国绿化委员会办公室. 全国古树名木保护现状与对策[J]. 国土绿化, 2005,（010）:6-8.

[71] 任启平, 汪祥顺, 汪雨晴. 对森林城市的理念与建设有关问题的思考[C]// 2005年中国科协学术年会

26分会场论文集（1），2005.

[72] 孙冰, 谢左章. 城市林业的研究现状与前景[J]. 南京林业大学学报（自然科学版）, 1997, 21（2）:83-88.

[73] 汪维娜. "国家森林城市"建设研究[D]. 杭州: 浙江农林大学, 2011.

[74] 王成, 张昶, 金佳莉. 森林城市群建设的评价指标[J]. 中国城市林业, 2019, 017（006）:1-6.

[75] 王成. 关于中国森林城市群建设的探讨[J]. 中国城市林业, 2016, 014（002）:1-6.

[76] 王成. 国外城市森林建设经验与启示[J]. 中国城市林业, 2011, 09（003）:68-71.

[77] 王成. 中国城市生态环境共同体与城市森林建设策略[J]. 中国城市林业, 2016, 014（001）:1-7.

[78] 王成. 中国国家森林城市该怎么建[J]. 绿化与生活, 2018（1）.

[79] 王成. 近自然的设计与管护——建设高效和谐的城市森林[J]. 中国城市林业,2003,1（1）: 44-47.

[80] 王建安, 贾亚娟, 黄哲,等. 论生态文明与环境保护的内在统一性[J]. 环境与发展, 2014（6）.

[81] 王建华. 赣南丘陵山地森林健康监测与分析研究[D]. 北京: 北京林业大学, 2008.

[82] 王蕾, 丁乾平. 浅谈甘肃省森林防火形势及存在的问题与对策[J]. 甘肃林业, 2017,（005）:34-36.

[83] 王木林, 缪荣兴. 城市森林的成分及其类型[J]. 林业科学研究, 1997（05）:531-536.

[84] 王鹏, 樊宝敏, 何桂梅,等. 面向生态系统服务的城市森林分类体系研究[J]. 中国城市林业, 2018, 016（006）:35-39.

[85] 王瑞辉. 城市森林培育[M]. 哈尔滨: 东北林业大学出版社, 2004.

[86] 王守军. 园林绿化的原则和方法[J]. 中国科技纵横, 2010（12）:190-190.

[87] 王小菲. 关于我国森林城市建设规划的几点思考[J]. 林业调查规划, 2019, 44（01）:212-215.

[88] 王小艳. 发展林业特色产业 助推农民精准脱贫[J]. 中国农业信息, 2016（7）:151-152.

[89] 王艺璇. 江苏省常州市森林城市建设总体规划研究[D]. 北京: 北京林业大学, 2016.

[90] 王义文. 城市森林由来与发展[J]. 森林与人类, 2005（04）:8-9.

[91] 王旖静, 赵明. 国家森林城市评价指标体系思考[J]. 陕西林业科技, 2020, 08（4/48）.

[92] 王永安. 城市林业新认识[J]. 林业资源管理, 1995（6）.

[93] 王钰. 2020年我国将建成200个国家森林城市[J]. 林业与生态, 2018,（008）: 48.

[94] 王钰.《全国森林城市发展规划（2018—2025年）》发布[J]. 中南林业科技大学学报, 2018（8）:0003-F0003.

[95] 温家宝. 在全国林业科学技术大会上的讲话[J]. 湿地科学与管理, 2001,（002）:1-3.

[96] 温全平. 城市森林规划理论与方法[D]. 南京: 南京大学, 2008.

[97] 温战强.《中国林业物联网发展规划（2013—2020年）》摘编[J]. 卫星应用, 2015（07）:62-67.

[98] 吴后建, 但新球, 程红,等. 中国国家森林城市发展现状存在问题和发展对策[J]. 林业资源管理, 2017,（005）:14-19.

[99] 武建雷. 2016中国森林城市建设座谈会亮点纷呈[J]. 云南林业, 2016（6）:41-42.

[100] 肖建武. 城市森林服务功能分析及价值研究[M]. 北京: 经济科学出版社, 2011.

[101] 肖英. 基于"两型"城市构建的长沙城市森林研究[D]. 长沙: 中南林业科技大学, 2010.

[102] 肖筱. 2019森林城市建设座谈会召开新增28个国家森林城市[J]. 国土绿化, 2019（11）:5-6.

[103] 谢仲军. 信阳市现代林业发展水平评价[D]. 长沙: 中南林业科技大学, 2010.

[104] 邢廷江. 开展森林城市建设 增进人民生态福祉[J]. 新疆林业, 2016,（006）:4-5.

[105] 徐祖荣, 陈骥. 国家森林城市的兴起与广州的实践[J]. 中国城市林业, 2007（06）:13-15.

[106] 许东新. 上海城市森林生态效应评价及结构优化布局研究[D]. 南京: 南京林业大学, 2008.

[107] 杨丽, 史娜. 城市林业浅谈[J]. 现代园艺, 2013,（011）:68-70.

[108] 杨绪勤, 王忠华. 加快林业企业改革纵横谈[J]. 林业勘查设计, 2004,（003）:77-79.

[109] 姚博. 伊春市国家森林城市建设关键性指标研究[D]. 哈尔滨: 东北林业大学, 2016.

[110] 叶功富, 洪志猛. 城市森林学[M]. 厦门: 厦门大学出版社, 2006.

[111] 叶功富, 倪志荣. 厦门城市森林研究[M]. 厦门: 厦门大学出版社, 2008.

[112] 叶智, 郄光发. 中国森林城市建设的宏观视角与战略思维[J]. 林业经济, 2017（06）:21-23.

[113] 袁传武, 罗勇, 易红新,等. "互联网+"在湖北林业建设中的前景与展望[J]. 湖北林业科技, 2017, 046（002）:59-63.

[114] 张建东. 浅析荒山造林绿化技术要点[J]. 绿色科技, 2012（12）:119-120.

[115] 张建文. 浅谈森林资源保护中存在问题及对策[J]. 时代农机（2期）:241-242.

[116] 张杨, 陈晓莉, 冯璐. 生态康养攀枝花金沙江畔森林城——攀枝花市创建国家森林城市纪实[J]. 绿色天府, 2017（6）:26-29.

[117] 张英杰, 李心斐, 程宝栋. 国内森林城市研究进展评述[J]. 林业经济, 2018（9）.

[118] 张颖. 中国城市森林环境效益评价[M]. 北京: 中国林业出版社, 2010.

[119] 张昶. 生态文化建设的理论与规划研究[D]. 北京: 中国林业科学研究院, 2012.

[120] 赵亮, 张蕊. 浅谈国家森林城市创建中的若干问题及其对策[J]. 南方农业, 2017, 011（006）:107.

[121] 赵小双. 中国自然保护地进入全面深化改革新阶段解读《关于建立以国家公园为主体的自然保护地体系的指导意见》[J]. 地球, 2019（7）:74-75.

[122] 赵兴华. 悄然兴起的城市林业[J]. 新疆林业, 1994（02）:41.

[123] 赵琛, 方彬彬. 城市规划核心理念研究[C]// 河南省土木建筑学会土木建筑学术文库（第9卷）. 上海: 同济大学出版社, 2008.

[124] 周维, 但维宇, 吴照柏,等. 森林城市的低碳措施规划探讨——以安徽池州为例[J]. 中南林业调查规划, 2012（03）:53-56.

[125] 周月. 基于建设国家森林城市的森林景观构建[D]. 长沙: 中南林业科技大学, 2013.

[126] 朱文泉, 何兴元, 陈玮. 城市森林研究进展[J]. 生态学杂志, 2001.

[127] 朱振华. 提高我国北方荒山造林效益的主要措施[J]. 现代园艺, 2017,（023）:69-70.

[128] 庄乾达. 浙江省森林城市综合评价指标体系构建及其实证研究[D]. 杭州: 浙江农林大学, 2016.

[129] 阚洪伟, 闻春林, 应红涛. 曲靖市创建国家森林城市的可行性研究[J]. 绿色科技, 2018,
（013）:122-123.

[130] KONIJNENDIJK, CECIL C. The Forest and the City[M]. Berlin: Springer, 2008.

[131] FREDERIC P MILLER, AGNES F VANDOME, JOHN MCBREWSTER. Forest City, Iowa[M].
Saarbrücken: Alphascript Publishing, 2010.

[132] JIM C Y, LIU H T . Species diversity of three major urban forest types in Guangzhou City, China[J].
Forest Ecology & Management, 2001, 146（1-3）:99-114.

[133] MCPHEARSON P T. Toward a Sustainable New York City: Greening Through Urban Forest
Restoration[M]// Sustainability in America's Cities, 2011.

[134] PARK B J, TSUNETSUGU Y, KASETANI T, et al. The physiological effects of Shinrin-yoku
（taking in the forest atmosphere or forest bathing）: evidence from field experiments in 24
forests across Japan[J]. Environmentalhealth & Preventive Medicine, 2010, 15（1）:18.

[135] PENG ZHEN-HUA. Networking Forest and Water – the Discuss on the Conception for Urban
Forest Development in China[J]. Journal of Chinese Urban Dorestry, 2003.